信号集中监测信息分析指南

《信号集中监测信息分析指南》编委会◎编

中国铁道出版社有限公司

2025年·北 京

内 容 简 介

本书共十七章，结合现场信号设备运用、维护的实际情况，以直流/交流转辙机、道岔表示、道岔缺口、25 Hz 相敏轨道电路、区间轨道电路、车站电码化、列车信号机点灯电流、电缆全程对地绝缘、电源设备、自动闭塞方向及站联电路、半自动闭塞、区间占用逻辑检查、区间智能诊断、安全数据网网管、环境监测及机房巡检系统为分析对象，按照"原理简介—曲线分析—典型案例分析"的基本思路讲解，力求简明扼要、通俗易懂。

本书为铁路信号设备维护人员学习和培训用书，也可作为铁路信号工程技术人员的参考书。

图书在版编目（CIP）数据

信号集中监测信息分析指南 / 《信号集中监测信息分析指南》编委会编 . -- 北京：中国铁道出版社有限公司，2024. 11（2025. 4 重印）. -- ISBN 978-7-113-31385-2

Ⅰ. TN911. 6

中国国家版本馆 CIP 数据核字第 20247LW849 号

书　　　名：	信号集中监测信息分析指南	
作　　　者：	《信号集中监测信息分析指南》编委会	
责任编辑：	徐　清	编辑部电话：（010）51873147
封面设计：	郑春鹏	
责任校对：	安海燕	
责任印制：	高春晓	
出版发行：	中国铁道出版社有限公司（100054，北京市西城区右安门西街 8 号）	
网　　　址：	https：//www. tdpress. com	
印　　　刷：	北京盛通印刷股份有限公司	
版　　　次：	2024 年 11 月第 1 版　2025 年 4 月第 3 次印刷	
开　　　本：	710 mm×1 000 mm 1/16　**印张**：20　**字数**：399 千	
书　　　号：	ISBN 978-7-113-31385-2	
定　　　价：	88. 00 元	

版权所有　侵权必究

凡购买铁道版图书，如有印制质量问题，请与本社读者服务部联系调换。电话：（010）51873174
打击盗版举报电话：（010）63549461

【 编委会 】 >>>>

主　　任：贺昌寿　　何召进

副 主 任：靳　俊　　孙方坤　　周小兵　　余卫巍　　郑　伟

主　　编：董加良　　裴以胜　　付海燕

编写人员：蒋艳芬　　郝徐纯　　黄旭真　　郭银平　　朱昀鹏　　李奥博

　　　　　鲍丽霞　　姚世杰　　牛振波　　徐臻荣　　李昌达

审定人员：徐　艳　　张　驰　　万园园　　张晓华　　郝东东　　李忠善

　　　　　王小平　　姚建国

【 前 言 】 >>>>

　　伴随中国铁路现代化进程，铁路信号技术不断发展和进步，监测运用更加广泛。充分利用各类信号监测监控设备，通过信息分析发现设备隐患，已成为高效指导现场信号设备日常维修和应急处置必不可少的手段。各类信号监测监控设备在信号设备运用状态监测、提前发现设备隐患、预防设备故障发生、提高设备深度分析质量等方面，发挥着越来越重要的作用。

　　编者2012年出版的《信号微机监测信息分析指南》，为微机监测信息分析提供了有益的帮助，受到铁路信号维护人员的关注和厚爱；2015年出版的《信号集中监测信息分析指南》，以2010版信号集中监测和电务综合预警平台等提供的信息为主要分析对象，增加了部分设备电路分析和采集原理分析，进一步丰富了案例，方便了职工学习。此次修编将道岔缺口监测、机房环境监控、安全数据网网管等纳入信号监测范畴，增加了信号设备故障和电气特性异常的典型案例，填补了目前同类书籍相关知识点的空白。

　　本书旨在为读者提供一本全面、系统的信号监测知识读本，帮助读者建立对信号监测的整体认识，熟悉监测原理和分析方法，为学习和工作打下坚实基础。

　　编者深知，本次编写工作中，虽然策划、编写、出版各环节精益求精、细致操作，但亦不能概全现场之需，疏漏之处仍难避免，诚望读者不吝指正。

编　者

2024 年 7 月

【目 录】 >>>>

第一章 直流转辙机动作电流曲线分析

第一节 道岔动作电流曲线分析说明

信号集中监测系统中直流转辙机道岔模拟量的采集主要有道岔动作电流采集和道岔表示电压采集,其中道岔动作电流曲线是反映道岔动态运用质量的一个重要指标。在进行分析时,应将每组道岔定、反向的动作电流曲线对照参考曲线对比分析,掌握道岔转换时的电气特性、时间特性和机械特性,发现转换过程中的不良情况。

为了保证道岔动作电流曲线分析效果,应做好以下几点:

1. 熟悉《铁路信号维护规则》(以下简称《维规》)中的标准,掌握道岔工作电流大小及道岔转换时间,能及时发现道岔运用过程中特性超标现象。

(1)ZD6 各型转辙机的工作电流均不应大于 2 A。

(2)道岔的故障电流数值应在《维规》规定的摩擦电流范围内:ZD6-D/F/G 型转辙机单机使用时,摩擦电流为 2.3~2.9 A;ZD6-E 型和 ZD6-J 型转辙机双机配套使用时,摩擦电流为 2.0~2.5 A。转辙机正反向摩擦电流相差应小于 0.3 A。

2. 了解直流转辙机动作原理及标准动作曲线。道岔检修完毕后将正常状态下的电流曲线在信号集中监测系统上设置为该组道岔的参考曲线。平时按规定周期调看电流曲线,并与参考电流曲线对比,若动作时间、电流与参考曲线偏差较大时,说明该道岔运用状态变化较大,应及时检查处理。发现道岔动作电流曲线记录不良或电流监测不准确时做好记录并处理,确保监测设备运用良好。

3. 当道岔发生故障后,及时将故障曲线存储,便于今后调看参考。

下面将介绍直流转辙机单动道岔(含单机、双机两种)、多动道岔的道岔动作电路原理、道岔动作电流采样原理,并对道岔正常动作电流曲线、常见异常曲线进行分析。单机道岔以 ZD6-D 型电动转辙机为例;双机道岔以 ZD6-E/J 型电动转辙机为例。

第二节 直流转辙机道岔动作及采样原理

一、道岔动作电路原理简介

ZD6 道岔动作过程主要分为以下几步:

1.1DQJ 励磁。由 1DQJ 检查联锁条件,确定控制人员有转换道岔的要求(排列进路或单独操纵道岔)且道岔允许动作时,1DQJ 励磁吸起,如图 1—1 所示(图中联锁条件以 TYJL-ADX 型计算机联锁系统为例）。

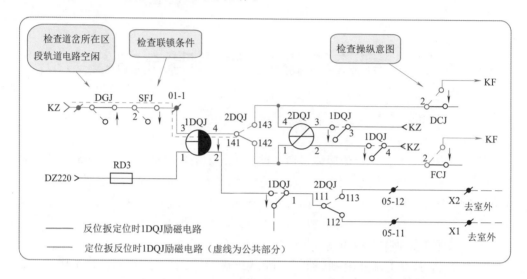

图 1—1　1DQJ 励磁电路

2. 2DQJ 转极。2DQJ 为极性保持继电器，在 1DQJ 励磁吸起后，即接通 2DQJ 动作电路，使其转极。向定位扳动时 2DQJ 吸起，向反位扳动时 2DQJ 打落，用于控制室外转辙机电机旋转方向，如图 1—2 所示。

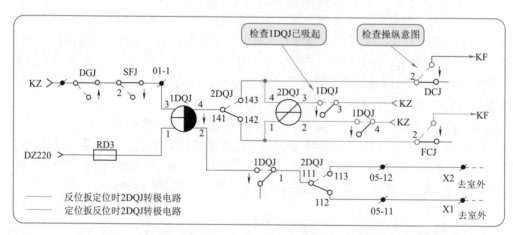

图 1—2　2DQJ 转极电路

3. 室外道岔转换。2DQJ 转极后，1DQJ 保持缓放吸起，向室外送出直流 220 V 道岔动作电源，道岔进行转换。1DQJ 自闭线圈与道岔电机串联，在道岔转换过程中 1DQJ 保持吸起，向室外不间断提供动作电源。

四线制道岔启动电路如图 1—3 所示。其中反位向定位扳动使用 X1、X4；定位向反位扳动使用 X2、X4；定位表示使用 X1、X3；反位表示使用 X2、X3。

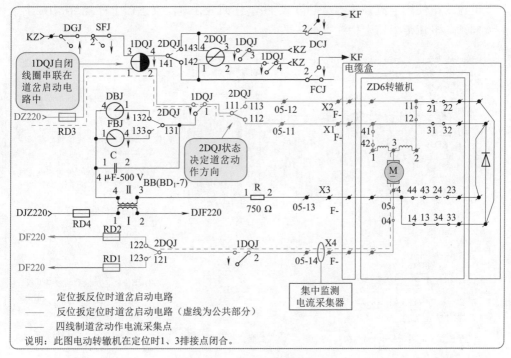

图1—3　四线制道岔启动电路

六线制双机道岔表示电路使用的外线与四线制道岔相同，区别点在于其将主机与副机的启动去线进行分开设置：主机（A 机）启动去线与四线制相同，定位为 X1、反位为 X2；另增加了 X5、X6，用于副机（B 机）的启动去线，定位为 X5、反位为 X6。其与四线制道岔不同之处如图1—4 所示。

4. 道岔转换完毕，构通道岔表示电路。道岔转换完毕后，室外道岔到位锁闭，自动开闭器动接点转换，断开启动电路，1DQJ 缓放落下（如果为双机道岔，则在双机均到位后方可使 1DQJ 落下），道岔转换过程结束，道岔控制电路给出道岔表示。

二、信号集中监测系统采集原理简介

道岔动作电流曲线的记录时间开始于 1DQJ 励磁吸起，终止于 1DQJ 落下，道岔未动作时不进行电流采集记录。

四线制道岔启动电路使用电流传感器穿芯方式，采集从分线盘 X4 到组合侧面的电缆，如图1—3 所示。

六线制 ZD6 双机道岔启动电路如图1—4 所示，使用两个电流传感器，分别采集 1DQJ 的接点 11 至 2DQJF 的接点 111 和接点 121 之间的两根电流去线。即对道岔 A、B

机动作电流进行分开采集。

电流采集使用电流互感器穿芯方式,将动作回线在电流互感器上环绕,孔内线上电流流向须与电流传感器上标注方向一致。

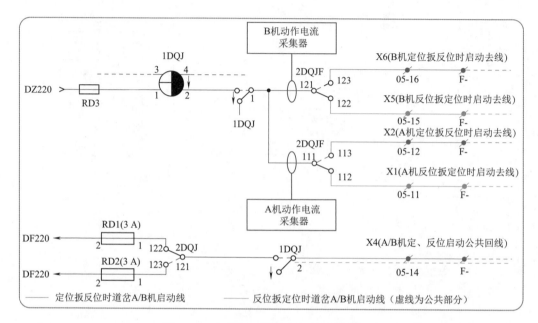

图1—4 六线制双机道岔启动电路示意图

第三节 单动道岔正常动作电流曲线分析

一、单动道岔动作电流曲线分析

信号集中监测系统中道岔动作电流曲线真实地记录了道岔整个动作过程。动作电流曲线上有四个重要的特征点,它们将道岔曲线分为三步,如图1—5所示。

第一步:道岔动作电流曲线开始记录(点1至点2)

点1为动作电流曲线记录开始点。1DQJ是信号集中监测系统掌握道岔是否动作的一个重要开关量。1DQJ吸起时,监测系统开始对道岔动作电流曲线记录;1DQJ落下后,监测系统结束对道岔动作电流曲线的记录。

在1DQJ吸起后,2DQJ还未转极时,道岔启动电路未构通,记录电流值为0 A。此时间较短,通常1DQJ吸起0.2 s后2DQJ就正常转极,道岔开始启动,出现启动电流。

点2为道岔动作开始点。此时动作电流曲线由0 A瞬间升至一个较大值(以下称为"启动峰值"),说明2DQJ正常转极,且室外启动电路也正常,道岔启动电路顺利接通。此时道岔开始转换。

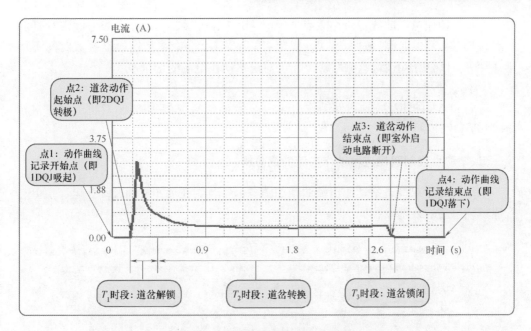

图1—5　单动道岔动作电流曲线

第二步:道岔动作(点2至点3)

道岔的整个动作过程可分为:解锁—转换—锁闭。由于直流电动转辙机为串激电机,特点是电流越大,转矩越大,转速越慢;反之电流越小,转矩越小,转速越快。在一定范围内,直流电动转辙机具有电机的转速与转矩能够随负荷的大小自动进行调整的"软特性"。

从图1—5中 T_1 时段可看出,电机刚启动时,有一个很大的启动电流,同时产生较大的转矩,这时道岔进入解锁状态,动作齿轮锁闭圆弧在动作齿条削尖齿内滑动。当动作齿轮带动齿条块动作时,与动作齿条相连的动作杆在杆件内有 5 mm 以上空动距离,这时电机的负载很小,电流迅速回落,道岔进入转换过程。

T_2 时段为道岔的转换过程。在这个过程中电机经过 2 级减速,带动道岔平稳转换,动作电流曲线平滑。如果动作电流小,表明转换阻力小;如果动作电流大,表明转换阻力大;如果动作电流波动,则表明道岔存在电气或机械方面的问题。

T_3 时段为道岔进入锁闭过程。这一过程为道岔尖轨被带动到另一侧,尖轨与基本轨密贴,动作齿轮圆弧在动作齿条削尖齿中滑动,锁闭道岔,自动开闭器动接点转换,切断动作电流。此时动作电流曲线尾部,略有上升回零。

第三步:道岔动作电流曲线记录结束(点3至点4)

点3为道岔动作结束点。此时道岔锁闭,自动开闭器动接点转换,切断启动电路,动作电流降为 0 A。由于1DQJ为缓放型继电器,此时1DQJ并未立即落下,因此道岔动作电流曲线的记录还在继续。

点 4 为动作电流曲线记录结束点。此时 1DQJ 经过缓放后落下。1DQJ 缓放时间,即点 3 与点 4 间的时间,按照《维规》规定:JWJXC-H125/0.44 型继电器缓放时间不小于 0.45 s。1DQJ 落下后,监测系统停止了对道岔动作电流的记录。

☞ 经验提示

普通 ZD6 单机道岔转换时,动作电流一般为 0.6 A 左右;四线制双机道岔正常转换时,动作电流一般在 1.2 A 左右。

二、单动六线制双机道岔动作电流曲线分析

单动六线制双机道岔动作电流曲线如图 1—6 所示,在动作时间及动作电流值上与普通单动道岔曲线基本相同。

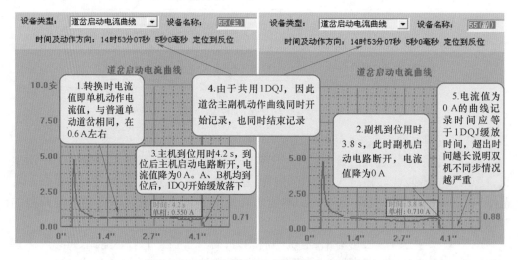

图 1—6　单动六线制双动道岔动作电流曲线

在道岔转换时,双机道岔某一机先到位即可切断本机启动电路,但由于主副机共用1DQJ,因此道岔动作电流曲线的记录并不会停止,而是待后到位的一机也到位,1DQJ自闭电路断开,经缓放落下后,才会同时停止对主副机道岔动作电流曲线的记录。因此,六线制双机道岔 A、B 机动作电流曲线记录的开始时间、结束时间完全相同。

第四节　单动道岔典型案例分析

掌握了道岔转换的原理和道岔动作电流曲线记录的全过程,就可以通过信号集中监测系统采集的道岔动作电流曲线来分析道岔的运用状况。通过原理可知,道岔运用状况主要体现在道岔动作过程中动作电流值的大小及变化、道岔转换时间的长短。

案例1:道岔动作电流为0 A(图1—7)

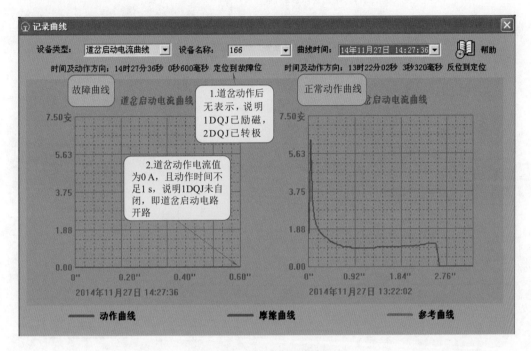

图1—7 道岔动作电流为0 A

☞ 曲线分析

(1)若1DQJ未励磁,该道岔将不会断表示,集中监测也没有该时段动作曲线的记录。

若1DQJ励磁后2DQJ未转极,则信号集中监测系统会记录一条电流值为0 A的曲线。在1DQJ因操纵意图完毕,励磁电路断开而落下后,道岔将恢复扳动前的表示,曲线上"时间及动作方向"栏显示有"定位到定位"或"反位到反位",而不是保持无表示的状态。

因此,案例1中道岔动作后一直无表示,说明1DQJ已励磁,2DQJ已转极。

(2)1DQJ吸起后,监测系统开始对道岔动作电流曲线进行记录。在图1—7左侧故障动作电流曲线中,道岔动作电流为0 A,且记录0.6 s后就无记录,说明1DQJ在2DQJ刚转极后即落下,故障原因为1DQJ自闭电路(即道岔启动电路)开路。

☞ 常见原因

(1)室内道岔启动熔断器断。

(2)室外启动电路开路。如自动开闭器接点、安全接点、电缆及配线端子接触不良等。

案例 2: 道岔转换时电流曲线呈锯齿状波动(图 1—8)

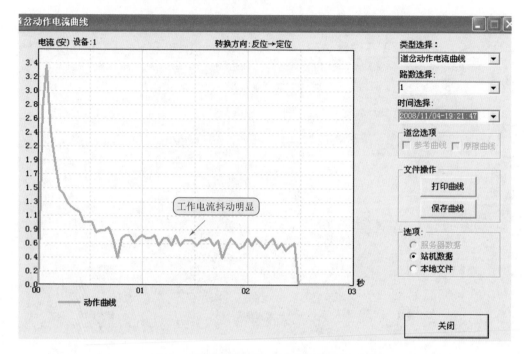

图 1—8　道岔转换时电流曲线呈锯齿状波动

☞ 曲线分析

道岔转换过程中曲线呈锯齿波,动作电流多次出现向下的瞬间抖动。通常表示道岔启动通道中存在接触不良的情况。

☞ 常见原因

(1)电机换向器有断格。

(2)电机碳刷与换向面不是同心弧面接触,只是部分接触,电机在转动过程中,换向器产生环火。

(3)转辙机摩擦带磨损。

案例 3: 道岔转换段动作电流呈上坡形曲线(图 1—9)

☞ 曲线分析

道岔在转换过程电流与正常动作时相比明显增大,整个转换时间也较正常时延长。这样的动作电流曲线表明道岔在转换过程中阻力较大,情况严重时很容易造成道岔转不到底。

☞ 常见原因

(1)滑床板缺油或滑床板有砂等异物。

（2）砂石掩埋动作杆、表示杆。

（3）动作杆、表示杆擦枕木。

（4）道岔不方正。

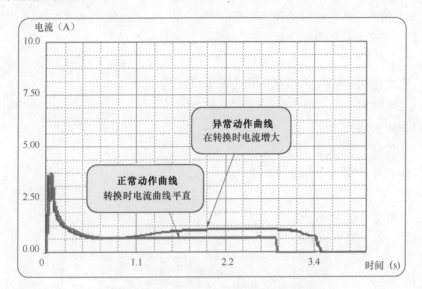

图1—9 道岔转换段动作电流呈上坡形曲线

案例4：道岔锁闭段动作电流呈上坡形曲线（图1—10）

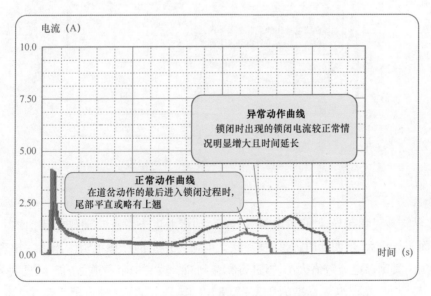

图1—10 道岔锁闭段动作电流呈上坡形曲线

☞ 曲线分析

在道岔转换过程进入尾声、即将锁闭时,正常情况下动作电流会因锁闭压力而略有上翘。若道岔锁闭时曲线很平或降低,说明压力偏小,4 mm 易失效;曲线凸起越大,说明道岔压力越大。道岔此时动作电流与正常情况相比明显增大,整个转换时间也较正常时延长。这样的动作电流曲线,表明道岔在锁闭时阻力变大。

☞ 常见原因

(1)道岔密贴调整不当,锁闭时压力偏大,造成尖轨反弹。

(2)尖轨变形。

(3)滑床板缺油、吊板。

(4)动作杆、表示杆擦枕木。

(5)尖轨与基本轨间有较小异物卡阻。

案例5:道岔在锁闭段空转且摩擦电流值达标(图1—11)

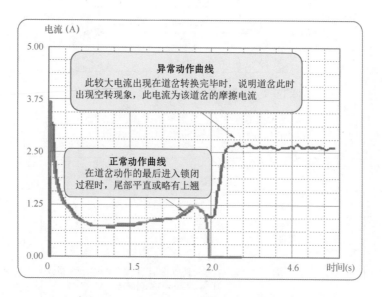

图1—11　道岔到位后空转且摩擦电流值达标

☞ 曲线分析

道岔转换过程无异常,但在转换完毕后,动作电流未像正常动作电流曲线一样回零,反而明显增大,说明此时道岔空转,此大电流为道岔的摩擦电流。当道岔出现空转时,需判断其摩擦电流数值大小,再进行相应判断。案例中牵引道岔的转辙机为ZD6-A型电动转辙机,摩擦电流标准为2.3～2.9 A。图1—11中摩擦电流为2.6 A,符合标准,说明此时道岔无法锁闭造成空转。

☞ 常见原因

(1)尖轨密贴处有异物。

(2)压力调整不当,压力过大。

(3)尖轨爬行。

案例6:道岔在锁闭段空转且摩擦电流偏小(图1—12)

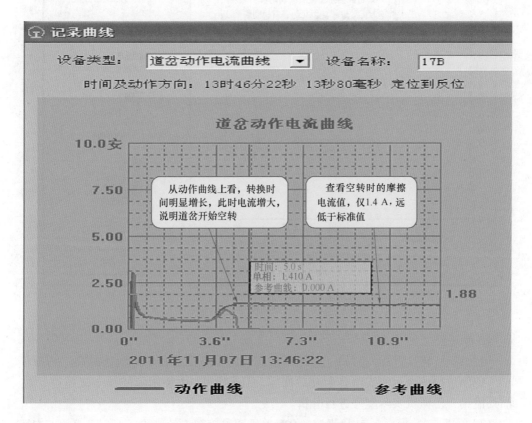

图1—12　道岔到位后空转且摩擦电流偏小

☞ 曲线分析

道岔启动、转换过程均正常,但不能锁闭,道岔出现空转。案例中牵引道岔的转辙机为 ZD6-J 型电动转辙机,摩擦电流标准为 2.0 ~ 2.5 A,由图1—12可知,摩擦电流值仅为 1.4 A。摩擦电流过小,导致其不能锁闭。

☞ 常见原因

(1)摩擦电流调整不当。

(2)摩擦带进油或摩擦联结器螺丝松等原因导致摩擦带失效。

案例7：道岔锁闭段摩擦电流过大（图1—13）

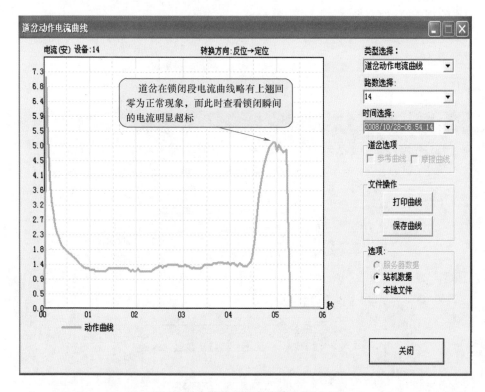

图1—13　道岔锁闭段摩擦电流过大

☞ 曲线分析

道岔启动、转换过程的时间、电流值均正常，但在锁闭过程中电流值过高。一般情况下，锁闭过程中电流曲线略有上翘后回零，而图1—13中锁闭瞬间的电流超过5 A。此时，需结合转辙机实际型号进行分析。

（1）单机道岔：根据《维规》规定，ZD6单机道岔摩擦电流最大不超过2.9 A。本案例中牵引道岔的为ZD6单机，从曲线上可看出道岔摩擦电流达4.9 A，摩擦电流超标可能导致道岔扳动或运用过程中自动开闭器接点到位后又反弹断开，造成道岔瞬间接通表示后又失表示。

（2）四线制双机道岔：双机不同步时，最后会出现一机空转、一机转换的情况，因为此时的电流值为一机摩擦电流值加上另一机工作电流值，所以从曲线上看也会出现类似上述锁闭段摩擦电流超标的现象。

☞ 常见原因

（1）道岔摩擦电流调整不当，超上限。

（2）四线制双机牵引道岔的双机不同步。

案例8：道岔启动后即开始空转（图1—14）

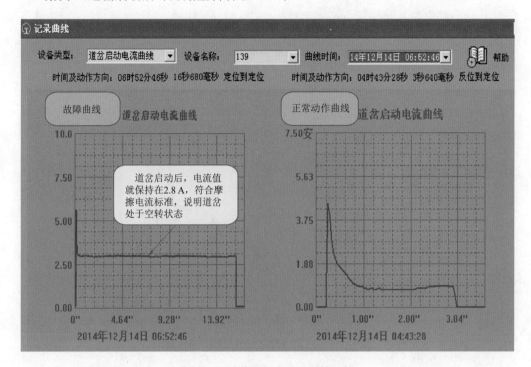

图1—14 道岔启动后即开始空转

☞ 曲线分析

从图1—14左侧故障曲线可以看出，该道岔动作后，电流从一开始就升至正常摩擦电流值并保持在该值，转换时间较长且道岔不能到位，说明道岔一直处于空转状态。

☞ 常见原因

转辙机机内卡阻。

案例9：道岔动作电流坡形爬升至空转（图1—15）

☞ 曲线分析

如前所述，直流电动转辙机具有动作电流能够随负荷的大小自动进行调整的"软特性"。图1—15左侧故障曲线中，动作电流值在启动后没有进入平稳的道岔转换期，而是逐步爬升，最后稳定在摩擦电流值。这说明道岔在开始转换后外界阻力逐步增大，最后转辙机因完全无法带动尖轨而空转。

☞ 常见原因

此现象多发生于六线制双机牵引道岔，在一机因故障未能动作的情况下，另一机由于尖轨动程被影响，会出现转换时阻力越来越大，最终导致空转的现象。

在本案例中，故障道岔A机在04：31：56出现启动电流坡形上升无法到位的现象，同一时间 B 机电流曲线如图 1—16 所示。由曲线可知,故障真实原因并非 A 机空转,而是 B 机启动电路开路导致道岔无法转换。

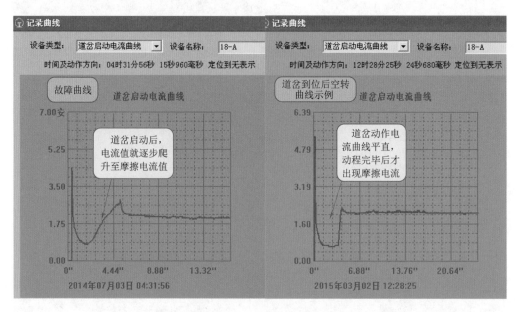

图 1—15 道岔动作电流坡形爬升至空转

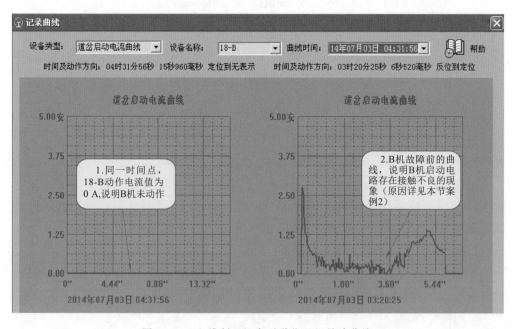

图 1—16 六线制双机牵引道岔 B 机故障曲线

☞ 经验提示

分析六线制双机牵引道岔异常曲线时,必须查看 A、B 机在同一时间点的动作曲线,进行结合分析。六线制双机牵引道岔中一机动作电流呈坡形爬升至空转,通常说明另一机道岔未动作。应重点检查未动作道岔的启动电路。

案例10:道岔正常动作完毕后无表示(图1—17)

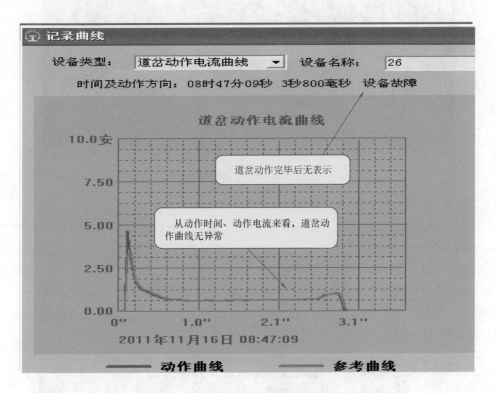

图1—17　道岔正常动作完毕后无表示

☞ 曲线分析

道岔动作完毕后无表示,但查看道岔动作电流曲线,启动、转换、锁闭过程均正常,与参考曲线一致。该曲线说明道岔表示电路未构通。

☞ 常见原因

(1)道岔卡缺口。

(2)道岔表示电路故障。

案例 11：道岔正常动作完毕瞬间接通表示后无表示（图1—18、图1—19）

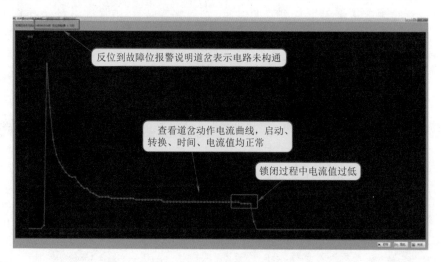

图1—18　道岔正常动作完毕瞬间接通表示后无表示

☞ 曲线分析

道岔动作完毕后无表示，但查看道岔动作电流曲线，启动、转换、时间、电流值均正常，但在锁闭过程中电流值过低。一般情况下，锁闭过程中电流曲线略有上翘后回零，而图1—18中锁闭瞬间的电流与转换过程中电流基本一致，且有小幅度下降。但整体曲线也记录了 1DQJ 经过缓放后落下的曲线，说明监测系统对道岔动作电流进行了完整记录。出现反位到故障位报警说明道岔表示电路未构通。此时，需结合道岔表示电压曲线（图1—19）进行分析。

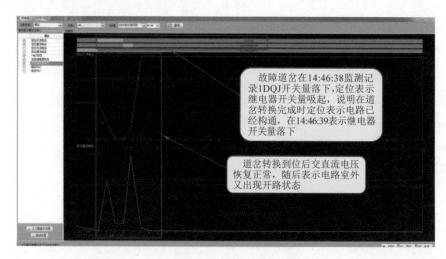

图1—19　道岔表示电压曲线

在本案例中,故障道岔在 14:46:38 监测记录 1DQJ 开关量落下,证明此时道岔完成转换,此时定位表示继电器开关量吸起,说明在道岔转换完成时定位表示电路已经构通,但在 14:46:39 表示继电器开关量落下。分析判断为电机停转后摩擦联结器不能空转,失去摩擦制动作用,此时输出轴只能被迫反转,使与其连接的启动片带动速动爪抬起,导致动接点与静接点分离,造成表示电路断路故障。

☞ 常见原因

(1)摩擦电流调整过大、道岔压力调整过小造成动接点反打。

(2)摩擦带与摩擦联结器粘连造成动接点反打。

第五节　多动(含双动)道岔正常动作电流曲线分析

一、多动道岔正常动作电流曲线分析

多动道岔动作电流曲线如图 1—20 所示,每一动的电流曲线动作原理与单动道岔动作原理是一样的,此前已进行了详细分析,在此就不再一一说明。多动道岔与单动道岔曲线的区别点在于:它的曲线是单动道岔动作电流曲线的组合,前一动道岔动作完毕,才能接通下一动道岔的启动电路,直至道岔全部转换完毕。

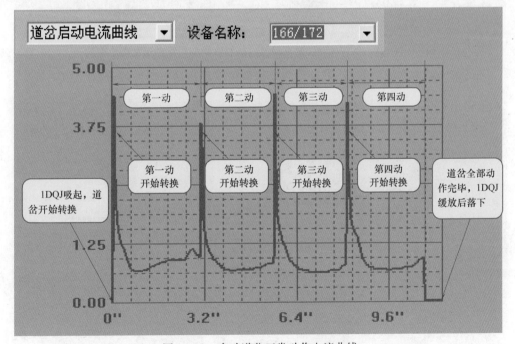

图 1—20　多动道岔正常动作电流曲线

☞ 经验提示

(1)每一动道岔开始启动的标志就是道岔启动峰值的出现,简单地说,出现几次启

动峰值就说明道岔第几动开始动作。

（2）常规情况下，多动道岔动作的顺序是由站内向站外转换，而站场设计中道岔名称是由站外向站内编号，因此多动道岔一般是从大号码向小号码动作。图1—20中166/172号道岔：第一动为172号，第二动为170号，第三动为168号，第四动为166号。掌握这一点，便于处理故障时正确找到故障道岔。

二、第一动为单机、第二动为六线制双机牵引双动道岔电流曲线分析（图1—21）

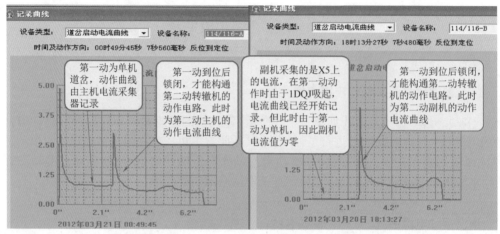

图1—21　第一动为单机、第二动为六线制双机牵引双动道岔电流曲线

三、第一动为六线制双机、第二动为单机牵引双动道岔电流曲线分析（图1—22）

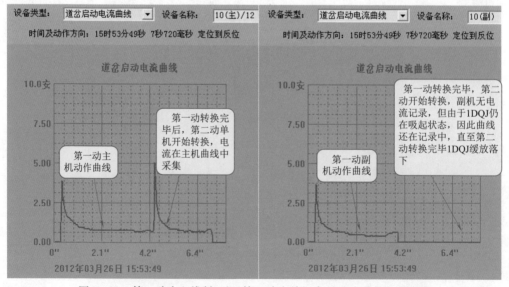

图1—22　第一动为六线制双机、第二动为单机牵引双动道岔电流曲线

通过六线制双机牵引单动道岔曲线分析可知,主副机动作曲线是分开采集的。因此在一动为单机,另一动为六线制双机牵引双动道岔动作电流曲线中,双机道岔主机电流曲线与单机道岔电流值将记录在同一个曲线中,双机道岔副机电流曲线单独记录。

图1—21、图1—22中是两组特殊设置的六线制双动道岔,一动为单机,另一动为双机。可以看出,此类特殊设计的道岔中,主机电流曲线采集模块能正常记录两组道岔的动作曲线(单机默认为主机);副机电流曲线采集模块只有在副机转换过程中才能采集到电流值。由于六线制道岔主副机的电流曲线是同时开始记录、同时结束记录的,因此副机动作电流曲线上,在副机未动作的其他时间段内电流为0 A,但不会停止曲线记录。

图1—21中,第一动道岔为单机牵引道岔,动作电流曲线仅在"114/116-A"中记录。双动道岔动作原则是第一动动作到位后方可动作第二动,因此在第一动动作时,"114/116-B"中由于第二动还未动作,只能记录一条数值为0 A的横线,直至第一动动作完毕第二动开始转换,"114/116-B"才有电流数据(即第二动副机的动作电流)。

第六节　多动(含双动)道岔典型案例分析

下面对多动道岔的典型异常曲线进行分析,与单动道岔同类的案例不再赘述。

案例1:道岔转换电流两动之间有明显的缺口(图1—23)

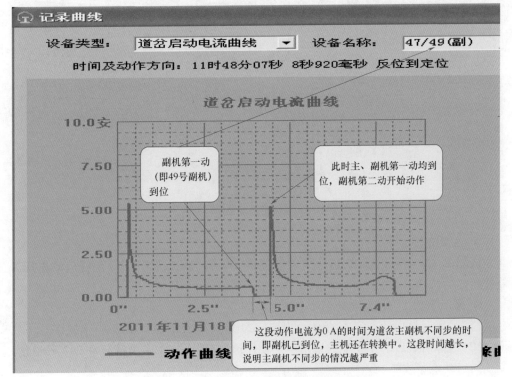

图1—23　道岔转换电流两动之间有明显缺口

☞ 曲线分析

此类曲线通常出现在每一动均为六线制双机的多动道岔动作电流曲线中。根据六线制道岔动作电路分析:前一动的主副机均到位后,后续一动的主副机才能开始动作。若第一动主副机动作不同步,即双机不是同时动作到位时,则先到位的一机不会立即动作第二动,必须等待另一机也到位,方可同时动作下一动。因此在两动之间会出现道岔动作电流为 0 A 的曲线缺口。

☞ 常见原因

六线制双机牵引道岔不同步。

案例2:多动道岔未全部转换完毕(图 1—24)

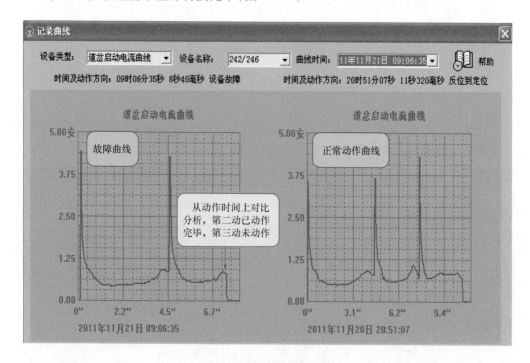

图 1—24 多动道岔未全部转换完毕

☞ 曲线分析

从图 1—24 中可以看出,道岔第二动转换完毕后,第三动未动作,说明启动电压未能顺序向后传递。

☞ 常见原因

(1)故障时最后动作完毕的道岔(图 1—24 中为第二动 244 号道岔)卡缺口。

(2)故障时最后动作完毕的道岔至未动作道岔(图 1—24 中为第三动 242 号道岔)电机间启动电路故障。

案例 3:多动道岔中某一动转换曲线不全(图 1—25)

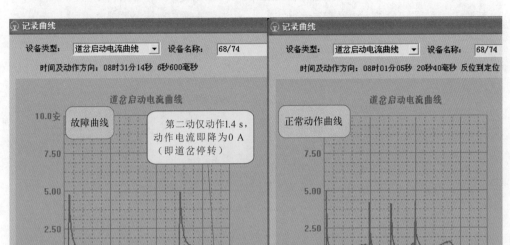

图 1—25 多动道岔中某一动转换曲线不全

☞ 曲线分析

从图 1—25 右边正常动作曲线看,第二动正常情况下动作时间在 3 s 左右,而左图故障曲线中,第二动实际只动作了 1.4 s,未动作完全即停转。说明道岔动作电路刚开始时正常,后来因故断开。

☞ 常见原因

(1)故障道岔的前一动道岔(图 1—25 中为第一动 74 号道岔)因摩擦电流过大导致道岔到位后接点反弹。

(2)故障道岔(图 1—25 中为第二动 72 号道岔)启动电路存在接触不良。

案例 4:多动道岔中某一动空转(图 1—26、图 1—27)

☞ 曲线分析

如前所述,每一动道岔开始启动的标志就是道岔启动峰值的出现。因此分析时通过重点观察启动峰值能较为直观地判断出多动道岔动作到哪一动,也就能锁定故障转辙机,再按照单动道岔曲线的分析方法对故障转辙机曲线进行分析,判定原因。

☞ 常见原因

确定该多动道岔中哪一动故障后,原因查找方法同单动道岔案例分析。

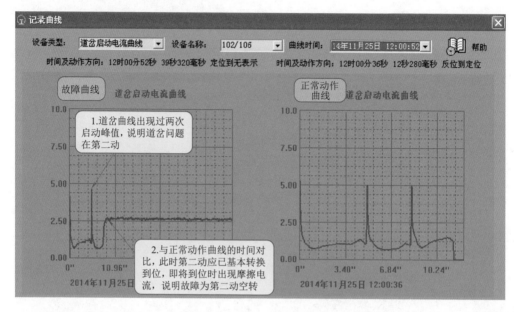

图1—26 多动道岔中第二动空转

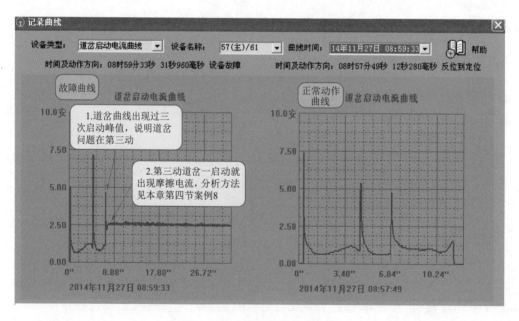

图1—27 多动道岔第三动空转

案例5：双机牵引多动道岔定、反位动作电流曲线不一致（图1—28）

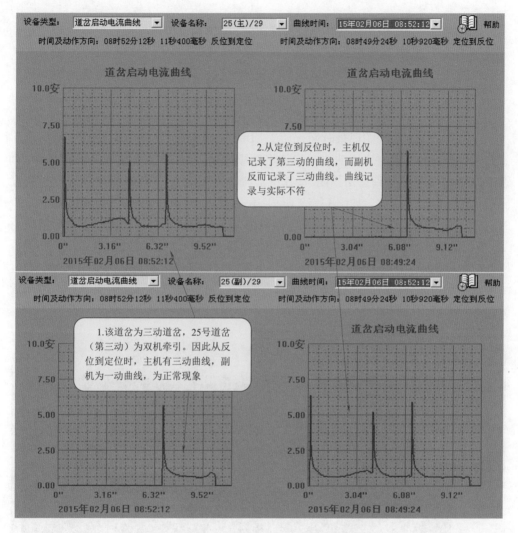

图1—28　双机牵引多动道岔定、反位转换曲线不一致

☞ 曲线分析

该道岔反位到定位动作曲线正常，从六线制道岔动作电流曲线采集原理（图1—4）可知，道岔主、副机动作曲线采集点正确，信号集中监测设备运用正常。

从该道岔定位到反位的动作曲线上分析，道岔动作完毕能正常给出表示，说明道岔动作正常。且动作电流曲线显示虽然错误，但并不是凌乱的，仔细查看，发现主机显示的是副机的动作曲线，副机显示的是主机的动作曲线。正常情况下，定位扳反位时，主机应采集 X2 上的电流，副机应采集 X6 上的电流。此曲线说明定位到反位时，主机电流采集器实际上采集了 X6 上的电流,而副机采集器采集了 X2 上的电流。

☞ 常见原因

主副机反位到定位道岔动作电流曲线正常,定位到反位道岔动作电流曲线交错显示时,说明 X2 与 X6 电缆配线反。

主副机定位到反位道岔动作电流曲线正常,反位到定位道岔动作电流曲线交错显示时,说明 X1 与 X5 电缆配线反。

案例 6:双机牵引多动道岔动作时间延长

道岔动作电流曲线的记录时间开始于 1DQJ 励磁吸起,终止于 1DQJ 落下,但应注意的是信号集中监测内道岔动作时间是将电机启动,动作电流开始上升(2DQJ 转极)设定原则为"0.00 s",到道岔锁闭,动作电流降为 0 A 截止。1DQJ 励磁和缓放过程没有记录在动作时间之内。如图 1—29 所示,第一动道岔 1DQJ 励磁时,曲线 X 轴时间戳为"−0.15";2DQJ 转极时,曲线 X 轴时间戳为"0.00";转换完成时,曲线 X 轴时间戳为"7.96";1DQJ 缓放截止时,曲线 X 轴时间戳为"8.88"。掌握了道岔时长的原理,就可以通过信号集中监测系统采集的道岔动作电流时长曲线来分析道岔的运用状况。通过集中监测对道岔动作时间进行设置,可以有效对道岔转换中遇到的卡阻、别卡、滑床板缺油等情况进行提前预警。

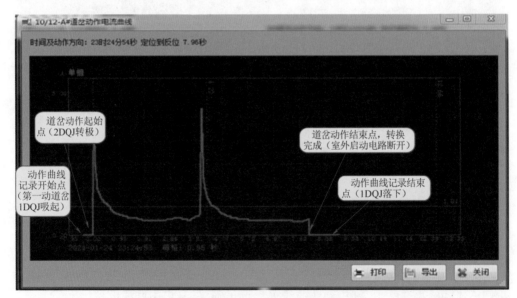

图 1—29 双机牵引多动道岔动作时间记录

具体案例如图 1—30、图 1—31 所示。

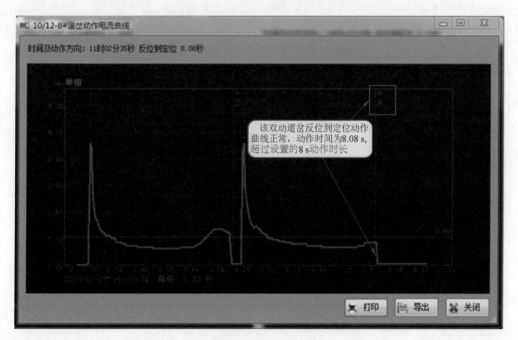

图 1—30　预警动作时间过长

图 1—31　双机牵引多动道岔动作时间延长

☞ 曲线分析

该双动道岔反位到定位动作曲线正常,但查看预警信息(图 1—30),显示 10/12#-B 动作时间超过曲线动作时间报警上限,查看道岔动作电流曲线(图 1—31),动作时间为 8.08 s,超过设置的 8 s 动作时长。

☞ 常见原因

(1)道岔别卡。

(2)滑床板清洁不良。

(3)滑床板裂纹及脱焊等造成道岔转换阻力增大。

案例7：多动道岔动作时间延长（图1—32、图1—33）

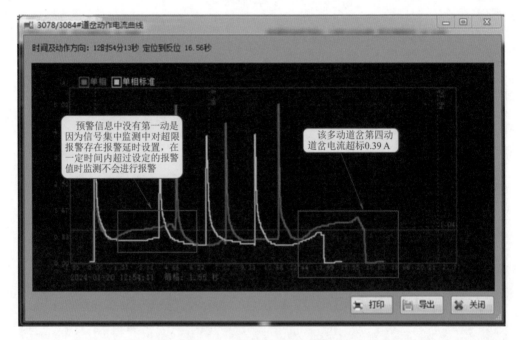

图1—32　预警仅显示工作电流超标

图1—33　多动道岔动作时间延长

☞ 曲线分析

查看监测报警信息（图1—32），显示道岔工作电流超标，第四动道岔电流超标0.39 A，点开对应时间道岔动作电流曲线（图1—33）查看，发现第一、四动都有一段时间电流曲线超过设定的报警值，但报警信息中只有第四动，这是因为信号集中监测中对超限报警存在报警延时设置，在一定时间内超过设定的报警值时监测不会进行报警，避免了因为波动或瞬间采集设备问题等客观因素造成的误报警，所以报警内容上只显示第四动道岔电流超标。

☞ 常见原因

（1）道岔别卡。

（2）滑床板清洁不良。

（3）滑床板裂纹及脱焊等造成道岔转换阻力增大。

第二章　交流转辙机道岔动作曲线分析

第一节　道岔动作曲线分析说明

信号集中监测系统记录的道岔动作电流曲线能反映道岔在转换过程中道岔控制电路工作状态、转辙机运用状态,通过对道岔动作曲线的分析,能了解道岔转换时的运用质量,还能在故障时进行辅助判断,指导现场有针对性地进行故障处理。

交流转辙机功率曲线能反映道岔在转换过程中尖轨移动推拉力,通过对道岔动作功率曲线的分析,能掌握道岔转换过程中道岔整体工作情况。在日常分析中道岔动作功率曲线更能反映道岔在转换过程中的受力情况和道岔机械性能,指导现场有针对性地进行维修。

为了保证道岔动作电流曲线分析效果,应做好以下几点:

1. 熟悉《维规》中的标准,掌握道岔工作电流大小及道岔转换时间,能及时发现道岔运用过程中特性超标现象。

(1)S700K 型电动转辙机的工作电流不大于 2 A;ZYJ 型电液转辙机的工作电流不大于 1.8 A。

(2)S700K 型电动转辙机当道岔因故不能转换到位时,电流一般不大于 3 A。

2. 了解交流转辙机控制电路工作原理。道岔功率曲线能直观地反映道岔机械部分运用质量,而道岔动作电流曲线更侧重于记录道岔动作电路的工作状态。因此要做好道岔动作电流曲线的分析,特别是道岔电流故障曲线的分析,必须掌握道岔控制电路工作原理。

3. 掌握正常情况下的标准动作电流曲线及标准功率曲线。道岔检修完毕后将正常状态下的电流曲线在监测系统上设置为该组道岔的参考曲线。平时按规定周期调看电流曲线及功率曲线,并与参考曲线对比,发现动作时间、电流、功率与参考曲线偏差较大的及时判断处理。发现道岔动作电流曲线记录不良或电流监测不准确时记录并处理,确保监测设备运用良好。

4. 当道岔发生故障后,及时将故障曲线存储,便于今后调看参考。

下面将以现场运用较多的 S700K、ZYJ7 两种转辙机为例,介绍交流转辙机的道岔控制电路原理、道岔动作电流曲线采样原理,并对道岔正常动作曲线、常见异常曲线进行分析。

第二节 道岔动作及采集原理

与直流转辙机不同,交流转辙机道岔控制电路是根据转辙机数量设置的。单机道岔设置一套道岔控制电路,多机牵引道岔每台电机各设置一套道岔控制电路。多机牵引道岔各牵引点道岔控制电路原理与单机道岔基本相同,但在各牵引点转辙机的动作顺序、故障保护以及道岔总表示等方面增加了电路关联。下面首先介绍交流转辙机单机道岔动作电路的原理,再介绍单动多机牵引道岔、双动多机牵引道岔与单机道岔相比增加的特殊点。

说明:ZYJ7 + SH6 双机、三机道岔室外第一牵引点为 ZYJ7 型三相交流转辙机,后续牵引点均为 SH6 型转换锁闭器。因此 ZYJ7 + SH6 多机牵引道岔室内仅设置一套道岔控制电路,从电路分析的角度按单机进行分析。

一、道岔单机控制电路原理简介

交流转辙机单机控制电路(指一套控制电路)其大致可分为:S700K 单机道岔,带密贴检查器的 S700K 道岔,带 1 个转换锁闭器的 ZYJ7 道岔,带 2 个转换锁闭器的 ZYJ7 道岔。上述道岔控制电路室内部分动作原理相同,室外部分因设备设置不同稍有区别:带密贴检查器的道岔,密贴检查器接点参与道岔表示;带转换锁闭器的道岔,转换锁闭器接点除参与道岔表示外,还参与道岔转换过程中的同步电路。

下面以 S700K 单机道岔控制电路为例,介绍道岔扳动时,其电路动作过程。

1.1DQJ(1DQJF)励磁(图 2—1)。由 1DQJ 检查联锁条件,当转换道岔的要求均满足时,1DQJ 励磁吸起。因 1DQJ 接点不够用,增加了复示继电器 1DQJF,在 1DQJ 吸起后 1DQJF 也励磁吸起。

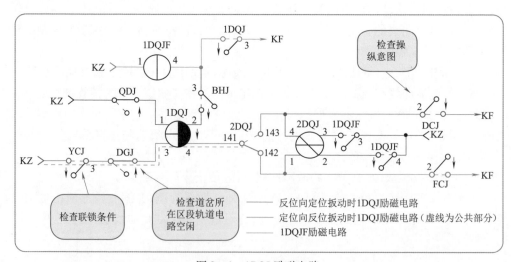

图 2—1 1DQJ 励磁电路

　　2. 室外道岔转换。2DQJ 转极电路如图 2—2 所示。2DQJ 转极后,将室内380 V交流电源经断相保护器(DBQ)后送至室外构通启动电路。2DQJ 定位吸起时,A、B、C 三相分别通过 X1、X2、X5 向交流电机 U、V、W 三相送电,使三相交流电机道岔正转;2DQJ 反位打落时,A、B、C 三相分别通过 X1、X4、X3 向交流电机 U、W、V 三相送电,使三相交流电机道岔反转,如图 2—3所示。通过电机带动道岔解锁、转换到位、锁闭。

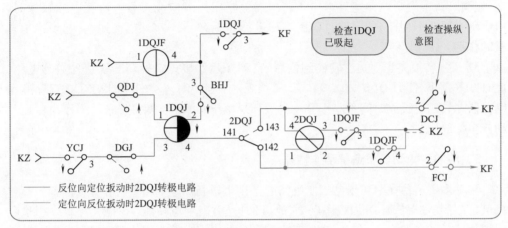

图 2—2　2DQJ 转极电路

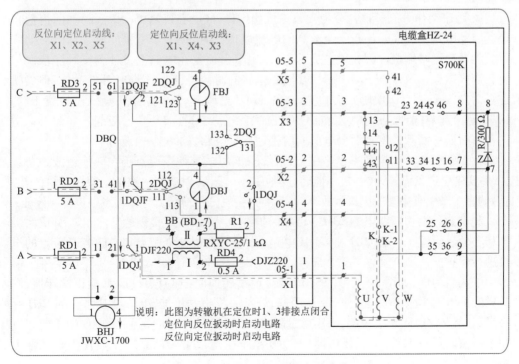

图 2—3　S700K 单机道岔启动电路

每一牵引点道岔启动电路中均设置了一个道岔保护继电器(BHJ),DBQ 检查流过的三相电流值正常且平衡后,输出直流 24 V 电压使 BHJ 吸起,因此 BHJ 状态直接反映出道岔启动电路状态;BHJ 吸起说明道岔启动电路正常,道岔正在转换中;BHJ 落下说明三相控制电路断相,电机停转。

在道岔正常转换过程中,BHJ 吸起为 1DQJ 提供了自闭电路,使 1DQJ、1DQJF 保持在吸起状态,不间断地向室外送电。若启动电路因故障造成三相电流断电或缺相时,BHJ 落下切断 1DQJ 自闭电路,1DQJ、1DQJF 落下后停止向室外电机送电,起到保护电机的作用。

3. 道岔转换完毕。道岔转换到位后,自动开闭器接点转换切断了道岔启动电路,此时 BHJ 落下,使 1DQJ 进入缓放状态。《维规》中规定:24 V 条件下,JWJXC-H125/80 型继电器在失磁时缓放时间不小于 0.5 s。1DQJ 落下后,信号集中监测系统停止对道岔动作电流的记录。

二、S700K 单动多机道岔动作特殊点

单动多机道岔在单机道岔控制电路的基础上进行组合,除每个牵引点设置一套单机道岔控制电路外,还增加顺序启动、故障保护、总表示等功能。S700K 多机牵引道岔根据道岔辙叉号的大小,分为双机、四机、五机、九机牵引等不同设置,其原理基本相同,下面以五机牵引为例进行说明。示例中为通用电路,具体以各站设计图纸为主。

1. 顺序动作。五机道岔分为尖轨三机(J1、J2、J3)、心轨两机(X1、X2)。因道岔在接通启动电路的瞬间会出现一个较高的电流峰值,为避免多个电机同时动作时启动峰值叠加对交流转辙机电源模块造成冲击,多机牵引道岔在电路上设计为按顺序依次传递。当操纵道岔时,J1 与 X1 的 1DQJ 励磁电路同时接通,J1、X1 同时开始动作,但尖轨各牵引点中 J2 的 1DQJ 励磁需检查 J1 的 1DQJ 已吸起,J3 的 1DQJ 励磁需检查 J2 的 1DQJ 已吸起。同理,心轨中 X2 的 1DQJ 励磁需检查 X1 的 1DQJ 已吸起。如此多动道岔动作时同一瞬间最多有两台电机同时接通启动电路,如图 2—4 所示。

2. 故障停转。为避免一个牵引点因故未能动作,其他牵引点仍在转换造成设备损害,多机牵引道岔设置为"一机不能转,其他都不转",实现动作一致性。即在尖轨(或心轨)的多个牵引点中某一电机因故不能启动时,尖轨(或心轨)其他牵引点电机都会停转。

此功能是由切断继电器(QDJ)和总保护继电器(ZBHJ)实现的。多机牵引道岔尖轨和心轨各设置了一套 QDJ 和 ZBHJ 电路,分别对尖轨各牵引点和心轨各牵引点的电机进行保护。

以尖轨为例,如图 2—5、图 2—6 所示:道岔转换时,若 J1、J2、J3 都能正常转换,则其对应的 BHJ 均保持吸起,使 ZBHJ 吸起;若某一机道岔不能动作,则其对应的 BHJ 无法吸起,导致 ZBHJ 无法吸起,QDJ 通过阻容放电缓放 2 s 左右后落下。因 QDJ 前接点用于所有转辙机 1DQJ 的自闭电路中,QDJ 落下会造成 1DQJ 落下,从而使尖轨其他牵引点正在转换的转辙机停转。

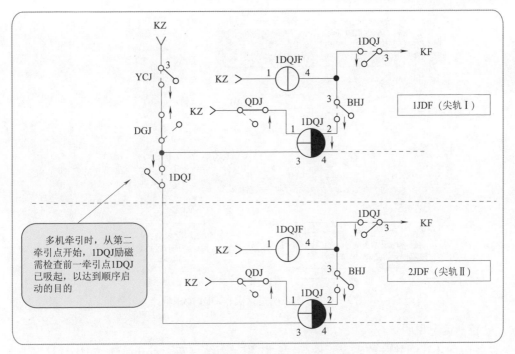

图 2—4　单动多机牵引道岔 1DQJ 顺序励磁示意

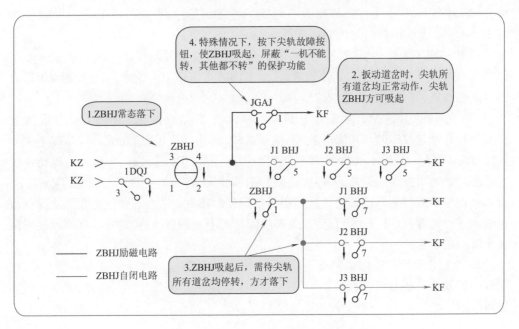

图 2—5　五机牵引道岔尖轨 ZBHJ 励磁电路

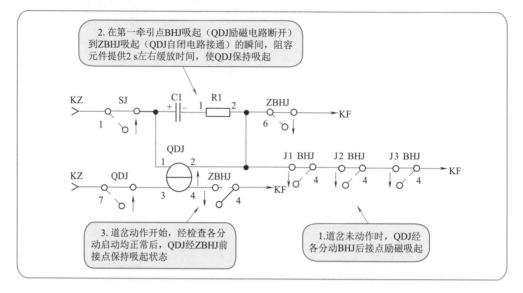

图 2—6 五机牵引道岔尖轨 QDJ 励磁电路

特殊情况说明：

（1）QDJ 线圈并联的阻容元件起缓放作用。因第一牵引点开始动作（J1 BHJ 吸起）时 QDJ 启动电路就断开，直到所有牵引点 BHJ 均吸起使 ZBHJ 吸起后其自闭电路才接通，并联阻容元件的目的就是在这段时间内使 QDJ 保持吸起。通常采用电阻值为 51 Ω、电容容量为 1 000 μF 的阻容元件。

（2）"一机不能转,其他都不转"适用于多机牵引道岔扳动时某一机 BHJ 从未吸起的场景。对于道岔启动时其 BHJ 能吸起,后又因故提前落下的故障,由于此时 ZBHJ 自闭电路已构通,其他道岔仍能继续转换。

（3）九机牵引道岔（含部分五机牵引）设置了尖轨按钮（JGAJ）和心轨按钮（XGAJ）,在处理故障时可用来屏蔽"一机不能转,其他都不转"的功能。例如按下尖轨按钮,JGAJ 吸起,使尖轨 ZBHJ 无须检查尖轨所有分动 BHJ 的吸起,可以一直保持在吸起状态。此时再扳动该道岔,即使尖轨某一动因故无法启动,尖轨的 QDJ 也不会落下,尖轨其他分动道岔能保持转动。这样在多机道岔故障时,现场在室外能更方便找到故障道岔进行处理,也可以用于在道岔某些故障情况下来回扳动后,各分动状态混乱时恢复至统一的位置。

3. 道岔总表示。多机牵引道岔设置了定位总表示继电器和反位总表示继电器,在检查尖轨及心轨各分机转辙机的 DBJ（或 FBJ）均在吸起状态时,相应的总表示继电器方可吸起。

三、S700K 双动多机道岔动作特殊点

通过控制多机牵引道岔各机 1DQJ 吸起时机只能实现错开各牵引点启动峰值,后续多组道岔同时转换过程中交流转辙机电源输出功率仍会明显增大。九机牵引及部分五机牵引的双动道岔为减少同一时段内同时动作的转辙机数量,在单动多机牵引道岔电路的基础上增加了对双动道岔优先级的控制:要求道岔第一动先动作,在第一动各牵引点均动作完毕(即所有分机电机均停转)后第二动方可开始动作。主要是靠在每一动各增设了 1 个动作开始继电器(DKJ)和动作完成继电器(DWJ)实现的。DKJ、DWJ电路原理如图 2—7 所示,双动道岔顺序动作实现方式如图 2—8 所示。

在进路空闲、区段空闲情况下,人工操纵道岔或排列进路时,第一动 J1 1DQJ 即可励磁吸起。而第二动 J1 1DQJ 励磁电路的 KF 电源末端接入第一动 J1 2DQJ 转极后的接点,确保在扳动道岔时,第一动 J1 1DQJ 先于第二动吸起,心轨同理。

第一动 J1 1DQJ 吸起后,其 2DQJ 转极接通了第二动 J1 1DQJ 励磁电路的 KF 电源,但此时第一动的 DKJ 已在第一动 J1 1DQJ 吸起后吸起、第一动的 DWJ 在道岔开始正常动作后吸起,一直切断第二动 J1 1DQJ 励磁电路的 KZ 电源,使第二动 J1 1DQJ 仍然无法吸起。直至第一动所有分动动作完毕,DWJ 落下接通第二动 J1 1DQJ 的 KZ 电源,第二动才能开始动作。

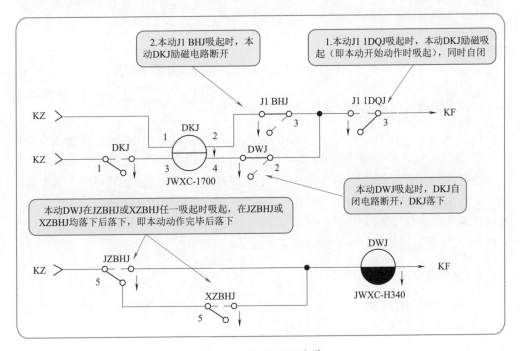

图 2—7　DKJ、DWJ 电路

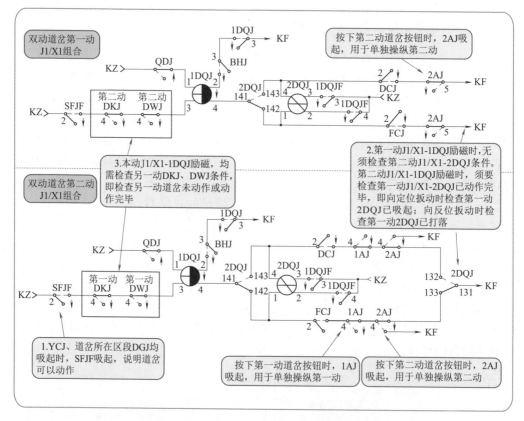

图2—8   双动多机牵引道岔顺序动作电路实现示意

四、ZYJ7 道岔同步电路原理简介

ZYJ7 型电液转辙机,以 380 V 交流电源作为动力,驱动三相电动机,带动油泵输出高压油,送入油缸。活塞杆固定不动,油缸运动,带动动作装置工作。ZYJ7 与 SH6 之间采用油管传输。正常动作时,在液压的作用下,SH6(副机)跟随 ZYJ7(主机)同步动作到位。当出现 ZYJ7 先到位,SH6 尚未到位的情况时(以下简称"不同步"),为保证副机能够转换到位,在道岔控制电路中设置同步电路,通过 SH6 自动开闭器接点接通启动电路,使三相电动机继续动作。同步电路如图 2—9 所示。

五、信号集中监测采集原理简介

交流转辙机动作电路相关监测项目包括道岔动作曲线监测、断相保护器输出直流电压监测及相关开关量监测。采集原理如图 2—10 所示。

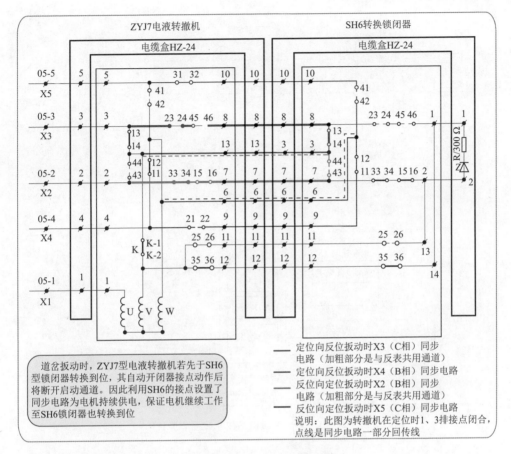

图2—9　ZYJ7+SH6同步电路

1.道岔动作曲线监测包括道岔转换过程中总有功功率、电流、动作时间、转换方向。电压采样点在 DBQ 输入端,电流采样在 DBQ 输出端,根据 1DQJ 条件进行连续测试。当 1DQJ 动作时,会产生开关量状态的变化,开关量变化使智能交流转辙机采集模块内互感器启动,采集电机动作时的电压值和电流值,在互感器内部进行隔离转换,每40 ms计算出有功功率,并顺次记录下来。等待动作结束(以 1DQJ 落下为标志,单条曲线记录最长可采集40 s),以总线通信方式将道岔动作曲线(每40 ms一个点)送往站机进行显示及处理。

2.断相保护器输出直流电压监测采集 DBQ 驱动 BHJ 的直流电压,采样点在 DBQ 的1、2端子。

3.开关量监测包括1DQJ/1DQJF、DBJ、FBJ、BHJ 开关量状态,采集各继电器的空接点或半组空接点。

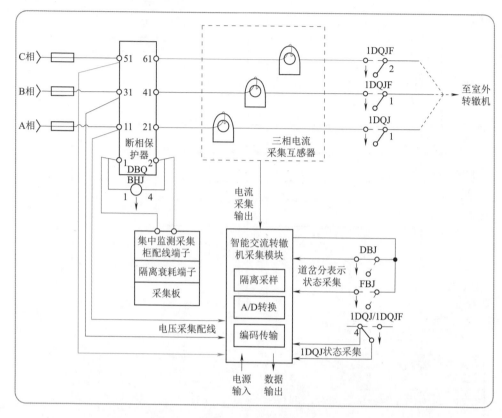

图2—10　交流转辙机动作曲线采集原理

第三节　道岔正常动作曲线分析

一、S700K 牵引道岔正常动作曲线分析

如图2—11所示,三相交流转辙机动作过程主要分以下几步:

第一步,1DQJ吸起:1DQJ吸起后,道岔动作曲线开始记录。

第二步,1DQJF吸起:1DQJF吸起后,在2DQJ转极前,监测会记录到与上一次动作完毕后相同的"小尾巴"电流曲线。

第三步,2DQJ转极:在2DQJ转极时,动作曲线将出现一个较大峰值(为表述方便,文中将道岔开始启动时产生的此较大峰值电流简称为启动电流),说明道岔启动电路已接通,道岔开始动作。

第四步,道岔动作:道岔动作过程分为解锁、转换、锁闭三步。解锁与转换的分界点以斥离尖轨开始动作为准,锁闭时以斥离尖轨密贴到位为准。

第五步,启动电路断开:道岔转换完毕,自动开闭器接点转换,断开启动电路,使

BHJ 落下,1DQJ 自闭电路断开进入缓放状态。此时三相电流值和功率值都会出现突降,但在 1DQJ 缓放时间内,启动电路中仍有两相有较小电流存在(为表述方便,后文中将此电流按其形象简称为"小尾巴")。

　　第六步,1DQJ 落下:1DQJ 经过缓放后落下,道岔动作电压及电流均降为零,曲线停止记录。

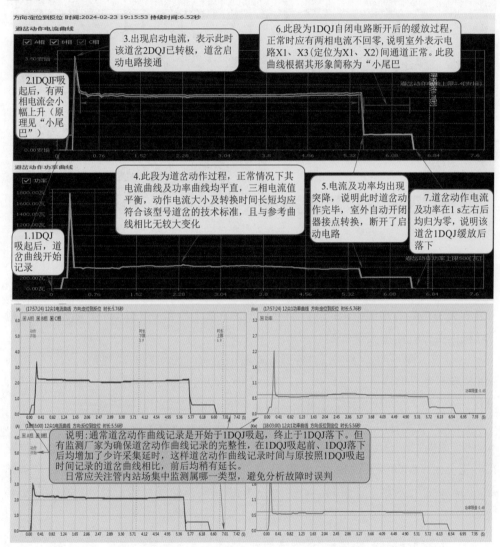

图 2—11　S700K 牵引道岔正常动作曲线

二、ZYJ7 牵引道岔正常动作曲线分析

　　ZYJ7 牵引道岔与 S700K 牵引道岔动作曲线的形成过程基本相同,经历了 1DQJ 励

磁→1DQJF 励磁→2DQJ 转极→道岔转换→转换到位→1DQJ 缓放落下的过程,如图 2—12所示。两者之间有如下几个不同点:

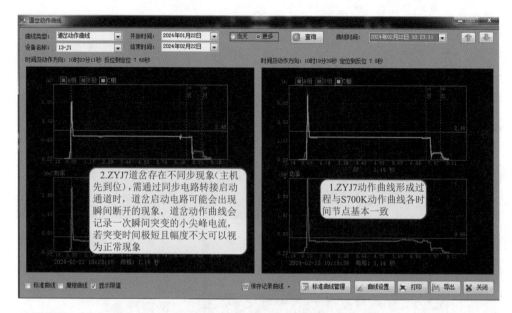

图 2—12　ZYJ7 牵引道岔正常曲线

1. 动作电流值不同。《维规》要求:S700K 型电动转辙机在单线电阻 54 Ω 时动作电流不大于 2 A,在单线电阻近 0 Ω 时允许动作电流大于 2 A 但应小于 3 A;ZYJ 型电液转辙机的工作电流不大于 2 A。

2. 动作时间不同。《维规》对各型号转辙机动作时长均有明确规定。实际运用中S700K 单机动作时间一般在 5 ~ 6 s;ZYJ7 双机(带 1 个 SH6)动作时间一般在 8 s 左右;ZYJ7 三机(带 2 个 SH6)动作时间一般在 11 s 左右。

3. ZYJ7 设置有同步电路。S700K 道岔动作曲线整体较平顺,而 ZYJ7 道岔在双机不同步(主机先于 SH6 转换锁闭器到位)时,在同步电路转接的过程中,道岔启动电路有可能会出现瞬间断开的现象,因此 ZYJ7 双机道岔动作曲线在道岔动作即将全部结束的时段可能记录到一次瞬间小幅突变,三机道岔动作曲线可能记录到两次瞬间小幅突变。

三、道岔动作曲线"小尾巴"的形成原理

道岔正常转换时通过室内 1DQJ、1DQJF、2DQJ 的接点接通室外启动电路。当道岔转换到位后,自动开闭器接点切断道岔启动电路,DBQ 不再有平衡的三相电流通过,使BHJ 落下,断开 1DQJ 自闭电路。在 1DQJ 缓放的过程中,启动电路中仍有两相小电流

存在——这是由于道岔转换到位后,380 V 三相交流电源通过室内的 1DQJ、1DQJF 前接点和室外自动开闭器接点构通回路,产生两相小电流。两相小电流的时间长短取决于 1DQJ 的缓放时间,电流的数值取决于表示回路中阻抗的大小,一般为 0.4 ~ 0.6 A。"小尾巴"形成的电流回路如图 2—13 所示。

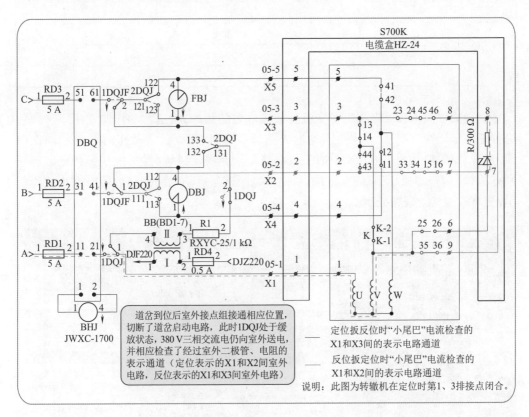

图 2—13 "小尾巴"曲线形成原理

因此,道岔动作曲线中的"小尾巴"能反映出表示通道的状态:反位向定位扳动时,动作曲线后的"小尾巴"说明 X1、X2 间室外表示通道(含二极管及电阻)正常构通;定位向反位扳动时,动作曲线后的"小尾巴"说明 X1、X3 间室外表示通道(含二极管及电阻)正常构通。每次扳动时道岔"小尾巴"的数值应保持稳定,"小尾巴"电流值发生变化通常说明室外二极管及电阻的阻抗发生了变化。

四、道岔五条外线的判别方法

交流转辙机均采用五线制道岔控制电路,在扳动道岔时,五条外线的作用见表 2—1。

表2—1 道岔启动电路使用外线列表

道岔动作方向	使用外线	与三相交流转辙机电源对应	"小尾巴"检查外线
反位向定位扳动	X1	A 相	√
	X2	B 相	√
	X5	C 相	
定位向反位扳动	X1	A 相	√
	X4	B 相	
	X3	C 相	√

信号集中监测系统根据三相交流转辙机电源的相序,将道岔动作曲线用三种颜色进行了区分。在掌握了"小尾巴"的形成原理后,可以根据正常动作时的道岔动作曲线,直观、简单地判断出道岔动作时三根曲线分别是哪根外线,送出的是哪相电源。判别方法如图2—14所示,掌握此方法,可以在判断道岔启动电路开路故障时缩小故障范围,更有效地指导现场处理。

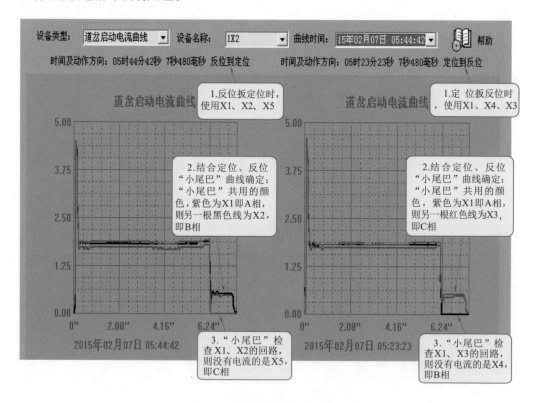

图2—14 道岔五条外线判别示意

第四节　典型案例分析

了解了道岔启动电路的基本原理、动作曲线采样原理,可结合"小尾巴"状态分析及"外线判别法",对异常曲线、故障曲线进行分析判断。

☞ 特别说明

1. 道岔功率曲线主要反映道岔转换过程中受力状态,曲线分析主要用在两种场景:一是分析日常动作曲线,指导现场有针对性地养护维修;二是在道岔空转故障时分析,通过受阻情况判断故障范围。

2. 道岔动作故障分析时,须以第一次发生故障时的曲线和现象为主进行分析,因为多机牵引道岔在故障后频繁来回扳动时,因时间特性可能会造成后续故障现象的紊乱,给分析造成干扰。

3. 本节中的案例,是以道岔在原位置表示正常时进行扳动的场景进行判断的。若道岔在静态断表示状态下扳动时仍有故障,应首先分析静态断表示时表示电压后再结合扳动曲线进行分析。在断表示状态下如何判断故障范围,结合来回扳动道岔时的动作曲线判断故障点,在本书"第三章　道岔表示电压曲线分析"中详述。

一、单机牵引道岔典型案例分析

案例 1:扳动或进路选排过程监测未记录道岔动作曲线

☞ 原因分析

监测未记录该道岔动作曲线,说明 1DQJ 未吸起。通过监测回放可发现:在扳动或进路选排过程中,监测自采的道岔表示电压正常且道岔分表示灯一直保持正常,未出现中断。

此时联锁采集的道岔总表示状态取决于联锁采集电路:若其仅采集表示继电器前后接点,则其状态与监测实采一致;若其采集表示继电器前接点和 YCJ 后接点串联条件,则其采集道岔表示中断说明故障时 YCJ 吸起,道岔表示未中断说明故障时 YCJ 未吸起。

☞ 常见原因

(1)1DQJ 励磁电路不良。

(2)1DQJ 继电器特性不良。

(3)YCJ 或 DCJ/FCJ 励磁电路不良(可通过联锁维护机驱采信息确认上述继电器故障时的状态)。

案例2：道岔动作曲线三相电流均为0 A，且道岔表示自动恢复（图2—15）

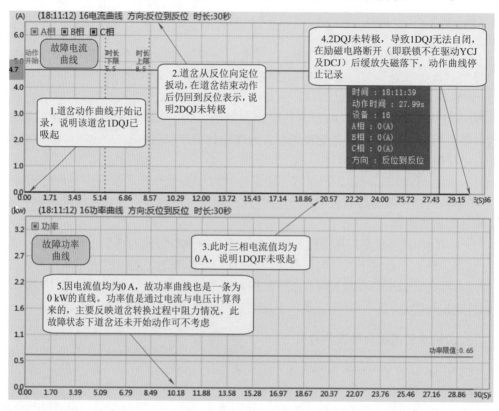

图2—15　道岔动作曲线三相电流均为0 A，且道岔表示自动恢复

☞ 曲线分析

道岔动作曲线记录完毕后，"方向"栏显示为"反位到反位"，道岔又恢复原位置表示，说明1DQJ励磁且2DQJ未转极。在1DQJ励磁后三相电流均为0 A，说明1DQJ励磁后1DQJF未吸起。道岔动作曲线记录时间的长度取决于联锁驱动YCJ和FCJ（或DCJ）的时间长度。

☞ 常见原因

（1）1DQJF励磁电路不良。

（2）1DQJF继电器特性不良。

案例3：道岔动作曲线只记录两相0.5 A左右电流，且道岔表示自动恢复（图2—16）

☞ 曲线分析

道岔动作曲线记录完毕后，"方向"栏显示为"反位到反位"，道岔又恢复原位置表示，说明1DQJ励磁且2DQJ未转极。在1DQJ励磁后的电流形同于"小尾巴"电流，说明1DQJ、1DQJF均已吸起。道岔动作曲线记录时间的长度取决于联锁驱动YCJ和FCJ

（或 DCJ）的时间长度。

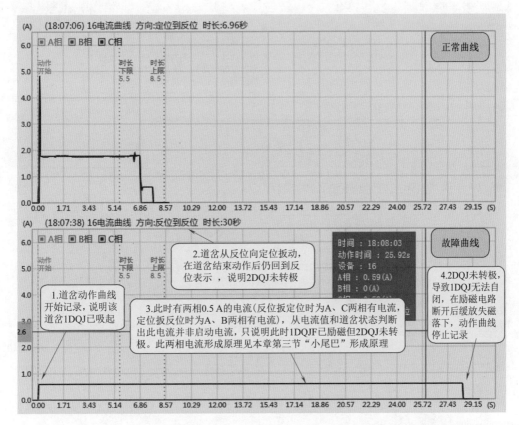

图 2—16 道岔动作曲线只记录两相 0.5 A 左右电流,且道岔表示自动恢复

☞ 常见原因

（1）2DQJ 励磁电路不良。

（2）2DQJ 继电器特性不良。

案例 4：三相电流数值均为零（图 2—17）

☞ 曲线分析

道岔扳动后无表示,说明其 2DQJ 已转极,接通道岔启动电路,向室外送电。此时道岔三相动作电流均为零,说明启动电路三相均处于开路状态,DBQ 因无电流流过所以无直流电压输出,导致 BHJ 无法吸起、1DQJ 无法自闭,0.8 s 后即落下。该道岔扳动前表示正常说明外线不可能全部开路,因此重点检查室内影响电源的公共部分。

☞ 常见原因

（1）交流转辙机电源断或该道岔启动空开断。

（2）断相保护器插接不良。

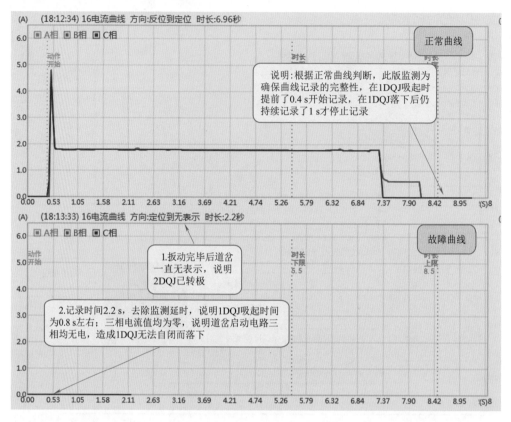

图2—17 三相电流数值均为零

案例5:道岔三相动作电流数值正常,动作时间仅0.5 s左右(图2—18)

☞ 曲线分析

从图2—18分析,1DQJ正常励磁、2DQJ也正常转极,且道岔三相动作电流数值均正常,说明道岔启动电路正常构通。但道岔动作曲线记录时长仅0.4 s,且在此时段中三相电流值一直与正常动作时电流值相同。由此可判断:道岔启动电路正常,1DQJ在吸起后提前落下,切断了道岔启动电路。从曲线记录时间长度判断,通常为1DQJ无法自闭,需对1DQJ自闭电路及自闭电路中涉及的继电器(如 QDJ、BHJ 等)电路进行检查。

☞ 常见原因

(1)1DQJ继电器线圈故障或自闭电路中接点接触不良导致1DQJ无法自闭。

(2)DBQ不良无输出或BHJ自身故障导致BHJ无法吸起。2020版集中监测采集了BHJ接点状态、DBQ输出电压,可通过上述开关量及模拟量区分判断。

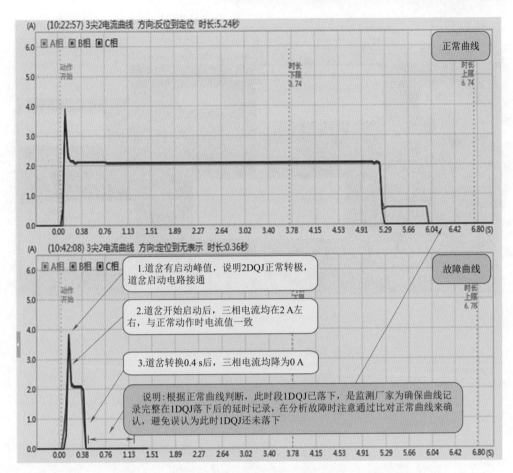

图 2—18　道岔动作电流数值正常，动作时间仅 0.5 s 左右

案例 6：道岔三相动作电流其中一相电流为 0 A（图 2—19）

☞ 曲线分析

根据图 2—19 中右侧故障曲线分析，道岔转换时 C 相动作电流为 0 A，其余两相动作电流值上升。此曲线为动作电流断相曲线，会导致 BHJ 无法吸起，使 1DQJ 因无法自闭而落下，因此曲线只记录 0.6 s（时间长短取决于 1DQJ 的缓放时间）。

☞ 常见原因

启动电路通道开路。

在出现断相故障时，可以运用"外线判别法"，结合道岔动作电路原理，锁定启动通道中具体的故障处所，压缩故障处理时间。缺相原因分析见表 2—2（案例中道岔扳动前表示正常；故障点均以转辙机在定位时自动开闭器第 1、3 排接点闭合为例进行表述）。

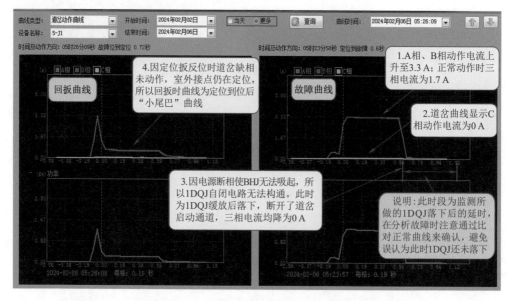

图2—19　三相动作电流其中一相电流为0 A

表2—2　道岔动作电流缺相原因

道岔扳动方向	故障曲线现象	常见故障点范围
反位向定位扳动	A 相（X1）电流为 0 A	A 相电源熔断器 RD1、断相保护器 DBQ、1DQJ$_{11\text{-}12}$接点及相关配线
	B 相（X2）电流为 0 A	B 相电源熔断器 RD2、断相保护器 DBQ、1DQJF$_{11\text{-}12}$、2DQJ$_{111\text{-}112}$接点及相关配线；室外接点组 43-44、安全接点 K$_{11\text{-}12}$ 及相关电缆、端子配线
	C 相（X5）电流为 0 A	C 相电源熔断器 RD3、断相保护器 DBQ、1DQJF$_{21\text{-}22}$、2DQJ$_{121\text{-}122}$接点及相关配线
定位向反位扳动	A 相（X1）电流为 0 A	A 相电源熔断器 RD1、断相保护器 DBQ、1DQJ$_{11\text{-}12}$接点及相关配线
	B 相（X4）电流为 0 A	B 相电源熔断器 RD2、断相保护器 DBQ、1DQJF$_{11\text{-}12}$、2DQJ$_{111\text{-}113}$接点及相关配线
	C 相（X3）电流为 0 A	C 相电源熔断器 RD3、断相保护器 DBQ、1DQJF$_{21\text{-}22}$、2DQJ$_{121\text{-}123}$接点及相关配线；室外接点组 13-14、安全接点 K$_{11\text{-}12}$ 及相关电缆、端子配线

案例7:道岔动作曲线某一相电流抖动下降(图2—20)

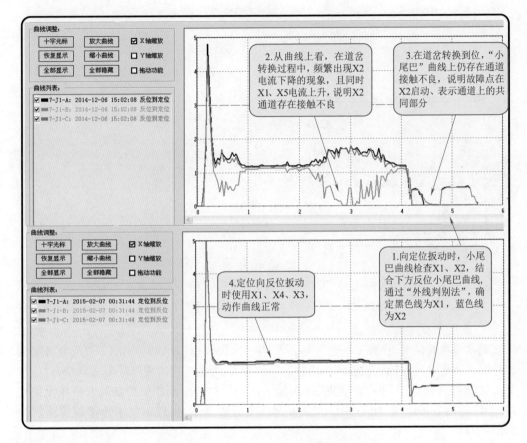

图2—20 道岔动作曲线某一相电流抖动下降

☞ 曲线分析

道岔动作电流曲线中出现某一相电流明显抖动下降,且另两相同时上升的现象,通常说明该相电流通道存在接触不良。此时应根据前面所述的"外线判别法",分析出是哪一条通道的问题,再进行相应处理。从图2—20中可分析出为X2不良,并且在道岔转换段,"小尾巴"部分X2上的电流均有抖动下降现象,可缩小故障范围,查找X2在启动、表示电路中的公共部分。

☞ 常见原因

(1)通道各部端子接触不良。

(2)电缆不良。

案例8：道岔转换过程中三相动作电流不平衡（图2—21）

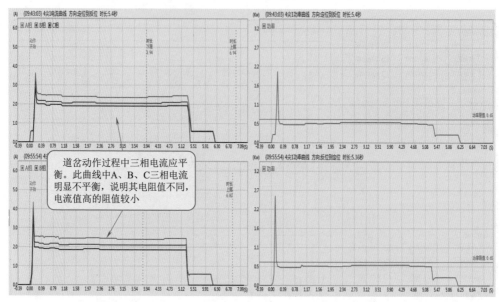

图2—21 道岔转换过程中三相动作电流不平衡

☞ 曲线分析

道岔每次转换时，存在三相电流值不平衡。应先根据"外线判别法"，判断电流偏低的外线。通常电流值较低说明该相回路的阻值较大，可通过逐段测试环阻来判断查找。

注意：三相电流不平衡严重时，还可能造成扳动过程中断相保护器触发断相保护功能，无法输出直流电压，使得BHJ无法吸起或吸起后落下，出现道岔中途停转无法转换到位的故障。

☞ 常见原因

（1）并芯使用的电缆存在开路。

（2）启动回路电阻增大。

案例9：道岔转换时间增长（图2—22）

☞ 曲线分析

图2—22中，道岔动作曲线与参考曲线相比，其动作时间增长，说明动作时阻力大或转换力偏小。此时可通过功率曲线、液压道岔油压曲线分析道岔尖轨动程中的受阻范围是在解锁段、转换段还是锁闭段，指导现场有针对性地检查。

☞ 常见原因

（1）道岔滑床板缺油、滑床板辊轮未起作用。

（2）道岔滑床板与尖轨底部有异物。

（3）ZYJ7型电液转辙机油压不足，S700K型电动转辙机转换力偏小。

（4）道岔不方正、尖轨翘头。

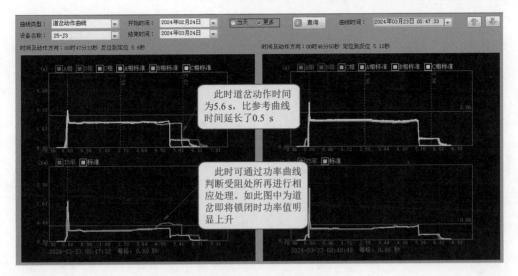

图 2—22　道岔转换时间增长

案例 10：道岔功率上升，电流值基本正常，转换时间达 13 s（或 30 s）（图 2—23 ~ 图 2—26）

如果道岔转换时因尖轨受阻无法到位，由于道岔启动接点保持接通，将导致电机长时间空转，此时道岔动作电流值无明显变化，但功率值明显上升。为避免在此情况下电机受损，提速道岔设置了时间继电器 TJ（或由带延时功能的断相保护器实现），在道岔转换时间长达 13 s 或 30 s 仍未转换到位时，断开 1DQJ 的自闭电路，切断三相交流转辙机电源向外的输出。

此时可结合故障时的功率曲线及故障回扳曲线来分析，主要有以下四种情况：

情况一：转辙机空转，回扳时间极短（图 2—23）

☞ 曲线分析

由图 2—23 右侧故障曲线可看出道岔定位扳反位时转辙机空转，查看功率曲线在 0.66 s 时由 410 W 上升至 500 W；查看左侧回扳曲线时间与故障曲线中功率上升时间基本一致，均在 0.65 s 左右，说明道岔定位扳反位时道岔动程极短，还未解锁。

☞ 常见原因

（1）锁闭框与锁钩别卡、锁钩与销轴别卡导致外锁闭未解锁。

（2）锁钩、锁闭铁缺油导致外锁闭未解锁。

（3）锁钩底部有异物导致锁钩不能正常落下。

（4）转辙机机内卡阻。

（5）ZYJ7 型电液转辙机溢流压力不够。

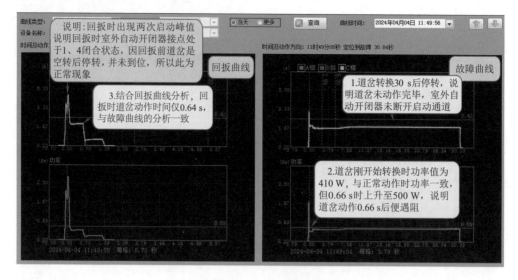

图2—23 转辙机空转,回扳时间极短

情况二:转辙机空转,回扳时间短于正常动作时间(图2—24)

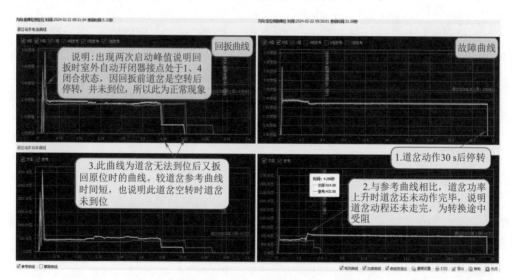

图2—24 转辙机空转,回扳时间短于正常动作时间

☞ 曲线分析

图2—24中,道岔定位扳反位时转辙机空转,查看功率曲线在4.5 s时由430 W上升至620 W,上升时间点与正常动作时间相比稍早;且查看回扳曲线时间4.5 s较正常曲线时间短1 s左右。上述情况均说明道岔定位扳反位时已解锁,但未转换到位,在转换过程中遇到阻力导致转辙机空转。

☞ 常见原因

（1）工务尖轨与基本轨有异物卡阻。

（2）道岔机械部分卡阻。

（3）工务滑床板有凹槽或缺油。

（4）工务部件松脱卡阻。

（5）转辙机牵引力不达标（转辙机空转时功率值上升不明显的情况下，考虑对转辙机牵引力进行测试，确认是否达标）。

情况三：转辙机空转，回扳时间正常（图 2—25）

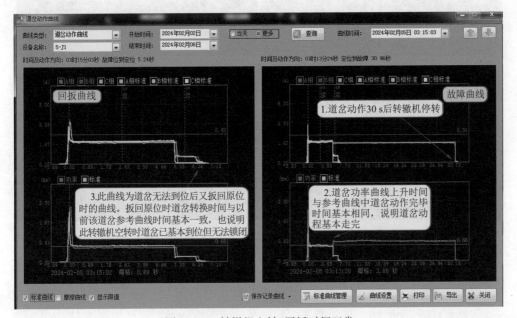

图 2—25　转辙机空转，回扳时间正常

☞ 曲线分析

图 2—25 中，右侧道岔反位扳定位时转辙机空转，功率曲线由 650 W 上升至 830 W，上升时间点与正常动作时转换完毕时间点相同；且查看回扳曲线时间与其正常时动作时间基本相同。说明道岔反位扳定位时已基本到位，无法锁闭的可能性较大。

☞ 常见原因

（1）S700K 型电动转辙机卡缺口。

（2）道岔锁闭框与锁钩别卡。

（3）工务斥离轨卡阻未动作到位。

（4）道岔调整压力大。

（5）防尘罩错位卡阻。

（6）转辙机自动开闭器故障。

情况四:电液转辙机空转,功率呈坡度上升(图2—26)

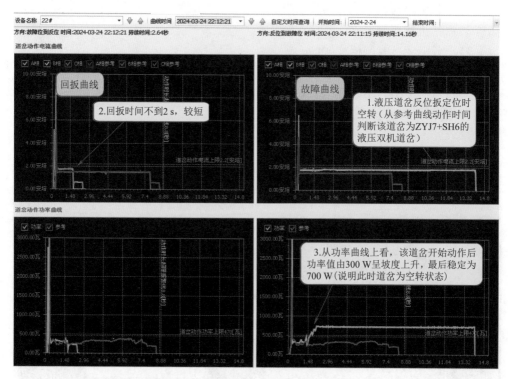

图2—26 电液转辙机空转,功率呈坡度上升

☞ 曲线分析

查看图2—26中右侧故障曲线,从电流曲线上看为道岔转换30 s停转,说明道岔未转换到位;从功率曲线上看该道岔开始启动后功率值即呈斜坡状稳定上升,从正常值300 W逐步上升至700 W,说明随着道岔转换动程增加,道岔转换阻力越来越大。

☞ 常见原因

电液转辙机某一机未解锁。

案例11:道岔三相动作电流、功率均突升(图2—27、图2—28)

交流转辙机正常转换过程中,动作电流值应稳定。因尖轨夹异物、道岔不解锁等机外阻力造成电机空转时,功率值会明显上升,动作电流只轻微变化而不会明显增高。动作电流明显上升时,通常是道岔启动电路有短路或电机抱死。

情况一:道岔三相动作电流突升且平衡(图2—27)

☞ 曲线分析

图2—27中道岔功率值、电流值均异常上升,说明不是机械部分受阻问题。故障时三相电流异常升高但平衡,通常说明道岔电机正常有电但无法转动。

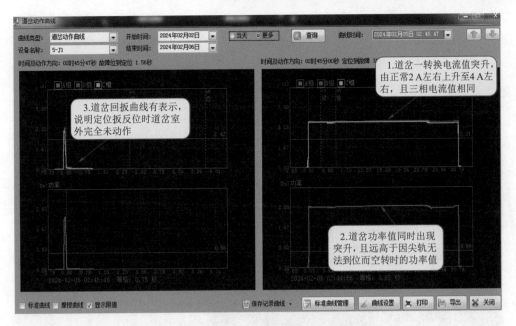

图 2—27　道岔三相动作电流突升且平衡

☞ 常见原因

电机抱死。

情况二：道岔三相动作电流突升且不平衡（图 2—28）

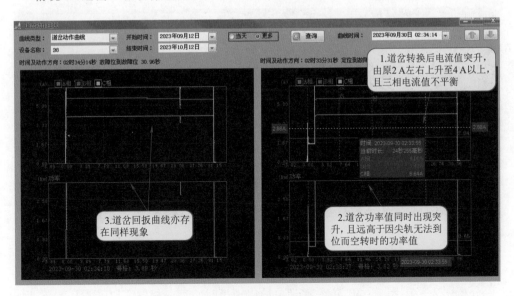

图 2—28　道岔三相动作电流突升且不平衡

☞ 曲线分析

图 2—28 中电流值突升且三相电流不平衡,通常说明启动电路存在短路。

☞ 常见原因

(1)启动通道中电缆、配线、自动开闭器接点等短路。

(2)电机短路。

案例 12:ZYJ7 牵引道岔快到位时短时间一相电流断(图 2—29、图 2—30)

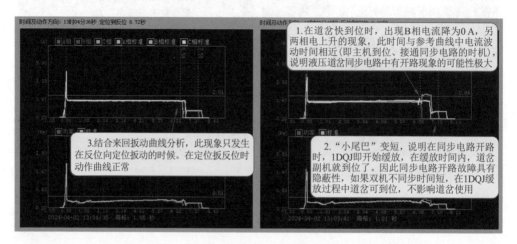

图 2—29　ZYJ7 牵引道岔反位扳定位快到位时 B 相开路

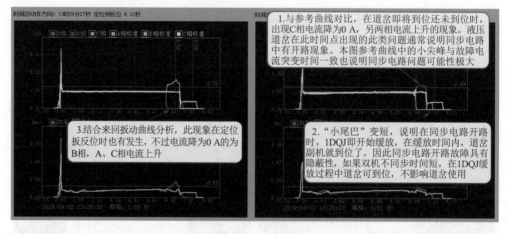

图 2—30　ZYJ7 牵引道岔反位扳定位快到位时 C 相开路,定位扳反位快到位时 B 相开路

☞ 曲线分析

分析图 2—29、图 2–30,道岔在到位前出现短时间某一相电流值降为 0 A,另两相电流升高,即说明其同步电路出现故障。同步电路故障存在隐蔽性,不容易得到及时解

决,存在以下两个方面原因:一是在主副机不同步时间较短的情况下,电机断电后副机仍可通过液压传动的惯性到位,一般不会造成道岔断表示;二是同步电路只在主机先于副机到位时起作用,在现场涂油养护后主副机基本能同步到位,此时异常曲线消失,使同步电路存在故障隐患。

从图2—9可知,副机同步线共有四条,定位至反位、反位至定位的B相和C相各有一条。因此,在分析同步电路故障时,需结合定位到反位、反位到定位动作曲线共同分析,同时运用"外线判别法"判断断相的外线,可大幅缩小故障范围,便于现场处理。

☞ 常见原因

同步电路故障。具体判定方法及故障点见表2—3。

表2—3　ZYJ型电液转辙机同步电路故障现象汇总表

故障现象	故障曲线描述	故障点范围 (参见图2—9　ZYJ7型电液转辙机同步电路)
定位扳反位时 同步电路开路	C相电流为0 A回扳正常	图中红线(且不与绿线共用)的电路(在反位表示正常时还能排除与表示通道共用的部分,即排除粗红线部分)
	B相电流为0 A回扳正常	图中紫线(且不与蓝线共用)的电路
反位扳定位时 同步电路开路	C相电流为0 A回扳正常	图中蓝线(且不与紫线共用)的电路
	B相电流为0 A回扳正常	图中绿线(且不与红线共用)的电路(在定位表示正常时还能排除与表示通道共用的部分,即排除粗绿线部分)
定、反位扳动时 同步电路均开路	定→反C相电流为0 A 反→定B相电流为0 A	红线和绿线共同经过的电路
	定→反B相电流为0 A 反→定C相电流为0 A	紫线和蓝线共同经过的电路

☞ 经验提示

同步电路故障因发生时间极短不易查找,可在现场扳动道岔时让副机无法到位来进行试验,此时若主机到位后副机未到位时电机立即停转,则证明同步电路故障,现场可保持此状态,断开室内表示电源后,通过电阻挡对同步电路进行测量查找。

案例13:道岔动作完毕后"小尾巴"过长(图2—31)

☞ 曲线分析

通过前面对道岔正常动作曲线的分析,可以从图2—31左侧故障曲线看出:道岔已正常到位,且室外经由二极管的表示通道已构通。

从道岔启动电路可知,道岔到位后,由于室外断开启动回路,DBQ中无交流转辙机电流流过,不再输出直流电压,使BHJ落下,从而断开1DQJ自闭电路。"小尾巴"长度取决于1DQJ缓放时间,一般在1 s左右,而图2—31中"小尾巴"时间近10 s,整个道岔曲线记录时间达13 s,说明道岔到位后1DQJ自闭电路未断开,直至13 s的转换时间上限后由于断相保护器(或 TJ)时间特性才使 1DQJ 落下。

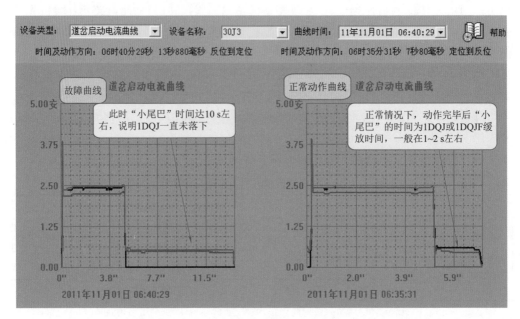

图2—31 道岔动作完毕后"小尾巴"过长

☞ 常见原因

断相保护器 DBQ 特性不良。

案例14:道岔正常动作完毕后无"小尾巴"(图2—32)

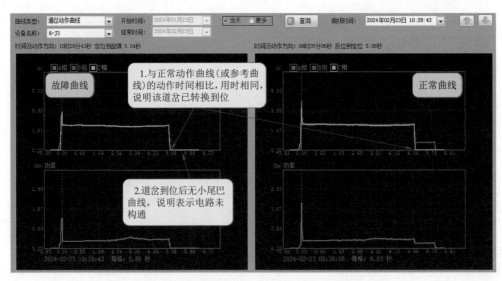

图2—32 道岔正常动作完毕后无"小尾巴"

☞ 曲线分析

图 2—32 中,转换时间、电流值等均正常,说明道岔已到位。由前面对正常曲线的分析中可知:"小尾巴"的产生来自道岔到位后自动开闭器接点接通了室外部分表示电路,定位为 X1、X2,反位为 X1、X3。因此,无"小尾巴"则说明上述表示电路未构通。

☞ 常见原因

(1)ZYJ7 型电液转辙机卡缺口(含转换锁闭器)。

(2)S700K 牵引道岔密贴检查器卡缺口。

(3)道岔表示电路室外 X1、X2(反位为 X1、X3)间开路故障。

案例 15:道岔动作完毕后"小尾巴"数值超标(图 2—33)

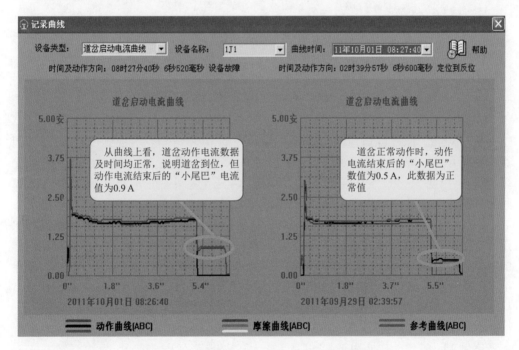

图 2—33　道岔动作完毕后"小尾巴"数值超标

☞ 曲线分析

对道岔正常动作曲线分析中可知:"小尾巴"的电流数值大小取决于表示回路电阻。道岔到位后,在 1DQJ 缓放时间内向室外送出的电压仍是交流转辙机电压 380 V,而室外负载即为表示回路的电阻。此两相电流值通常在 0.5 A 左右,且电流数值应保持不变。若道岔动作三相电流数值与参考曲线一致,仅"小尾巴"电流值发生变化,说明表示电路通道中有异常,导致回路中阻值发生变化。若道岔有表示电压采集,此时表示电压值也会出现变化。

☞ 常见原因

室外道岔表示整流匣不良。

案例16：道岔动作完毕后"小尾巴"曲线异常，道岔表示正常（图2—34）

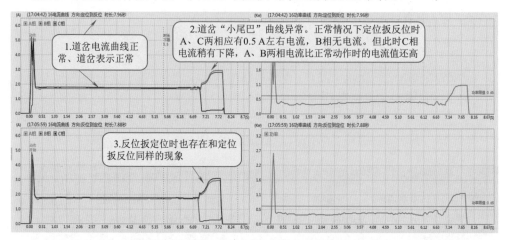

图2—34　道岔"小尾巴"曲线异常，道岔表示正常

☞ 曲线分析

从"小尾巴"原理可知，道岔从定位向反位扳动，在室外道岔转换到位时，自动开闭器接点断开X1、X3、X4启动通道，接通X1、X3、X5表示通道。由于此时1DQJ还处于缓放状态，因此TS 380 V电压仍通过X1、X3、X4送至室外。正常情况下，室外X1、X2间通过整流匣接通，而X4已断开，所以形成了C相无电流，A、B两相电流"小尾巴"。

图2—34定位扳反位的异常曲线中，A、C两相电流值同时异常升高，B相电流相比正常"小尾巴"数值反而有所下降，说明此时X1、X4间存在短路。且回扳曲线存在同样的现象，说明X1、X5间也有同样的问题。但由于道岔动作曲线、道岔表示均正常，排除了X1、X4或X1、X5间直接短路的可能性，属于有条件短路。

☞ 常见原因

启动电路X4、X5间短路。

案例17：道岔动作曲线正常，道岔无表示（图2—35）

☞ 曲线分析

查看图2—35右侧故障曲线，道岔定位扳反位时动作电流曲线与正常情况完全相同，说明道岔已动作到位并锁闭，为表示电路故障。且通过"小尾巴"形成原理可知表示电路X1、X3间通道已构通，室外整流匣特性良好，故障点在"小尾巴"无法检查到的表示电路中的X5，以及室内表示电路部分。

☞ 常见原因

（1）表示电路（定位X4、反位X5）开路。

（2）表示电路室内部分开路。

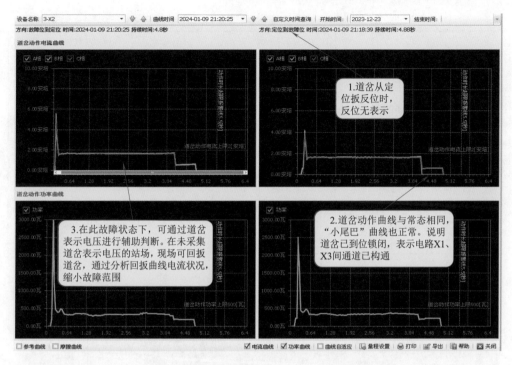

图2—35 道岔动作曲线正常，道岔无表示

在此情况下，若信号集中监测系统有道岔表示电压采集，可结合表示电压进行分析，判断故障范围。若信号集中监测系统未采集道岔表示电压，可通过道岔回扳时的状态来区分判别，缩小故障范围。具体判定方法及故障点见表2—4。

表2—4 "小尾巴"曲线正常时故障点

曲线描述	回扳曲线描述	故障范围（以转辙机定位时1、3排接点闭合为例，道岔启动电路见图2—3）
定位向反位扳动时，动作电流曲线正常，道岔无反位表示	C相断相	X5通道不良，X5表示与启动公共部分开路。具体为：1DQJF$_{21}$、2DQJ$_{121-122}$、室外接点组41-42、三相交流转辙机W线圈，以及相关电缆、端子配线
	回扳曲线正常，道岔有定位表示	反位表示电路室内不良，与启动及定位表示不共用的部分开路。具体为：1DQJF$_{21-23}$、2DQJ$_{131-133}$、FBJ线圈，以及相关配线
	回扳曲线正常，道岔无定位表示	反位表示电路室内不良，与定位表示共用的部分开路。具体为：1DQJ$_{11-13}$、BD$_1$-7变压器、表示电路电阻、1DQJ$_{21-23}$、2DQJ$_{131}$，以及相关配线

续上表

曲线描述	回扳曲线描述	故障范围 （以转辙机定位时 1、3 排接点闭合为例,道岔启动电路见图2—3）
反位向定位扳动时,动作电流曲线正常,道岔无定位表示	B 相断相	X4 通道不良,X4 表示与启动公共部分开路。 具体为:1DQJF$_{11}$、2DQJ$_{111\text{-}113}$、室外接点组 11-12、三相交流转辙机 W 线圈,以及相关电缆、端子配线
	回扳曲线正常,道岔有反位表示	定位表示电路室内不良,与启动及反位表示不共用的部分开路。 具体为:1DQJF$_{11\text{-}13}$、2DQJ$_{131\text{-}132}$、DBJ 线圈,以及相关配线
	回扳曲线正常,道岔无反位表示	定位表示电路室内不良,与反位表示共用的部分开路。 具体为:1DQJ$_{11\text{-}13}$、BD$_1$-7 变压器、表示电路电阻、1DQJ$_{21\text{-}23}$、2DQJ$_{131}$,以及相关配线

案例18:道岔功率值超高,道岔表示正常(图2—36)

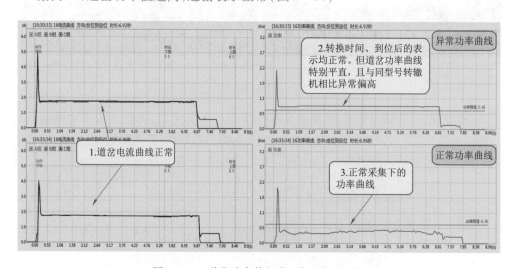

图2—36 道岔功率值超高,道岔表示正常

☞ 曲线分析

道岔动作电流曲线、动作时间及道岔表示均正常,仅功率曲线异常平直且偏高,通常是采集问题。监测功率值是通过采集的电压、电流值及相位差计算得出,要求采集的三相电压与电流必须一一对应,如图2—37所示。若采集不对应则由于相位原因会造成功率值计算错误,导致功率曲线异常偏高且平直。

☞ 常见原因

监测道岔采集模块中三相电压与三相电流采集不一一对应。

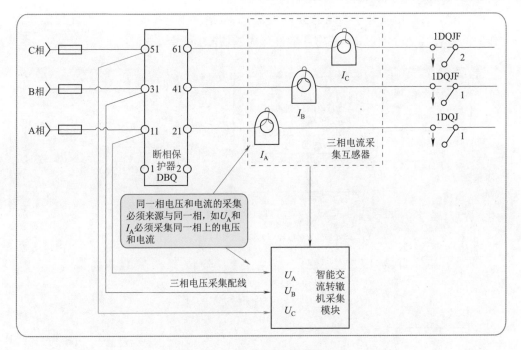

图 2—37　道岔功率值采集示意

二、多机牵引道岔典型案例分析

多机牵引道岔每一个牵引点的动作电路和表示电路是单独设置的,与单机牵引道岔基本相同,只是在动作顺序、故障保护以及道岔总表示等方面增加了电路关联。因此在分析多机牵引道岔动作曲线异常时,需对故障发生时间点的每一台转辙机曲线均进行查看,重点是判断出是哪一机的问题,还是关联电路的问题。

若多机牵引道岔某一分机动作曲线异常,其他分机均正常,可按照前文"一、单机牵引道岔典型案例分析"中的方法,对不正常的牵引分机进行分析判断,在此不再赘述。下面对多机牵引道岔在多机同时出现异常时如何分析进行简单介绍。

案例 19:多机牵引道岔尖轨(或心轨)某一机动作时间 0.5 s 左右,其他分机均为 2~3 s(图 2—38)

☞ 曲线分析

从图 2—38 曲线分析,三个转辙机中 J2 动作时间最短。如前所述,多机牵引道岔尖轨(或心轨)其中一机因故不能动作到位时,其他转辙机也将由于 ZBHJ、QDJ 的落下而切断 1DQJ 自闭电路,说明 J1 及 J3 是被 J2 故障影响而造成无法动作到位,应查找 J2 存在的问题。

QDJ 缓放时间由其并联的阻容元件决定,正常情况下为 2 s 左右。因此故障道岔动作时间要较其他分动短 2 s 左右才能确认为"动作时间最短的道岔"。

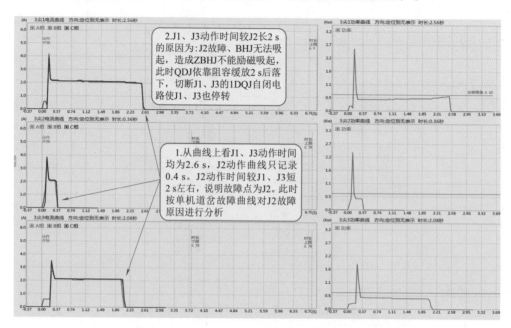

图 2—38　多机牵引道岔尖轨动作时间短

☞ 常见原因

对动作时间最短的分动道岔动作曲线进行分析,分析方法及常见原因同"单机牵引道岔典型案例分析"。

案例 20：多机牵引道岔尖轨(或心轨)动作时间均为 0.5 s 左右(图 2—39)

☞ 曲线分析

从图 2—39 右侧道岔第一次故障时动作曲线分析,J1、J2、J3 动作时间均在 0.5 s左右,且三相电流值均正常,说明故障原因为各分动 1DQJ 均无法自闭,而 J1、J2、J3中 1DQJ 的自闭电路共同部分是均须检查 QDJ 的前接点,说明此时 QDJ 处于落下状态。

☞ 常见原因

(1) QDJ 励磁电路不良,平时处于落下状态。

(2) QDJ 阻容不良。

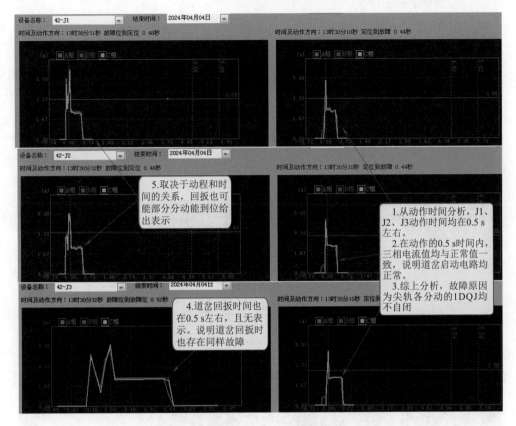

图2—39　多机牵引道岔尖轨（或心轨）动作时间均为0.5 s左右

案例21：多机牵引道岔尖轨（或心轨）部分动作时间为0.5 s左右，部分空转30 s

☞ 曲线分析

从图2—40右侧道岔第一次故障时动作曲线分析，J1、J2故障原因均为1DQJ不自闭，但从J3曲线分析其1DQJ自闭电路正常。通过QDJ电路（图2—6）分析可知，在J1开始动作（即J1 BHJ吸起）时，QDJ励磁电路会断开，直至所有分动均开始正常动作（即ZBHJ吸起）时才接通自闭电路，在该时段内QDJ依靠阻容放电保持吸起。若阻容失效，则在此时段内QDJ落下，通常各牵引点1DQJ会因QDJ前接点断开而无法自闭，使道岔停转。但在现场实际使用时，由于各牵引点1DQJ吸起时机及缓放时间并不完全一致，在某些情况下1DQJ缓放期间各牵引点BHJ仍会吸起，使ZBHJ吸起，接通了QDJ自闭电路，出现QDJ在道岔扳动时瞬间落下又吸起的"抖动"现象，部分牵引点的1DQJ会在QDJ吸起后保持自闭，从而出现有的分机停转、有的分机空转的现象。

☞ 常见原因

QDJ阻容不良。

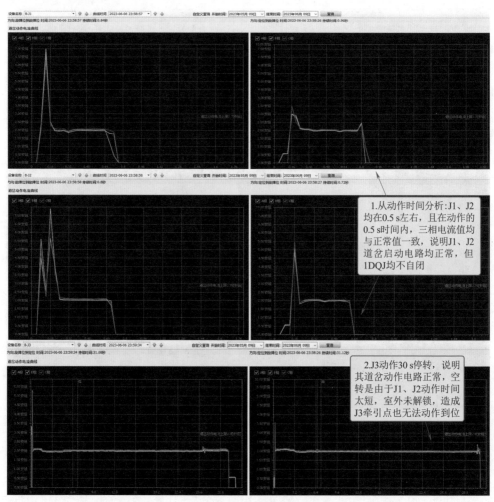

图2—40 J1、J2动作时间均为0.5 s左右,J3空转

案例22: 多机牵引道岔尖轨(或心轨)动作时间均为2 s左右(图2—41)

☞ 曲线分析

从图2—41右侧为第一次故障时的动作曲线分析,J1、J2、J3动作时间均在2 s左右,且三相电流值均正常,说明各分动启动电路正常,但所有的1DQJ同时落下。而尖轨各分机1DQJ自闭电路中共同部分只有尖轨QDJ的不同组前接点,说明当时是QDJ落下造成的尖轨所有道岔停转。由于1DQJ自身缓放时在0.5 s左右,而此案例中每分动动作时间均在2 s左右,说明QDJ在道岔动作前保持在吸起状态,且阻容元件状态良好,是QDJ不自闭问题。

☞ 常见原因

(1)QDJ自闭电路不良,导致扳动道岔时QDJ缓放后落下。

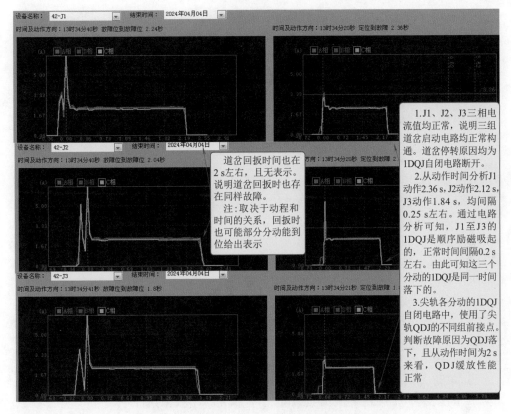

图2—41 多机牵引道岔尖轨动作时间均为2 s左右

（2）ZBHJ电路故障（含自身线圈及各分动BHJ接点接触不良），导致ZBHJ在扳动道岔时无法吸起，造成QDJ无法自闭。

☞ 经验提示

（1）多机出现动作时间短、未动作完毕即停转故障时，必须查看所有转辙机的动作曲线，时间最短（短于其他分机2 s左右）的牵引点才是故障点。若动作时间均短且动作过程中三相电流值均正常，通常是QDJ电路问题。

（2）QDJ常态吸起，当其阻容不良时，QDJ可能在道岔扳动过程中落下直至道岔全部停转，也可能出现瞬间落下又吸起的"抖动"现象，因此其故障导致的现象较为多变。随各分机1DQJ时间特性稍有不同，有时会出现所有分机1DQJ均落下的现象（动作时间均较短），有时会出现部分分机动作时间短但部分分机空转甚至转换到位的现象。

（3）多机牵引道岔多机出现空转现象时，可重点对功率值上升最早的道岔、回扳时间最短的牵引点进行检查，原因可能是由于其不解锁造成相邻分动道岔无法到位而空转。

第三章　道岔表示电压曲线分析

第一节　道岔表示电路分析说明

道岔转换完毕,室外道岔锁闭后,由转辙机的自动开闭器定位接点接通道岔定位表示继电器 DBJ 电路,用反位接点接通道岔反位表示继电器 FBJ 电路,由 DBJ(或 FBJ)的吸起给出道岔开通位置,并由其参与联锁。

信号集中监测中对道岔表示模拟量的采集主要是道岔在定、反位时分线盘处的交流电压和直流电压。为更好地分析道岔表示电路,除应掌握道岔在规定位置时的交、直流电压正常值,还应了解道岔表示电路几点相关规定。

1. 道岔表示电路应符合的要求:

(1)道岔表示应与道岔的实际位置相一致,并应检查自动开闭器两排接点组在规定位置。

(2)联动道岔只有当各组道岔均在规定位置时,方能构成规定的位置表示。

(3)单动、联动或多机牵引道岔须检查各牵引点的道岔转换设备均在规定的位置。

2. 道岔表示电路必须故障导向安全,并应满足以下技术条件:

(1)用道岔表示继电器的吸起状态和道岔的正确位置相对应,不准用一个继电器的吸起和落下表示道岔的两种位置。

(2)电路发生混线或混入其他电源时,必须保证不使 DBJ 和 FBJ 错误励磁。

(3)道岔在转换过程中,或发生挤岔、停电、断线等故障时,应保证 DBJ 和 FBJ 落下。

3.《维规》中明确规定:道岔表示电路中应采用反向电压不小于 500 V,正向电流不小于 300 mA 的整流元件;三相交流转辙机表示电路中应采用反向电压不小于 500 V,正向电流不小于 1 A 的整流元件。

4. 道岔定位表示继电器 DBJ 和道岔反位表示继电器 FBJ 均采用 JPXC-1000 型偏极继电器。

下面将分别介绍直流转辙机、交流转辙机道岔的表示电路原理和信号集中监测系统采样原理,并对道岔表示电压正常曲线、常见异常表示电压进行分析。

第二节　直流转辙机道岔表示电压曲线分析

一、道岔表示电路原理简介

道岔表示电路所用的电源由道岔表示变压器供给,将电源屏提供的交流 220 V

表示电压进行隔离并变换为 110 V,提供给本道岔表示电路使用。室外表示通道中串接有用于整流的二极管 Z;DBJ 和 FBJ 线圈并联有起滤波作用的电容 C。直流转辙机道岔表示电路如图 3—1 所示。

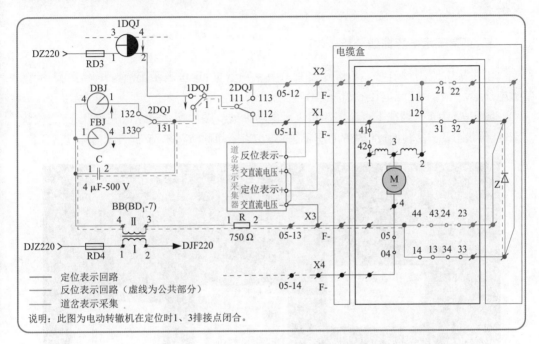

图 3—1　直流转辙机道岔表示电路

当道岔转换到定位后,自动开闭器接点动作,断开 1DQJ$_{1-2}$ 线圈自闭电路,使 1DQJ 失磁,用 1DQJ 第一组后接点接通道岔表示电路室内通道。室外通过电动转辙机自动开闭器的定位接点接通电路,经二极管 Z 将交流电进行半波整流,整流后的正向电流方向正好与 DBJ 的励磁方向一致,使 DBJ 吸起。在交流负半周,由于电容器 C 的放电作用,能使 DBJ 保持可靠吸起。

当道岔转换到反位时,自动开闭器反位表示接点接通,将二极管反接在表示电路中,改变了半波整流后电流的方向,使 FBJ 吸起。

二、信号集中监测系统采样原理简介

道岔表示电压监测采集点为分线盘上表示线的端子。道岔表示采集线引入道岔表示零散定型组合,经过隔离后进入采集器母板。经过隔离转换后,采用现场总线方式经光电隔离后进入接口通信分机,由分机将采集器传送的信息处理后送至监测站机。

直流转辙机定位采集 X1 和 X3,X1 为正,X3 为负;反位采集 X2 和 X3,X3 为正,X2 为负。其道岔表示电压采集点如图 3—1 所示。

☞ 特别说明

信号集中监测采集直流转辙机表示电压采集点为分线盘端子,不等于表示继电器线圈,因此其监测采集表示电压与继电器端电压不一致。在进行基础数据校核、故障分析时要注意区别。

三、正常表示电压曲线分析

信号集中监测对道岔表示电压采集共有 4 项数据:定位表示交流电压、定位表示直流电压、反位表示交流电压、反位表示直流电压。

图 3—2 为正常情况下直流转辙机表示电压曲线。图中所示道岔有三种状态:定位状态、反位状态及道岔转换过程中的四开状态(定位表示简称"定表",反位表示简称"反表")。

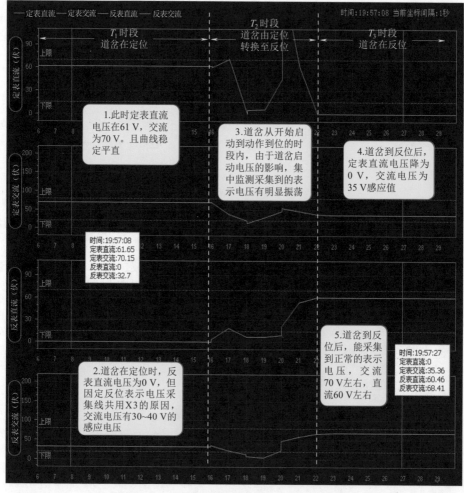

图 3—2　直流转辙机道岔表示电压正常曲线

T_1 段为道岔保持在定位状态。此时信号集中监测采集的分线盘处表示电压为定位交流 70 V 左右,定位直流 60 V 左右,且数据稳定,曲线平直。此电压说明道岔表示电路正常,道岔能正常给出定位表示。

道岔在定位时,分线盘处 X2 处于开路状态,因此正常情况下反位表示交直流电压均应为 0 V,但由于反位表示电压与定位表示电压采集共用 X3 的原因,反表交流电压采集点能感应到 30 ~ 40 V 的交流电压值。

T_2 段为道岔由定位向反位扳动的过程。此时 1DQJ 吸起、2DQJ 转极,道岔处于无表示状态。采集到的电压并非道岔表示变压器送出的表示电源电压,而是道岔动作电压的感应值,因此此时段内道岔表示电压未构通,电压曲线零乱,不稳定,其数据不用于对表示电路的分析。

T_3 段为道岔动作到位,反位表示正常。此时反表交流电压稳定在 70 V 左右,直流电压稳定在 60 V 左右;定表直流电压降为 0 V,交流电压为感应值 35 V。

四、表示电压数据分析

了解道岔表示电路原理、表示电压采样原理以及正常情况下表示电压数值后,就可以通过信号集中监测系统采集的道岔表示电压来分析道岔表示电路的异常。

表 3—1 列举了直流转辙机几种典型故障下的道岔表示电压,与正常表示电压值进行对比。因道岔动作过程中的电压数值不具备分析价值,因此下面的数据都是道岔动作到位后,处于静态状态时的交直流电压。

表 3—1　直流转辙机典型故障表示电压数据分析

交流电压	直流电压	道岔状态分析
70 V 左右	60 V 左右	道岔表示正常
0 V	0 V	表示电路室内开路或室外短路,道岔无表示
110 V	0 V	表示电路室外开路,道岔无表示
120 V 左右	150 V 左右	室内电容并联支路(含继电器线圈)开路,道岔无表示
20 V 左右	10 V 左右	室内电容开路,室内表示继电器处于颤动状态不能可靠吸起,道岔无表示
60 V 左右	50 V 左右	室内电容短路,道岔无表示

第三节　交流转辙机道岔表示电压曲线分析

一、道岔表示电路原理简介

图 3—3 为交流转辙机道岔表示电路示意图,图 3—4 为定位表示电路简化图。均以定位时 1、3 排接点闭合的单机道岔(不带密贴检查器或转换锁闭器)为例。

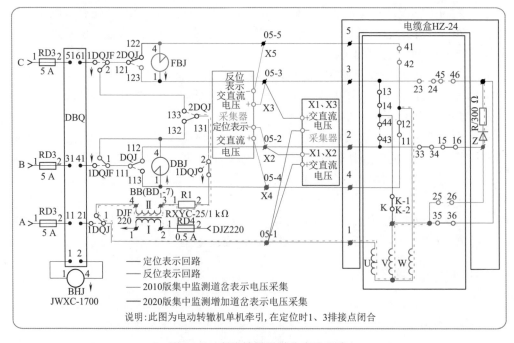

图3—3　交流转辙机道岔表示电路

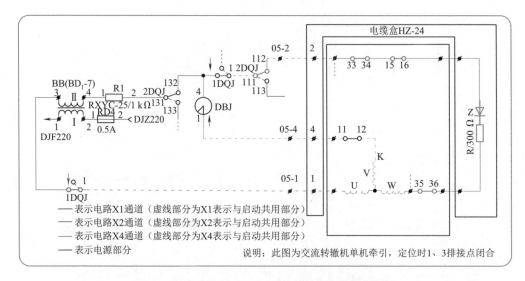

图3—4　交流转辙机道岔(单机)定位表示简化电路

1. 交流转辙机与直流电动转辙机表示电路的共同点：

(1)使用道岔表示变压器,将电源屏输出的220 V道岔表示电源隔离,并调整为110 V交流电源供本道岔表示电路用。

（2）室内通过 1DQJ 落下及 2DQJ 定位吸起接通定位表示通道；通过 1DQJ 落下及 2DQJ 反位打落接通反位表示通道。

（3）道岔表示必须检查室外自动开闭器接点在规定位置。

2. 交流转辙机与直流电动转辙机表示电路的不同点：

（1）交流转辙机道岔表示电路须检查电动机三相线圈的完好性。

（2）整流原理不同。交流转辙机道岔表示继电器与半波整流二极管并联，取消直流电动转辙机表示电路中与表示继电器线圈并联用于滤波的电容器。现以定位表示为例介绍其工作原理：当正弦交流电源正半周时，DBJ 励磁吸起，与 DBJ 线圈并联的另一条支路，因整流二极管反向截止，电流基本为零；当正弦交流电源负半周时，整流二极管呈正向导通状态，与 DBJ 线圈并联的另一条支路的阻抗要比 DBJ 支路阻抗小很多，电流绝大部分经二极管流过，由于表示继电器是感性负载，线圈电压下降过程中有反电势，阻止其电压下降，所以通过继电器线圈的电流不是典型的半波，而是一个波动的直流，能够保证表示继电器吸起。因此，在交流转辙机表示电路中，表示继电器线圈无须并联用于滤波的电容器。

（3）交流转辙机道岔每一台电动机均为独立的表示电路，多机牵引道岔的总表示要检查所有分动表示继电器状态的正确。SH6 转换锁闭器、密贴检查器等不设单独表示电路，只在主机的表示电路中检查其表示接点状态。

3. 交流转辙机表示电路：定位表示线为 X1、X2、X4；反位表示线为 X1、X3、X5。

二、信号集中监测系统采集原理简介

1. 2010 版集中监测按《铁路信号集中监测系统安全要求》（运基 2011〔377〕号）的要求进行道岔表示电压采集：

交流转辙机道岔表示电压监测采集点为分线盘上表示线的端子。

定位采集 X4 和 X2，X4 为正，X2 为负。

反位采集 X3 和 X5，X3 为正，X5 为负。

2. 2020 版集中监测按《铁路信号集中监测系统技术条件》（Q/CR 442—2020）的要求进行道岔表示电压采集：

交流转辙机道岔表示电压监测采集点为分线盘上表示线的端子。

定位采集 X4 和 X2，X4 为正，X2 为负；采集 X1 和 X2，X1 为正，X2 为负。

反位采集 X3 和 X5，X3 为正，X5 为负；采集 X3 和 X1，X3 为正，X1 为负。

道岔表示电压采集点如图 3—3 所示。

三、正常表示电压曲线分析

以定位表示电压为例，2010 版集中监测采集分线盘 X2、X4 端子交直流电压，正常情况下该电压即为定位表示继电器端电压。

2020 版集中监测在此基础上增加了分线盘 X1、X2 端子上交直流电压的采集。在正常情况下,分线盘 X1 与 X4 端子通过电缆线路、转辙机电机线圈、自动开闭器接点构通通道,虽然 X1 与 X4 间的电机线圈及电缆线路有一定的阻值,但与整个表示电路阻值相比相对较小。所以 X2、X4 交流电压与 X1、X2 交流电压基本相同,根据电缆线路的长短不同会略低 1~2 V。反位表示电压 X1、X3 与 X3、X5 也存在同样情况。

因 X1、X2 交直流表示电压数值与 X2、X4 基本相同,X1、X3 交直流表示电压数值与 X3、X5 基本相同,下面分析正常表示电压曲线时,以 X2、X4 和 X3、X5 表示电压曲线为例进行。

图 3—5 为正常情况下交流转辙机 X2、X4 和 X3、X5 表示电压曲线。图中所示道岔有三种状态:定位状态、反位状态及道岔转换状态。

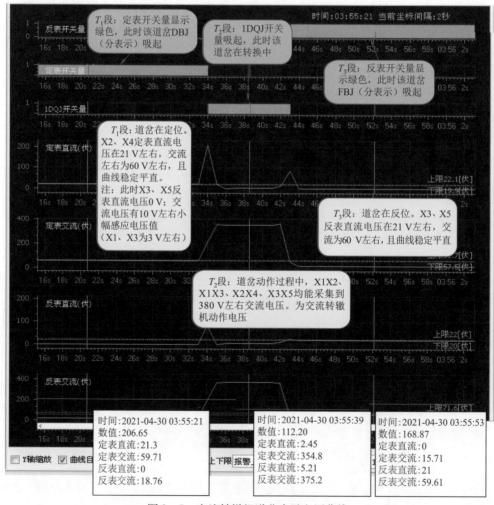

图 3—5　交流转辙机道岔表示电压曲线

T_1 段为道岔保持在定位状态。此时监测采集的分线盘处 X2、X4 表示电压为定位交流 60 V 左右,定位直流 21 V 左右,且数据稳定,曲线平直。此电压说明道岔表示电路正常,道岔能正常给出定位表示。

道岔在定位时, X3、X5 反表直流电压为 0 V,交流采集到 5~20 V 的感应电压值。

T_2 段为道岔由定位向反位扳动的过程。此时 1DQJ 吸起、2DQJ 转极,向 X1、X2、X5 送出交流 380 V 三相交流电源,使道岔转换,道岔处于无表示状态。此时段内采集到的电压并非道岔表示变压器送出的表示电源电压,而是道岔动作电源电压,因此此时段内分线盘能采集到 380 V 交流电压值。

T_3 段为道岔动作到位,道岔给出反位表示。此时反表交流电压稳定在 60 V 左右,交流电压稳定在 21 V 左右;定表直流电压降为 0 V,交流电压为感应值 10 V 左右。

四、曲线分析要求

1. 对交流道岔表示电压进行分析,要熟记提速道岔表示电路,还要了解管内道岔表示电路室外整流匣的具体设置。道岔为保障设备安全,室外二极管及电阻多数采用"两并两串"双重冗余设置方式,如图 3—6 所示。

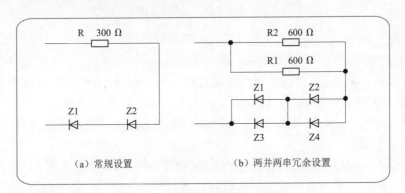

图 3—6　室外二极管及电阻电路

2. 分析道岔故障时,先确定道岔状态。建议查看曲线时同步勾选 1DQJ、DBJ、FBJ 开关量进行分析,便于掌握道岔的状态,结合道岔故障当时的状态进行分析。

(1)道岔在静态下断表示。若 1DQJ 开关量未吸起,DBJ 或 FBJ 开关量就直接落下,基本可以判定为静态下断表示故障。此时可根据道岔在断表示前 DBJ、FBJ 状态判断道岔位置,再查看相应定位或反位表示电压变化情况。结合 1DQJ 开关量状态判断道岔状态,如图 3—7 所示。

(2)道岔在扳动后断表示。若道岔在 1DQJ 吸起后断表示且在 1DQJ 落下时表示仍未恢复,说明道岔是扳动至另一个位置后未给出相应的表示。此时需结合道岔动作曲线、动作时长判断。

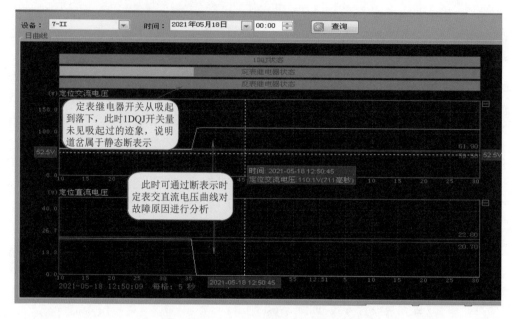

图3—7　结合1DQJ开关量状态判断道岔状态

①如图3—8所示,若道岔空转13 s或30 s后停转(即在表示电压曲线上,显示1DQJ开关量吸起时间为13 s或30 s):此时不涉及表示电路问题,且此时室外自动开闭器1、4排接点同时接通,X1、X5间均可通过电机线圈连通,分线盘处交流表示电压被短路,此时监测道岔转换后相应位置的表示交流电压仅4~5 V,直流电压0 V。在此状态下应通过道岔动作电流曲线及功率曲线来判断道岔动作电路及机械部分的问题,无须分析道岔表示电压。

②如图3—9所示,若道岔启动电路开路,动作时间短(从曲线上看1DQJ开关量吸起时间仅1 s左右,明显短于正常动作时间):此时为道岔动作电路问题,不涉及表示电路,但可以通过道岔启动电路接通瞬间的分线盘交流电压,辅助区分室内外。

③若道岔正常动作完毕(从曲线上查看1DQJ开关量吸起时间与正常动作时间长度基本一致),未能给出表示:须查看道岔转换后相应位置的表示电压。

日常分析中,可以X2、X4和X3、X5交直流表示电压分析为主。在设备异常时,为更精准地判断故障范围,必须结合X1、X2或X1、X3电压共同分析。

五、典型案例分析

1. 交流转辙机道岔表示电路典型故障数据汇总分析

为便于日常分析借鉴,表3—2列举了几种典型设备故障情况下表示电压数据及常见原因,并与正常表示电压值进行了对比。为方便表述,以下案例均以道岔定位为例。

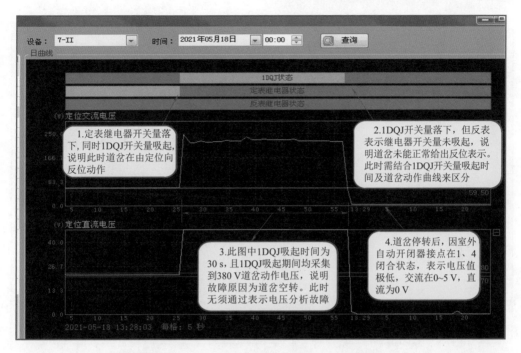

图 3—8　结合 1DQJ 开关量时间判断道岔状态(一)

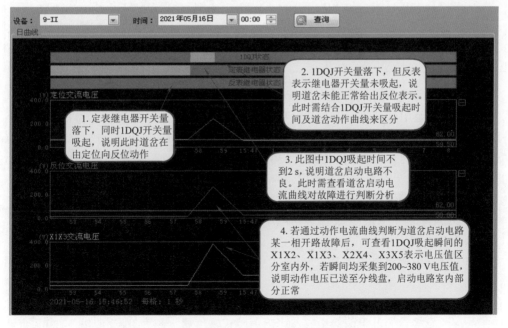

图 3—9　结合 1DQJ 开关量时间判断道岔状态(二)

表3—2　交流转辙机正常电压及典型故障表示电压数据分析

X1、X2 交流电压	X1、X2 直流电压	X2、X4 交流电压	X2、X4 直流电压	道岔表示	常见原因
61 V 左右	21 V 左右	60 V 左右	20 V 左右	正常	正常状态电压值
110 V	0 V	110 V	0 V	无表示	1. 整流匣开路； 2. 液压道岔卡缺口； 3.（X1、X2 通道上的）道岔自动开闭器接点接触不良
70 V 左右	18 V 左右	70 V 左右	18 V 左右	正常	整流匣内双电阻有一个开路
110 V	0 V	4 V（感应值）	0 V	无表示	1. X1 电缆开路； 2. 电机线圈开路
73 V 左右	38 V 左右	25 V（感应值）	0 V	无表示	室外 X4 开路（包括 X4 电缆、自动开闭器相关接点、电机线圈）
73 V 左右	38 V 左右	72 V 左右	38 V 左右	无表示	室内表示继电器开路
45 V 左右	29 V 左右	45 V 左右	29 V 左右	正常	整流匣内电阻短路
28 V 左右	0 V	25 V 左右	0 V	无表示	整流匣内二极管短路
8 V 左右	0 V	4 V 左右	0 V	无表示	1. 整流匣短路； 2. 电缆混线或短路
0 V	0 V	0 V	0 V	无表示	1. 室内表示电源空开断、表示变压器不良、表示电阻开路； 2. 表示电路内 1DQJ、2DQJ、1DQJF 继电器相关接点不良

2. 道岔表示电压趋势性变化分析

道岔表示继电器使用 JPXC-1000 型继电器，《维规》规定该类型继电器释放值不小于 4 V。道岔表示电路正常时，道岔表示继电器电压通常在 20 V 左右，因此在表示电压波动幅度不大时，道岔不会断表示。在信号集中监测增加了 X1、X2 和 X1、X3 表示电压采集后，可以更有效地对此类设备隐患进行分析，缩小问题范围。下面以道岔定位表示电压波动为例进行分析。

（1）变化趋势 1：X1、X2 交流表示电压上升，直流表示电压下降

☞ 电压分析

X1、X2 交流表示电压上升，直流表示电压下降，X1、X2 室外回路阻值增大的可能性较大。

X1、X2 室外回路正常情况下的阻值由电缆环阻、整流匣阻值、转辙机电机阻值、机内相关配线及接点的电阻值等组成。当阻值较正常值增加越大，则交流电压越高，直流电压越低。当阻值达到∞（即 X1、X2 开路）时，交流电压上升至 110 V，直流电压下降

至 0 V。此时可结合 X2、X4 表示电压同步分析缩小故障范围。

①若 X2、X4 表示电压同时同等趋势变化,说明 X1、X4 间室外通道正常,问题原因为表示电路 X2 室外部分阻值增大。

☞ 常见原因

X2 室外部分相关电缆、配线端子接触不良;自动开闭器接点脏、接触不良等。

②若 X2、X4 交流表示电压不升反降,直流表示电压同时也有下降但降幅较 X1、X2 小,说明 X1、X4 间室外通道也不良,综合可判断为 X1 室外部分不良。

☞ 常见原因

X1 室外部分相关电缆、配线端子接触不良。

(2)变化趋势 2:X1、X2 交流表示电压下降,直流表示电压上升

☞ 电压分析

X1、X2 交流表示电压下降,直流表示电压上升,说明 X1、X2 间整流二极管状态正常,但室外回路中阻值降低。此问题通常不影响 X1、X4 间室外通道,因此 X2、X4 表示电压也是同比交流下降直流上升。

X1、X2 室外回路中,除整流匣内的电阻为 300 Ω 外,其他如电缆、电机、二极管等设备电阻值均较小。若整流匣电阻被短路或阻值下降,X1、X2 交流表示电压会随阻值降低逐步下降,直流表示电压同步上升。电阻由正常值 300 Ω 降至 0 Ω 时,X1、X2 交流表示电压会降至 45 V 左右,直流表示电压上升至 29 V 左右。

☞ 常见原因

整流匣内电阻短路。

(3)变化趋势 3:X1、X2 交流、直流表示电压均上升

☞ 电压分析

X1、X2 交流、直流表示电压均上升,通常有如下几种可能性:

①室内电源部分输出的道岔表示电源电压升高。此情况下 X2、X4 交流、直流表示电压也会同等趋势上升。

☞ 常见原因

a. 因电源屏稳压不良造成电源屏输出的道岔表示电源电压不稳定。道岔表示电源电压上升时,会造成其负载的所有道岔交直流表示电压均同时同比例上升。

b. 道岔表示变压器工作不稳定,输出电压上升,也可能造成该道岔交直流表示电压同时同比例上升。

②道岔 X4 支路阻值增大。X1、X2 交直流电压会随 X4 支路电阻增大而逐步上升,当 X4 支路阻值达到∞(即完全开路)时,X1、X2 交流电压升至 73 V 左右,直流电压升至 38 V 左右。此时结合 X2、X4 表示电压同步分析缩小故障范围。

a. 若 X2、X4 直流表示电压明显下降,通常说明 X4 室外部分不良。

☞ 常见原因

X4 室外部分相关电缆、配线端子接触不良。

b. 若 X2、X4 交直流表示电压同时同等趋势上升,说明 X1、X4 间室外通道正常,X4 室内部分不良。

☞ 常见原因

X4 室内部分相关电缆、配线端子接触不良;表示继电器插接不良等。

(4)变化趋势 4:X1、X2 和 X2、X4 直流表示电压上升,交流电压变化不明显

☞ 电压分析

X2 室内部分阻值增大时,X2、X4 和 X1、X2 直流表示电压同时上升,但需要注意的是此故障状态下 X2、X4 直流电压已不等同于表示继电器端电压,随着 X2 室内部分阻值增大,X2、X4 直流电压虽然升高,但表示继电器端电压会下降,甚至出现断表示。

☞ 常见原因

X2 室内部分相关配线端子、继电器接点接触不良。

(5)变化趋势 5:X1、X2 交直流表示电压均下降

☞ 电压分析

X1、X2 交流、直流表示电压均下降,通常有如下几种可能性:

①室内电源部分输出的道岔表示电源电压降低。此情况下 X2、X4 交流、直流表示电压也会同等趋势下降。

☞ 常见原因

a. 因电源屏稳压不良造成电源屏输出的道岔表示电源电压不稳定。道岔表示电源电压下降时,会造成其负载的所有道岔交直流表示电压均同时同趋势下降。

b. 道岔表示变压器工作不稳定,输出电压下降。

c. 表示电路室内 R1 电阻不良或插接不良。

②室外二极管整流作用不良。

☞ 常见原因

a. 表示电路室外 X1、X2 间短路或半短路。

b. 整流匣内二极管击穿短路。

③X4 支路阻值变小。

☞ 常见原因

表示继电器线圈短路或半短路。

上述变化趋势汇总见表 3—3。

表 3—3　交流转辙机表示电压趋势性变化数据分析汇总

X1、X2 交流电压	X1、X2 直流电压	X2、X4 交流电压	X2、X4 直流电压	故障范围
上升(最高升至 110 V)	下降(最低降至 0 V)	同比上升	同比下降	表示电路 X2 室外部分阻值增大
		下降(最低降至 0 V)	下降(最低降至 0 V)	表示电路 X1 室外部分阻值增大

续上表

X1、X2 交流电压	X1、X2 直流电压	X2、X4 交流电压	X2、X4 直流电压	故障范围
下降(最低降 至 45 V 左右)	上升(最高升 至 29 V 左右)	同比下降	同比上升	整流匣内电阻短路
上升(最高升 至 73 V 左右)	上升(最高升 至 38 V 左右)	同比上升	同比上升	表示电路 X4 室内部分阻值增大
		同比下降	下降(最低 降至 0 V)	表示电路 X4 室外部分阻值增大
上升	上升	同比上升	同比上升	电源屏输出道岔表示电源电压升高(会同时影响该电源负载的所有道岔表示电压) 本道岔表示变压器输出道岔表示电源电压升高表示电路室内 R1 电阻不良或插接不良
下降	下降	下降	下降	X2 室内部分阻值增大(道岔表示继电器端电压同时呈下降趋势)
下降	下降	同比下降	同比下降	电源屏输出道岔表示电源电压降低(会同时影响该电源负载的所有道岔表示电压); 本道岔表示变压器输出道岔表示电源电压降低
下降	下降	同比下降	同比下降	整流匣内二极管击穿短路; 表示电路室外 X1、X2 间短路或半短路; 表示继电器线圈短路或半短路

3. 典型案例

一般情况下,道岔表示电压曲线分析分为定、反位两种情况:道岔在定位时只分析定位交直流电压是否稳定,反位时只分析反位交直流电压是否稳定。因为此时另外一个状态的表示电路未构通,仅能采集到极低的电压值,所以通常认为没有意义而被忽略。但在日常运用中,某些设备异常可能没有对当时状态的表示电压造成影响,却影响到另一个状态的表示电压值,在此介绍两个典型案例。

案例 1:道岔在定位时,监测采集的"反位交流电压""X1、X3 交流电压"变化(图 3—10)

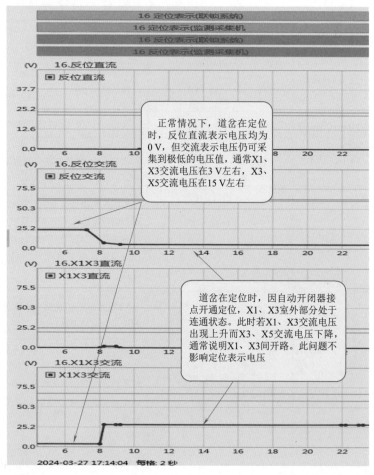

图3—10　道岔在定位时,监测采集的"反位交流电压""X1X3 交流电压"变化

☞ 曲线分析

如图3—10 所示,正常情况下,道岔在定位时 X1、X3 和 X3、X5 反位直流表示电压均为 0 V,但交流均有极低的电压值,X1、X3 交流通常在 3 V 左右,X3、X5 交流电压通常在 15 V 左右。道岔在定位时,X1、X3 室外电路处于连通状态,在 X1、X3 室外部分出现开路时,因定位表示使用 X1、X2、X4,故定位表示电压不会出现变化,但 X1、X3 交流电压会上升至 15 V 左右,X3、X5 交流电压下降至 3 V 左右。

☞ 常见原因

安全接点断开或接触不良。

案例 2:道岔在定位时,监测采集的"反位表示交、直流电压"均波动上升(图3—11)

☞ 曲线分析

如图3—11 所示,道岔在定位时,反位交直流表示电压均明显上升波动。特别是直流表示电压正常情况下应为 0 V,其上升通常代表着有短路或混线的可能。此案例中道岔定位时和反位时的表示电压均无变化,在反位时定位表示电压也没有出现干扰现象,说明是条件性混电。此时可将道岔放在有异常现象的状态下(即定位时),通过甩开测量线间判断。此案例经现场查找,发现 $1DQJ_{131-133}$ 外部焊点短路造成 X5 与 X2 条件性混线。

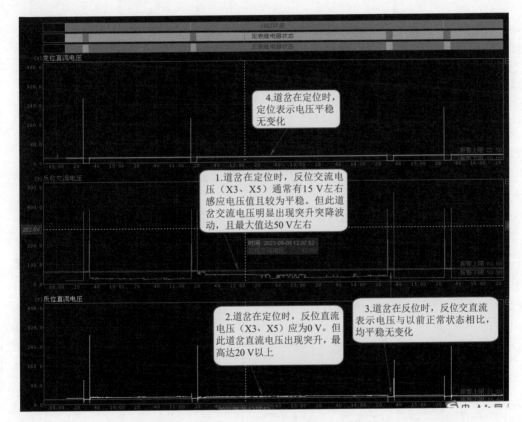

图 3—11　道岔在定位时,监测采集的"反位表示交、直流电压"均波动上升

☞ 常见原因

道岔表示电路中配线、电缆存在混线或接地,造成电压干扰。

第四章　道岔缺口监测设备信息分析

道岔缺口监测系统是发现道岔设备隐患、分析道岔设备故障、指导现场维修的重要设备,对发现道岔缺口隐患,排除道岔故障起到了重要作用。该系统数据包括报警记录、缺口数据、缺口图片、缺口视频、缺口曲线、温湿度曲线、过车振动曲线、油压油位曲线及日统计报表等。

本章是在道岔缺口数据分析与管理系统软件的基础上,结合现场应用,就系统数据的分析给出指导,为现场道岔运用维护提供参考。

第一节　道岔缺口监测设备简介

道岔缺口监测系统采用图像识别技术、磁栅位移检测技术,实现转辙机表示杆缺口精确监测,一般包括站机、网络传输设备、采集分机及各类传感器。图4—1为具有代表性的道岔缺口视频监测系统原理框图,图4—2是磁栅位移检测道岔缺口监测系统原理框图。

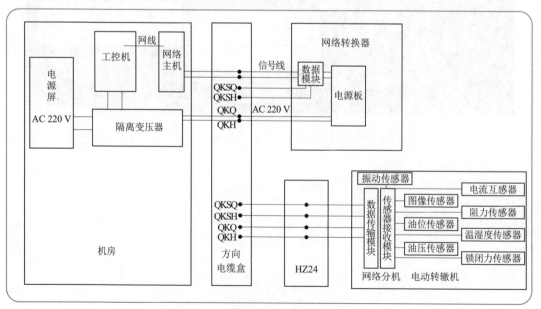

图4—1　道岔缺口视频监测系统原理框图

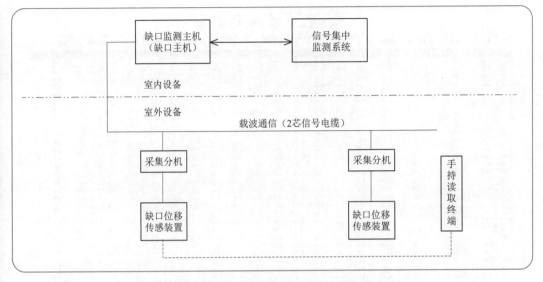

图4—2　磁栅位移检测道岔缺口监测系统原理框图

1. 道岔缺口视频监测显示道岔所处的位置（定位或反位）、缺口的维修标准、当前缺口的实际数值。如图4—3所示，单台转辙机缺口实时图像能显示道岔名称、采集位置、采集时间、温湿度、缺口实际值与标准值以及采集识别线、标准线等信息。

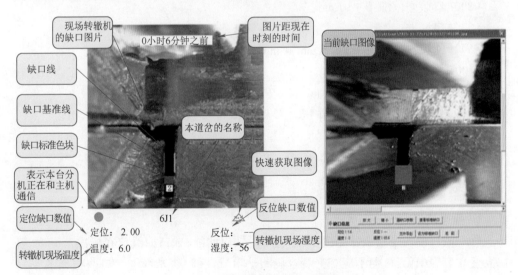

图4—3　转辙机缺口实时图像

2. 磁栅位移检测道岔缺口监测系统提供站场图、缺口状态、道岔号、缺口定反位状态、实时缺口值、缺口偏移值、预报警阈值、温湿度参数、油压油位参数、转辙机型号、检修状态等信息，如图4—4所示。

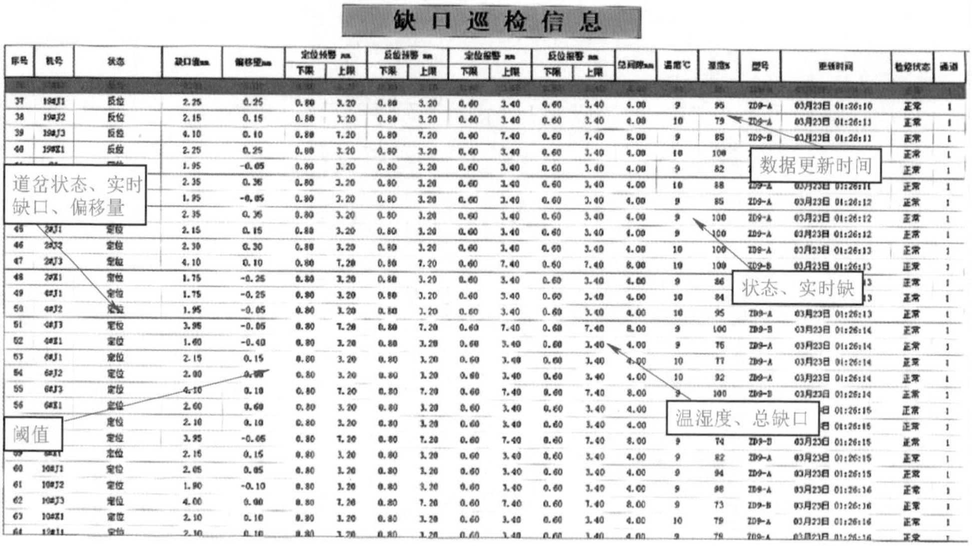

缺口巡检信息

序号	机号	状态	缺口值mm	偏移量	定位预警mm		反位预警mm		定位报警mm		反位报警mm		总间隙mm	温度℃	湿度%	型号	更新时间	巡检状态	通道
					下限	上限	下限	上限	下限	上限	下限	上限							
37	19J1	反检	2.25	0.25	0.80	3.20	0.80	3.20	0.60	3.40	0.60	3.40	4.00	9	95	ZD9-A	03月23日 01:26:10	正常	1
38	19J2	反检	2.15	0.15	0.80	3.20	0.80	3.20	0.60	3.40	0.60	3.40	4.00	10	79	ZD9-A	03月23日 01:26:11	正常	1
39	19J3	反检	4.10	0.10	0.80	7.20	0.80	7.20	0.60	7.40	0.60	7.40	8.00	9	85	ZD9-B	03月23日 01:26:11	正常	1
40	19Z1	反检	2.25	0.25	0.80	3.20	0.80	3.20	0.60	3.40	0.60	3.40	4.00	10	100			正常	1
			1.95	-0.05	0.80	3.20	0.80	3.20	0.60	3.40	0.60	3.40	4.00	9	82			正常	1
			2.35	0.35	0.80	3.20	0.80	3.20	0.60	3.40	0.60	3.40	4.00	10	88	ZD9-A		正常	1
			1.95	-0.05	0.80	3.20	0.80	3.20	0.60	3.40	0.60	3.40	4.00	9	85	ZD9-A		正常	1
			2.35	0.35	0.80	3.20	0.80	3.20	0.60	3.40	0.60	3.40	4.00	9	100	ZD9-A		正常	1
45	2J1	定检	2.15	0.15	0.80	3.20	0.80	3.20	0.60	3.40	0.60	3.40	4.00	9	100			正常	1
46	2J2	定检	2.30	0.30	0.80	3.20	0.80	3.20	0.60	3.40	0.60	3.40	4.00	10	100			正常	1
47	2J3	定检	4.10	0.10	0.80	7.20	0.80	7.20	0.60	7.40	0.60	7.40	8.00	10	100			正常	1
48	2Z1	定检	1.75	-0.25	0.80	3.20	0.80	3.20	0.60	3.40	0.60	3.40	4.00	9	86			正常	1
49	6J1	定位	1.75	-0.25	0.80	3.20	0.80	3.20	0.60	3.40	0.60	3.40	4.00	10	95			正常	1
50	6J2	定位	1.95	-0.05	0.80	3.20	0.80	3.20	0.60	3.40	0.60	3.40	4.00	9	95	ZD9-A	03月23日 01:26:14	正常	1
51	6J3	定位	3.95	-0.05	0.80	7.20	0.80	7.20	0.60	7.40	0.60	7.40	8.00	9	100	ZD9-B	03月23日 01:26:14	正常	1
52	6Z1	定位	1.60	-0.40	0.80	3.20	0.80	3.20	0.60	3.40	0.60	3.40	4.00	9	76	ZD9-A	03月23日 01:26:14	正常	1
53	6J1	定位	2.15	0.15	0.80	3.20	0.80	3.20	0.60	3.40	0.60	3.40	4.00	10	77	ZD9-A	03月23日 01:26:15	正常	1
54	6J2	定位	2.00	0.00	0.80	3.20	0.80	3.20	0.60	3.40	0.60	3.40	4.00	9	76	ZD9-A	03月23日 01:26:15	正常	1
55	6J3	定位	4.10	0.10	0.80	7.20	0.80	7.20	0.60	7.40	0.60	7.40	8.00	9	100	ZD9-B	03月23日 01:26:15	正常	1
56	6Z1	定位	2.60	0.60	0.80	3.20	0.80	3.20	0.60	3.40	0.60	3.40	4.00	10	100			正常	1
		定位	2.10	0.10	0.80	3.20	0.80	3.20	0.60	3.40	0.60	3.40	4.00	9	90			正常	1
		定位	3.95	-0.05	0.80	7.20	0.80	7.20	0.60	7.40	0.60	7.40	8.00	9	74			正常	1
		定位	2.15	0.15	0.80	3.20	0.80	3.20	0.60	3.40	0.60	3.40	4.00	9	82	ZD9-A	03月23日 01:26:15	正常	1
60	10J1	定位	2.05	0.05	0.80	3.20	0.80	3.20	0.60	3.40	0.60	3.40	4.00	9	94	ZD9-A		正常	1
61	10J2	定位	1.90	-0.10	0.80	3.20	0.80	3.20	0.60	3.40	0.60	3.40	4.00	9	98	ZD9-A		正常	1
62	10J3	定位	4.00	0.00	0.80	7.20	0.80	7.20	0.60	7.40	0.60	7.40	8.00	9	73	ZD9-B		正常	1
63	10Z1	定位	2.10	0.10	0.80	3.20	0.80	3.20	0.60	3.40	0.60	3.40	4.00	10	79	ZD9-A	03月23日 01:26:16	正常	1
64	10J1	定位	2.10	0.10	0.80	3.20	0.80	3.20	0.60	3.40	0.60	3.40	4.00	9	78			正常	1

（注：图中标注：道岔状态、实时缺口、偏移量；阈值；数据更新时间；状态、实时缺口；温湿度、总缺口）

图4—4　缺口巡检信息

需掌握的相关技术指标及《维规》标准：

(1)缺口监测精度：±0.1 mm。

(2)缺口监测范围：0~10 mm。

(3)缺口标准：

ZYJ7(外锁)——2 mm±0.5 mm,4 mm±1.5 mm;

S700K——2 mm±0.5 mm;

内锁道岔——1.5 mm±0.5 mm,4~7 mm。

(4)ZYJ7 型电液转辙机：动作压力不大于 10 MPa;溢流压力不大于 14 MPa。

第二节　道岔缺口信息分析

一、缺口日曲线分析

1. 静态缺口曲线

静态缺口曲线是指道岔非扳动、未过车时缺口曲线,缺口曲线应在标准范围内,随温度变化有轻微偏移,但不应有突变。调阅缺口日曲线,正常静态缺口曲线如图4—5所示,预警、报警值应合理设置。

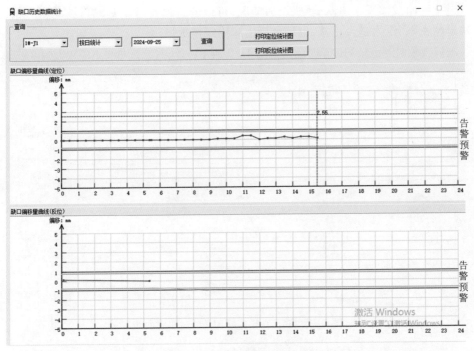

图4—5　正常静态缺口曲线

2. 过车缺口视频及曲线

道岔缺口监测系统可以自动检测录制过车缺口视频,并绘制过车缺口曲线。过车视频调阅界面如图4—6所示。

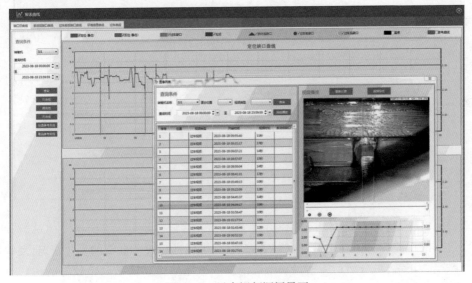

图4—6　过车视频调阅界面

　　过车时曲线体现本道岔密贴、压力情况,可以通过道岔过车时缺口波动剧烈情况,反映道岔密贴、压力是否正常,也可分析道床稳定情况。

　　缺口视频监测记录的过车时曲线如图4—7所示,过车时缺口曲线不应较大幅度波动。

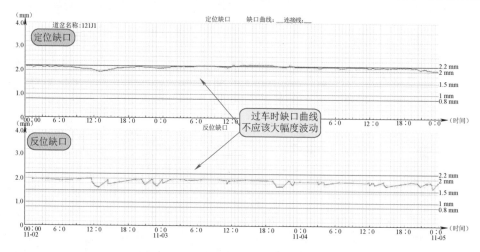

图4—7　缺口视频监测记录的过车时曲线

　　磁栅位移检测道岔缺口监测系统通过过车时采集到的缺口数据,绘制成过车缺口曲线,过车时采集周期为20 ms。调阅的过车缺口曲线如图4—8所示。

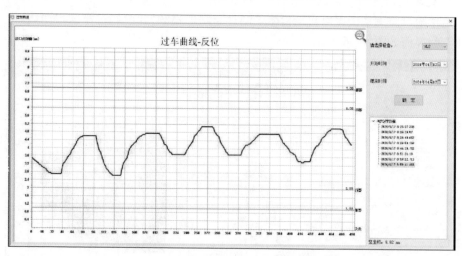

图4—8　磁栅位移检测道岔缺口监测过车缺口曲线

　　过车缺口曲线可体现本道岔密贴调整情况,可以通过过车曲线的变化情况,反映道岔密贴是否正常,可分析道床质量和稳定情况。道床质量和密贴调整较好的道岔过车缺口曲线不应有大幅度波动。

3. 扳动后缺口曲线

扳动后缺口曲线记录了每次道岔扳动后缺口的变化趋势,是道岔缺口调整状态的重要参考标准,也是日常缺口分析的重点。正常扳动缺口曲线如图4—9所示,缺口曲线应保持在上下限间且比较平稳。

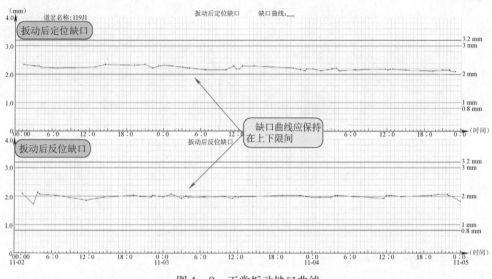

图4—9　正常扳动缺口曲线

二、缺口月曲线分析

道岔缺口监测系统对转辙机每天的定、反位缺口求其平均值,然后每个月进行汇总,方便对转辙机缺口的变化趋势有所了解,如图4—10所示。

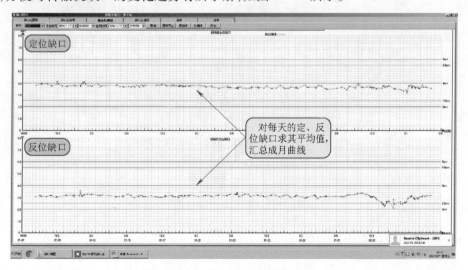

图4—10　缺口月曲线

第三节　油压油位曲线分析

道岔缺口监测系统对电液转辙机的油压、油位进行实时监测,道岔扳动油压曲线直观地反映了道岔转换过程阻力情况,油位传感器 24 h 不间断地监视油箱内油位的变化情况,超限时可预警、报警。道岔缺口油压油位监测原理如图 4—11 所示。

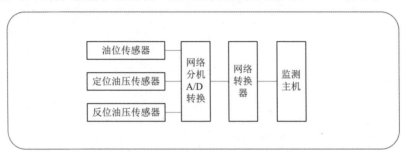

图 4—11　道岔缺口油压油位监测原理

一、道岔扳动油压曲线

正常的道岔扳动油压曲线分为解锁、动作、锁闭三部分,如图 4—12 所示。

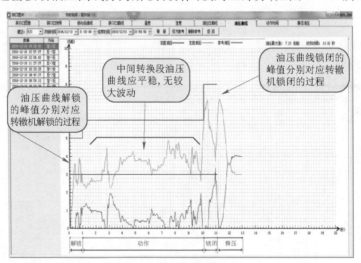

图 4—12　道岔扳动油压曲线

二、静态油压曲线

调阅道岔静态油压曲线,界面如图 4—13 所示,道岔未动作时,左、右腔油压值均应为 0 MPa,道岔有动作时油压值才会出现波动。

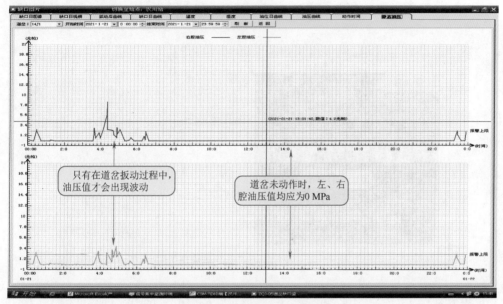

图 4—13　道岔静态油压曲线

三、转辙机油位曲线

转辙机油位曲线反应转辙机油箱内油位的变化,标准油位在 90～180 mm 范围内,受温度影响有规律性地变化,如图 4—14 所示。

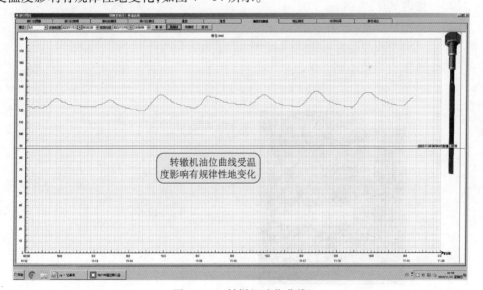

图 4—14　转辙机油位曲线

第四节   典型案例分析

案例 1:ZYJ7 溢流压力过低导致道岔卡阻(图 4—15)

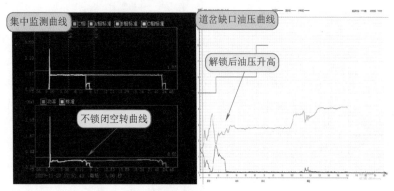

图 4—15   溢流压力过低导致道岔卡阻

☞ 曲线分析

根据图 4—15(左)集中监测曲线分析,该道岔为不锁闭卡阻曲线。结合图 4—15(右)道岔缺口油压曲线分析,该道岔解锁后开始卡阻,且溢流压力仅为 4 MPa。即该道岔因溢流压力过低造成道岔转换力不足,导致卡阻。

☞ 常见原因

(1)油泵组故障。

(2)油路内气体过多。

(3)油路密封不良,漏油、进气。

(4)溢流调节阀故障。

(5)溢流压力调整不当。

案例 2:ZYJ7 牵引道岔不锁闭(图 4—16)

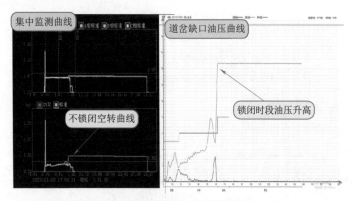

图 4—16   ZYJ7 牵引道岔不锁闭油压曲线

☞ 曲线分析

根据图4—16(左)集中监测曲线分析,该道岔为不锁闭卡阻曲线。结合图4—16(右)道岔油压曲线分析,该道岔解锁段有两段峰值,锁闭段仅一段峰值,且溢流。可判断该道岔其中一转辙点已锁闭,另一转辙点未进入锁闭阶段。

☞ 常见原因

(1)道岔调整不当造成转换卡阻。

(2)主、副机不同步造成转换卡阻。

案例3:S700K卡缺口(图4—17)

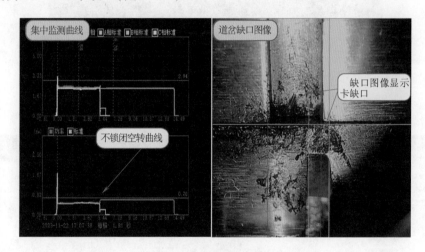

图4—17 S700K卡缺口

☞ 曲线分析

根据图4—17(左)集中监测曲线分析,功率曲线上升时间与参考曲线道岔转换到位时间节点一致,此时需结合图4—17(右)道岔缺口图像进一步分析。该案例道岔缺口图像显示表示杆未走行到位。

☞ 常见原因

(1)S700K牵引道岔缺口调整不当。

(2)安装装置螺丝松动。

(3)道岔尖轨、基本轨间夹异物。

(4)道岔机械部分卡阻。

案例4:S700K斥离轨卡阻(图4—18)

☞ 曲线分析

根据图4—18(左)集中监测曲线分析,功率曲线上升时间(4.88 s)较参考曲线道岔转换到位时间稍有提前,此时需结合图4—18(右)道岔缺口图像进一步分析。该案例道岔缺口图像显示表示杆走行到位,说明该道岔密贴尖轨已锁闭,而斥离轨未到位。

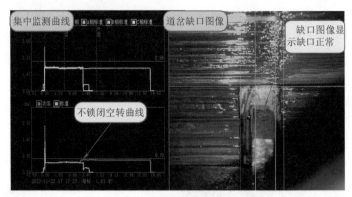

图4—18 S700K 斥离轨卡阻

☞ 常见原因

(1)道岔斥离轨受力卡阻。

(2)转辙机锁闭块因故无法弹出。

案例5:油位曲线分析(图4—19)

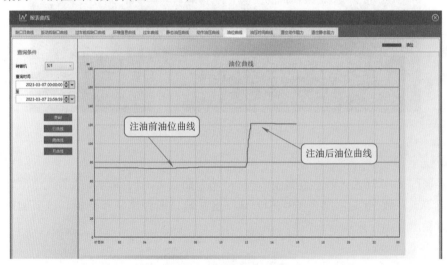

图4—19 油位曲线分析

☞ 故障现象

道岔油位曲线显示油位小于80 mm,如图4—19所示。

☞ 常见原因

转辙机漏油。

案例6:ZD6 型电动转辙机接点反窜报警(图4—20)

☞ 故障现象

道岔缺口监测出现接点反窜报警,如图4—20所示。通过查看扳动过程视频,如果扳动后拐轴有回转,表明接点有反窜现象。

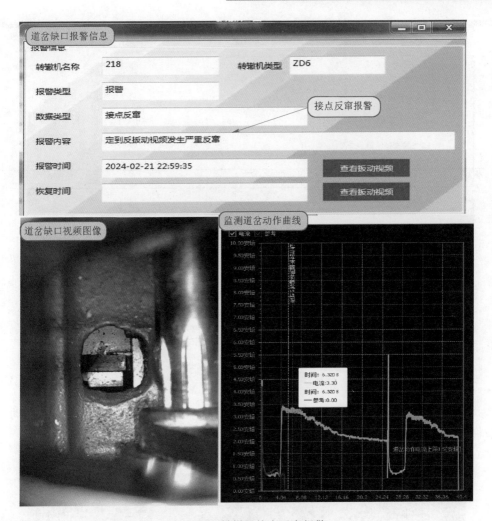

图4—20　转辙机接点反窜报警

☞ 常见原因

(1)转辙机摩擦电流过大。

(2)道岔密贴调整过松。

案例7:电液转辙机左、右腔静态油压不平衡(图4—21)

☞ 曲线分析

如图4—21所示,道岔在静态时,左、右腔油压值都出现了平滑上升的现象,尤其是右腔油压值最高上升至2.4 MPa,而左腔油压上升幅度较小,仅上升至0.5 MPa左右,左、右油腔压力相差约2 MPa。左、右腔压差再加上过车震动,造成油缸窜动,导致断表示。

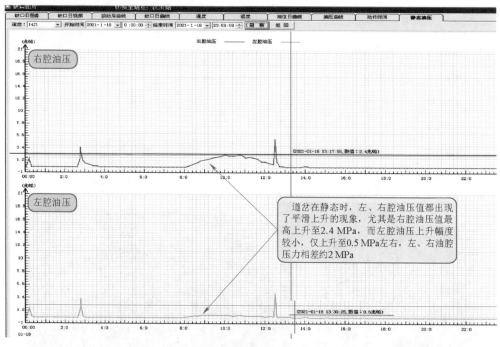

图 4—21　电液转辙机左、右腔静态油压不平衡

☞ 常见原因

白天温度升高、过车震动,油缸内的液压油膨胀幅度不一致,导致油缸窜动,推动杆横移,表示接点断开。

案例 8:缺口监测日曲线趋势性变化(图 4—22)

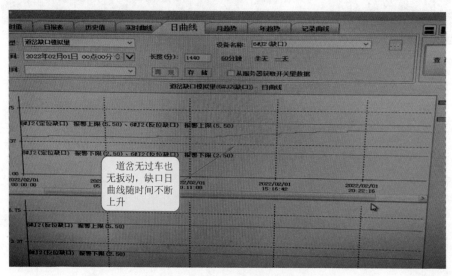

图 4—22　缺口日曲线趋势性变化

☞ 曲线分析

道岔无过车也无扳动,缺口日曲线随时间不断上升,如图4—22所示。

☞ 常见原因

道岔横向框架几何尺寸变化。

案例9:过车时缺口曲线变化过大(图4—23)

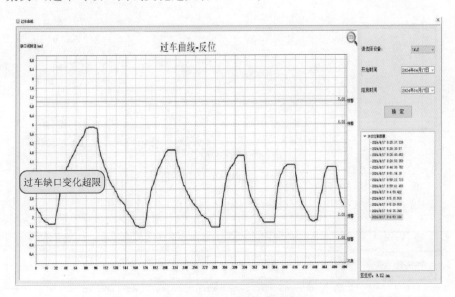

图4—23　过车缺口晃动大

☞ 曲线分析

根据图4—23过车曲线分析,列车经过该道岔时缺口偏下限,且晃动量逐渐变小,说明该道岔道床工况不稳,在过车过程中由于列车轮对对尖轨的挤压冲击,尖轨带动表示杆活动,反映出过车缺口超预警阈值线。

☞ 常见原因

(1)道床质量不佳。

(2)密贴调整不当。

(3)表示杆连接固定螺栓松动。

案例10:道岔操纵后缺口逐渐变小(图4—24)

☞ 曲线分析

根据图4—24道岔操纵后曲线分析,该道岔每次扳动后的缺口,有逐渐变小的趋势,对该道岔不调整会有卡缺口的隐患。

☞ 常见原因

(1)道床质量不佳。

(2)密贴调整不当。

(3)受温度影响,尖轨爬行造成缺口逐渐变小。

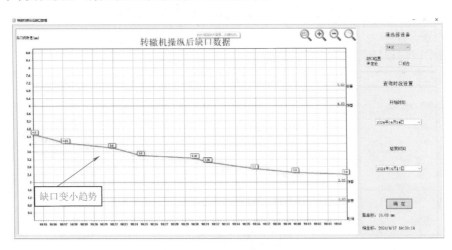

图4—24 操纵后缺口变小趋势

案例11:缺口视频监测记录无法计算出缺口的报警(图4—25)

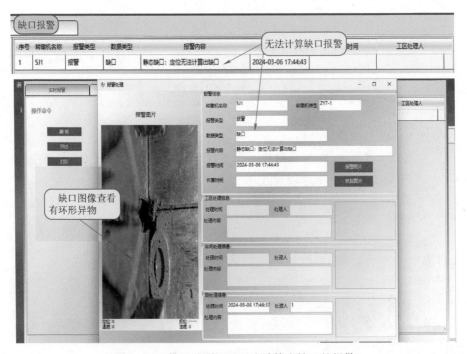

图4—25 缺口监测记录无法计算出缺口的报警

☞ 图像分析

如图4—25所示,调阅缺口报警时,发现5号J1定位无法计算出缺口。此时应查看报警时图像是否清晰,确认缺口是否有异物遮挡。

☞ 常见原因

(1)道岔缺口被异物遮挡。

(2)道岔缺口摄像头有油污或故障。

案例12:转辙机内温湿度异常(图4—26)

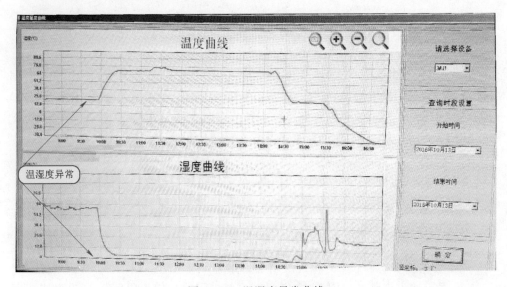

图4—26 温湿度异常曲线

☞ 曲线分析

根据图4—26温湿度曲线分析,在所查询的时间段内,3号J1转辙机内温度和湿度发生异常变化,机内温度升高,湿度下降。

从该曲线图还可分析湿度过高或温度过低现象。

☞ 常见原因

(1)转辙机密封不良。

(2)机内设备发热或燃烧。

(3)转辙机进水引起湿度过高。

(4)开盖引起机内凝露或水汽。

第五章 25 Hz 相敏轨道电路电压曲线分析

第一节 25 Hz 相敏轨道电路曲线分析说明

信号集中监测系统中对 25 Hz 相敏轨道电路模拟量的采集主要有轨道电路电压和相位角,通过实时监测轨道电路接收端电压值和相位角的变化,并对轨道电路电压曲线进行分析,可以及时掌握轨道电路调整状态和分路状态的工作情况,发现设备问题,对预防轨道电路故障发生和消除不良隐患有着不可替代的作用。

为了保证 25 Hz 相敏轨道电路电压曲线的分析效果,应做好以下几点:

1. 熟练掌握《维规》中的标准,及时发现轨道电路运用过程中特性超标现象。

(1)调整状态时,参照标调表进行调整,轨道继电器轨道线圈(电子接收器轨道接收端)上的有效电压不小于 15 V,且不得大于调整表规定的最大值。

(2)用 0.06 Ω 标准分路电阻线在轨道电路送、受电端轨面上分路时,轨道继电器(含一送多受的其中一个分支的轨道继电器)端电压:旧型应不大于 7 V;97 型应不大于 7.4 V,其前接点应断开。用 0.06 Ω 标准分路电阻线在轨道电路送、受电端轨面上分路时,电子接收器(含一送多受的其中一个分支的电子接收器)的轨道接收端电压应不大于 10 V,输出端电压为 0 V,执行继电器可靠落下。

(3)采用 JRJC1-70/240 型交流二元继电器的轨道电压相位滞后于局部电压相位 87° ± 8°;采用电子接收器的局部电源电压为 110 V、25 Hz,轨道信号电压滞后于局部电压的理想相位角为 90°,在接收理想相位角的 25 Hz 轨道信号时,返还系数大于 90% 。

(4)25 Hz 电源屏输出轨道电压 220 V ± 6.6 V、25 Hz,局部电压 110 V ± 3.3 V、25 Hz,局部电源电压超前轨道电源电压角度 90°。

2. 了解 25 Hz 相敏轨道电路原理及正常电压曲线意义,按规定周期调看电压曲线,发现电压曲线出现异常变化、曲线记录不良或电压监测不准确时及时记录并处理。

3. 当 25 Hz 相敏轨道电路发生故障后,及时将故障曲线截图存储,为今后调看分析提供参考。

下面将介绍 25 Hz 相敏轨道电路原理、监测系统采样原理,并对 25 Hz 轨道电路电压曲线、相位角曲线进行分析。

第二节　25 Hz 相敏轨道电路基本电路原理和监测采集原理

一、25 Hz 相敏轨道电路基本电路原理简介

25 Hz 相敏轨道电路(以 97 型 25 Hz 相敏轨道电路为例)如图 5—1 中所示:(a)、(b)为基本电路原理图;(c)为一送多受的分支受电端,串联有电阻器(Rs);(d)、(e)为不带扼流变压器的送电端、受电端。在有牵引回流流过的轨道区段,应采用带扼流变压器的轨道电路,在没有牵引回流流过的轨道区段或者非电气化区段可采用无扼流变压器的轨道电路。

以一送一受轨道区段为例,其工作原理如下:电源屏提供 25 Hz、220 V 轨道电源,通过电缆供向室外,经由送电端设备送至钢轨线路,检查轨面状态后经由受电端设备、电缆线路,送回至室内交流二元轨道继电器(GJ)的轨道线圈。同时电源屏提供 25 Hz、110 V 局部电源送至交流二元轨道继电器(GJ)的局部线圈,当 GJ 的轨道线圈和局部线圈所得电源满足规定的频率、相位和电压要求时,GJ 吸起;反之 GJ 落下。

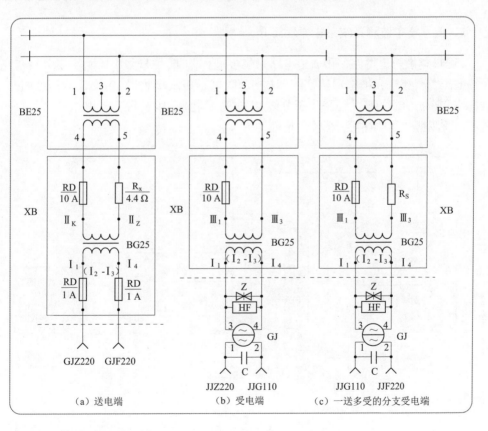

(a) 送电端　　　(b) 受电端　　　(c) 一送多受的分支受电端

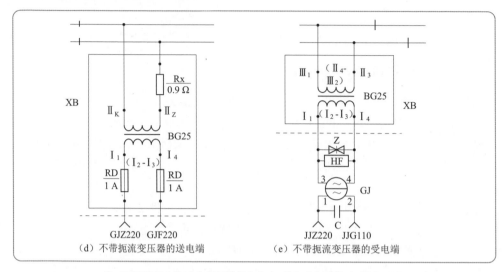

（d）不带扼流变压器的送电端　　　　（e）不带扼流变压器的受电端

注:GJ处并联 C 为减少变频器供电电流,提高功率因数,新制式不用。

图 5—1　25 Hz 相敏轨道电路基本原理

二、信号集中监测系统采集原理简介

25 Hz 相敏轨道电路使用轨道电路采集板进行监测,信号集中监测采集分线盘送、受端电压及交流二元继电器轨道线圈(或者微电子相敏接收器)的交流电压、相位角,具备综合诊断功能的车站还采集了分线盘送/受端电流、内/外隔离盒电压等,如图5—2所示。监测精度:电压精度、相位角精度均为 ±1%。

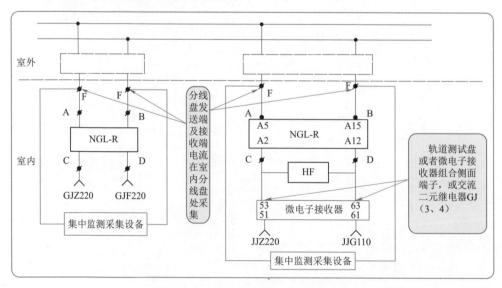

图 5—2　25 Hz 相敏轨道电路采集原理

第三节　25 Hz 相敏轨道电路正常曲线分析

一、正常接收曲线分析

正常接收电压曲线如图5—3所示,接收电压及相位角均应符合《维规》及标调表要求;在调整状态下轨道电路电压、相位角及分线盘送受端电压、电流均应保持数值稳定,无波动和突变。

二、特殊曲线说明

1. 正线预叠加电码化区段接收电压、相位角曲线说明(图5—4)

在正线有预叠加电码化的轨道区段,开放经由本区段的正线接(发)车进路后,在列车占用前一区段时,本区段开始预发码。在预发码时,电码化电压和25 Hz电压同时叠加在该区段上,监测系统采集到的轨道电路接收电压会略有升高,与之对应的相位角也会略有增加。

2. 一送多受区段接收电压曲线说明(图5—5)

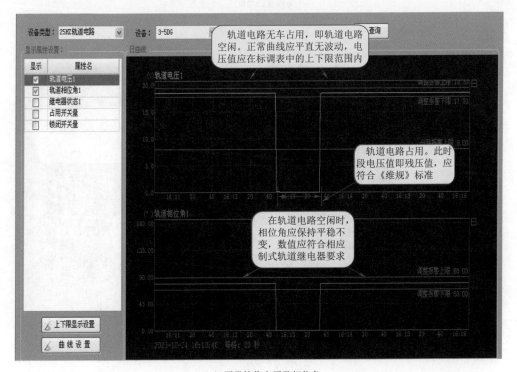

（a）正常接收电压及相位角

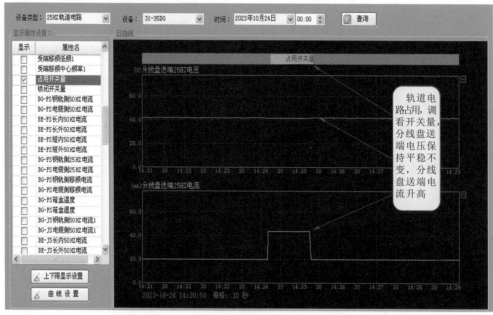

（b）分线盘送端电压、电流

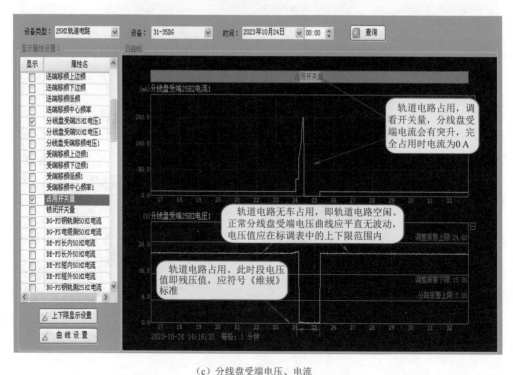

（c）分线盘受端电压、电流

图5—3　25 Hz 相敏轨道电路正常曲线

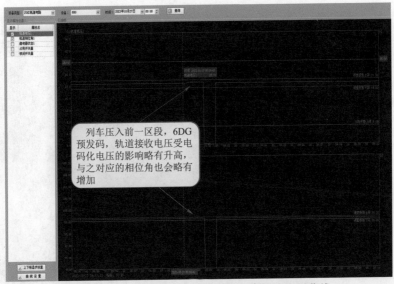

图 5—4　正线预叠加电码化区段正常接收电压曲线

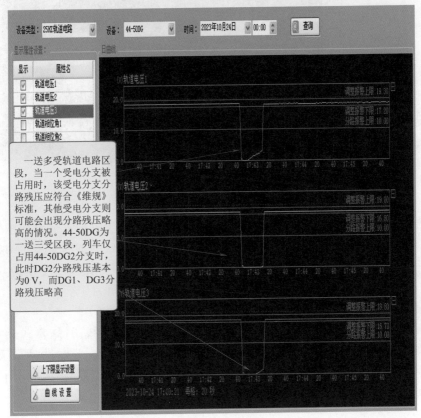

（a）

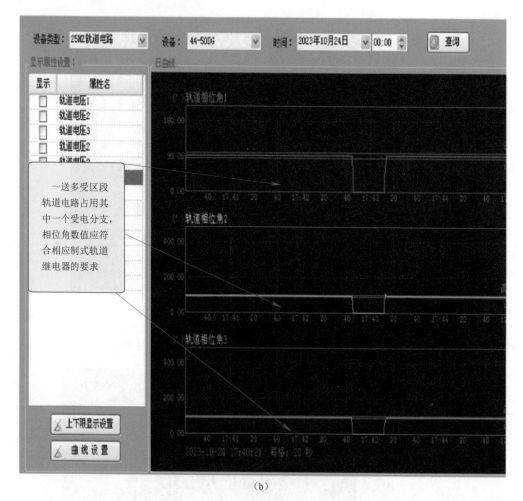

（b）

图5—5　一送三受区段正常接收电压曲线

　　一送多受轨道电路区段,当一个受电分支被占用时,该受电分支分路残压应符合《维规》标准,其他受电分支则可能会出现分路残压略高的情况。如图5—5中44-50DG为一送三受区段,列车仅占用44-50DG2分支时,此时DG2分路残压基本为0 V,而DG1、DG3分路残压略高,属正常情况,与之对应的三个相位角为0°。

　　3. 钢轨绝缘不在同一坐标处的接收电压曲线说明(图5—6)

　　轨道电路两钢轨绝缘不能设在同一坐标的情况多见于渡线绝缘、复式交分道岔的曲股绝缘。在车列经由道岔曲股时,由于钢轨绝缘不在同一坐标,机车车辆第一轮对或末轮对会同时跨压两个区段,形同钢轨绝缘单边短路,出现轨道电压下降,如图5—6所示。

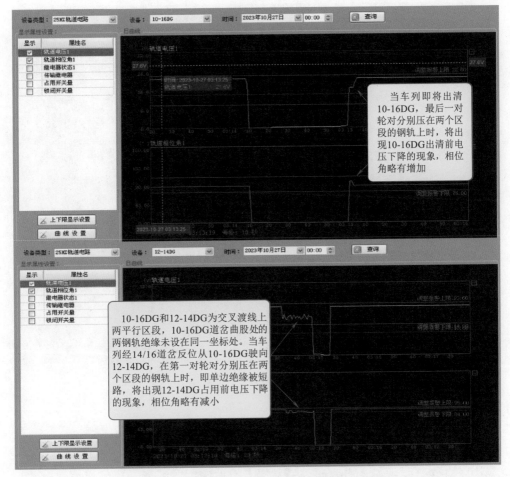

图 5—6　钢轨绝缘不在同一坐标处的接收电压曲线

第四节　典型案例分析

案例 1：接收电压超标（图 5—7）

☞ 曲线分析

图 5—7 中的区段，经查为电气化区段一送一受无岔区段，长度为 780 m，根据上述条件查标调表可知，接收电压应在 15.1 ~ 24 V 范围内。而从监测数据发现，该区段电压一直稳定在 26.8 V，已超出标调表上限。

☞ 常见原因

电压调整不当。

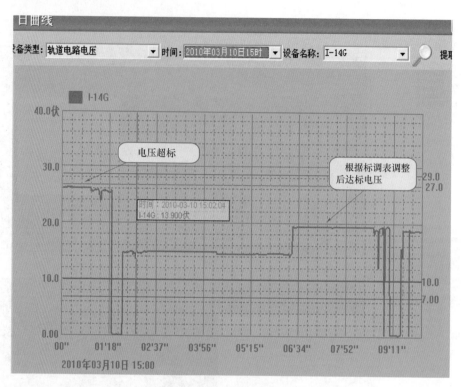

图5—7　接收电压超标

案例2:接收电压大幅下降(图5—8)

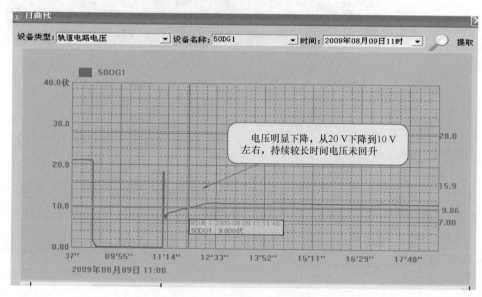

图5—8　接收电压大幅下降

☞ 曲线分析

从图 5—8 所示曲线分析,该区段在车列通过后电压从 20 V 突降至 10 V 左右,并且较长时间电压未回升,此接收电压为半开路、半短路的电压值,需现场逐段查找判别。

☞ 常见原因

(1)工务扣件碰夹板。

(2)导接线接触不良。

(3)绝缘不良。

(4)防护盒不良。

(5)限流器不良。

案例 3:相邻两区段电压同时波动

1. 两相邻站内轨道电路电压同时下降波动(同为 25 Hz 相敏轨道电路)(图 5—9)

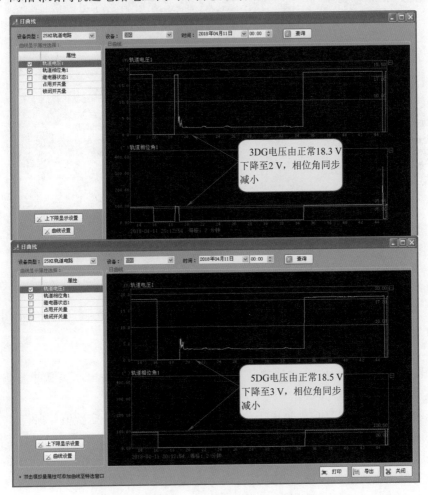

图 5—9　两相邻站内轨道电路电压同时下降波动

☞ 曲线分析

从曲线上看,3DG 电压由正常 18.3 V 下降至 2 V,相位角同步减小至 0°,相邻区段 5DG 电压由正常 18.5 V 下降至 3 V,相位角同步减小至 0°。说明两区段公共部分存在问题。

2. 两相邻区段在其中一区段占用时,另一区段电压出现下降波动(图 5—10)

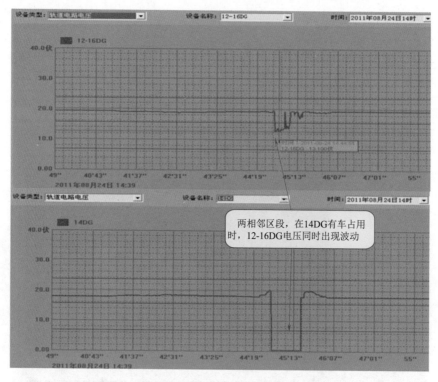

图 5—10 两相邻区段在其中一区段分路状态时,另一区段电压出现下降波动

3. 两相邻区段一个区段为 25 Hz 相敏轨道电路、相邻区段为高压脉冲轨道电路电压同时出现波动(图 5—11)

☞ 曲线分析

如图 5—11 所示,从 3G 轨道电压曲线上看,该区段过车后电压呈脉冲波动,从而造成轨道电路频繁闪红光带。

查看相邻区段 6-12DG 轨道电压曲线,过车后电压下降至一定数值并保持。

在高压脉冲轨道电路区段(6-12DG)电压下降时,相邻的 25 Hz 相敏轨道电路区段(3G)受高压脉冲轨道电路制式影响,其电压下降及波动情况与两相邻区段为同一种制式的轨道电路电压有所区别。因此,在查看轨道电路电压曲线时,除了要查看分析故障区段相邻区段的电压外,还要考虑轨道电路制式。

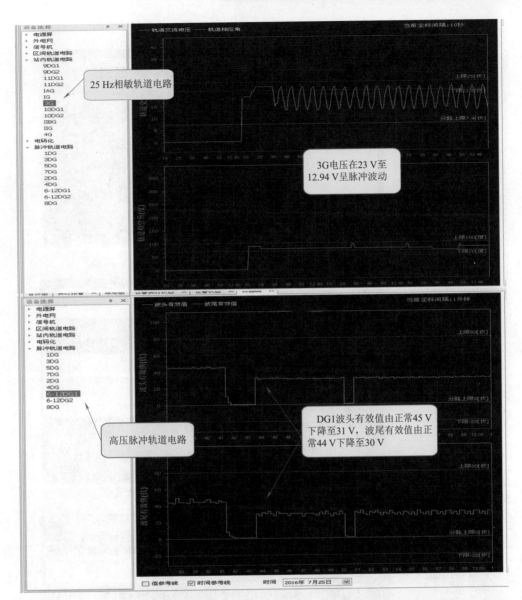

图 5—11　一个区段为 25 Hz 相敏轨道电路、相邻区段为高压脉冲轨道电路电压同时出现波动

4. 进站口处站内轨道电路与相邻区间轨道电路电压同时出现下降波动(图 5—12)

☞ 曲线分析

如图 5—12 所示,ⅦBG 电压在 20.5 ~ 10.6 V 波动,相位角在 88° ~ 0° 波动,分线盘受端电压同幅度波动,站内相邻区段站内轨道电路电压无异常变化,相邻的区间轨道电路 6115AG 主接入电压也相应波动。该种情况需考虑ⅦBG 与相邻区间 6115AG 分界绝缘情况。

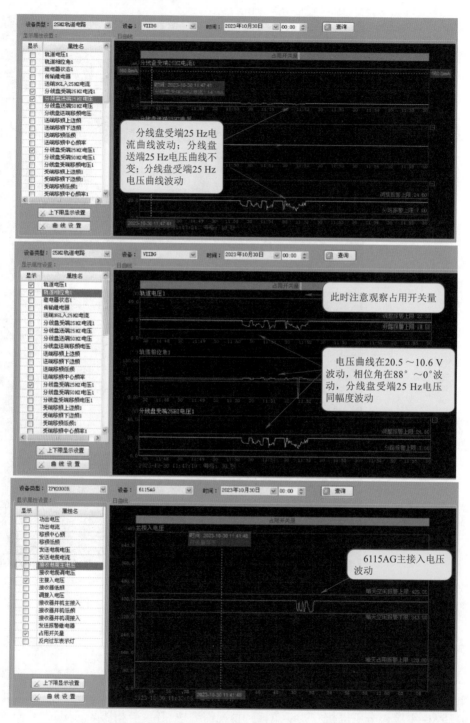

图5—12 进站口处站内轨道电路与相邻区间轨道电路电压同时出现下降波动

5. 出站口处站内轨道电路与相邻区间轨道电路 ZPW-2000(图 5—13)

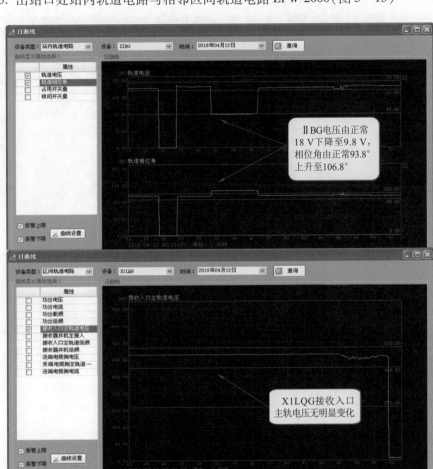

图 5—13　出站口处站内轨道电路与相邻区间轨道电路 ZPW-2000

☞ 曲线分析

如图 5—13 所示,ⅡBG 轨道电压由正常 18 V 下降至 9.8 V,相位角由正常 93.8°上升至 106.8°,相邻区段站内轨道电路电压无异常变化,另一端相邻的区间轨道电路电压也无明显的变化。该种情况除考虑ⅡBG 自身存在问题外,还需考虑ⅡBG 与相邻区间 X1LQG 分界绝缘情况。

☞ 常见原因

(1)相邻两区段间的绝缘有短路。

(2)相邻两区段电源线混线。

案例4:轨道电路电压曲线频繁出现下降波动(图5—14)

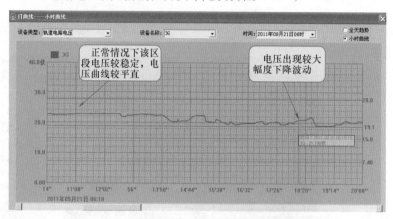

图5—14　轨道电路电压曲线频繁出现下降波动

☞ 曲线分析

如图5—14所示,电压出现明显下降波动,此类曲线多为轨道电路通道内接触不良造成,需现场逐段查找判别。

☞ 常见原因

(1)电源线接触不良。

(2)塞钉孔锈蚀,塞钉头接触不良。

(3)接续线接触不良。

(4)轨道电路通道各部端子、配线接触不良。

案例5:轨道电路电压曲线小幅平稳下降(图5—15)

☞ 曲线分析

从图5—15曲线上看,电压下降1~2 V,幅度不大,电压曲线在下降前后都较为平直。从轨道电路传输电阻分析,通道中有冗余(如双电源线)的设备不良可能性较大。

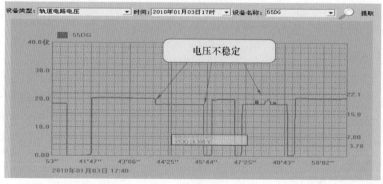

(a)

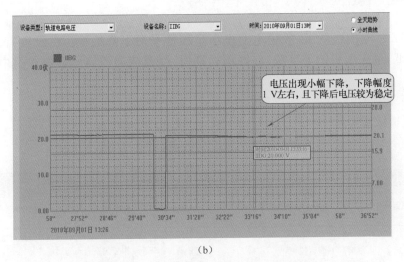

（b）

图 5—15　轨道电路电压曲线小幅平稳下降

☞ 常见原因

（1）双电源线中一根断或接触不良。

（2）滑动变阻器不良。

案例 6：轨道电路电压缓慢平滑下降（图 5—16）

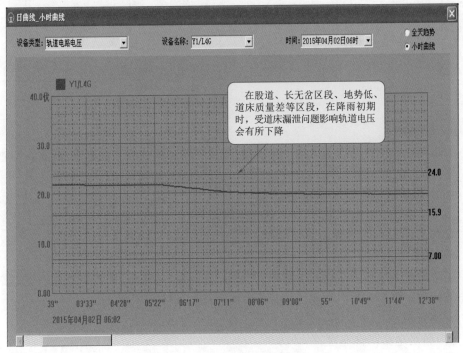

图 5—16　轨道电路电压缓慢平滑下降

☞ 曲线分析

如图5—16曲线所示,轨道电路电压呈缓慢平滑下降趋势。在股道、长无岔区段、地势低、道床质量差等区段,在降雨初期时,受道床漏泄问题影响轨道电压会有所下降。

☞ 常见原因

雨天道床漏泄大。

案例7:轨道电路电压曲线频繁出现上升波动(图5—17)

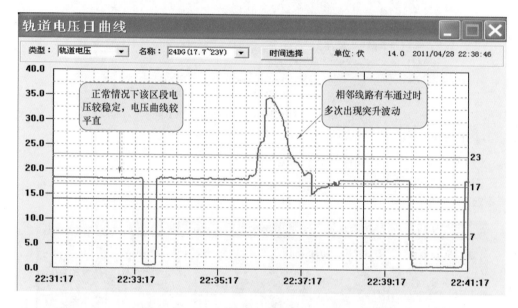

图5—17　轨道电路电压曲线频繁出现上升波动

☞ 曲线分析

轨道电压在调整状态下大幅上升波动(图5—17),多数为干扰造成,需重点检查牵引回流通道。

☞ 常见原因

回流不畅。

案例8:有车占用时残压超标(图5—18)

☞ 曲线分析

正常情况下车列占用轨道电路时,其残压值应符合《维规》中相应制式轨道电路的分路值标准。图5—18中轨道区段有车占用时最大残压已超过上限。

☞ 常见原因

(1)轨道电路调整不当。

(2)因轨面生锈、轻车占用或其他原因导致分路不良。

（3）一送多受区段设置原因，一个受端被占用时，其他受端残压超标。

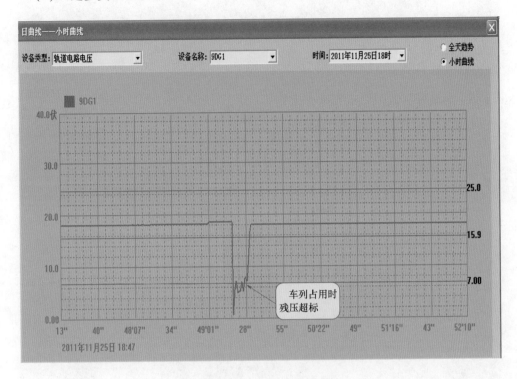

图 5—18　有车占用时残压超标

案例 9：一送多受区段所有受电分支接收电压同时下降（图 5—19）

☞ 曲线分析

一送多受轨道电路所有受电分支接收电压同时下降到一定数值或下降为 0 V，一般为送端公共部分存在隐患。

☞ 常见原因

（1）受电分支电压全降为 0 V。

①送电端熔断器（断路器）断开。

②送端电缆开路。

③送端设备故障开路。

（2）受电分支电压同时下降到一定数值。

①送电端轨道变压器不良。

②送电端电源线短路。

③送端公共部分的轨道接续线、岔心跳线开路。

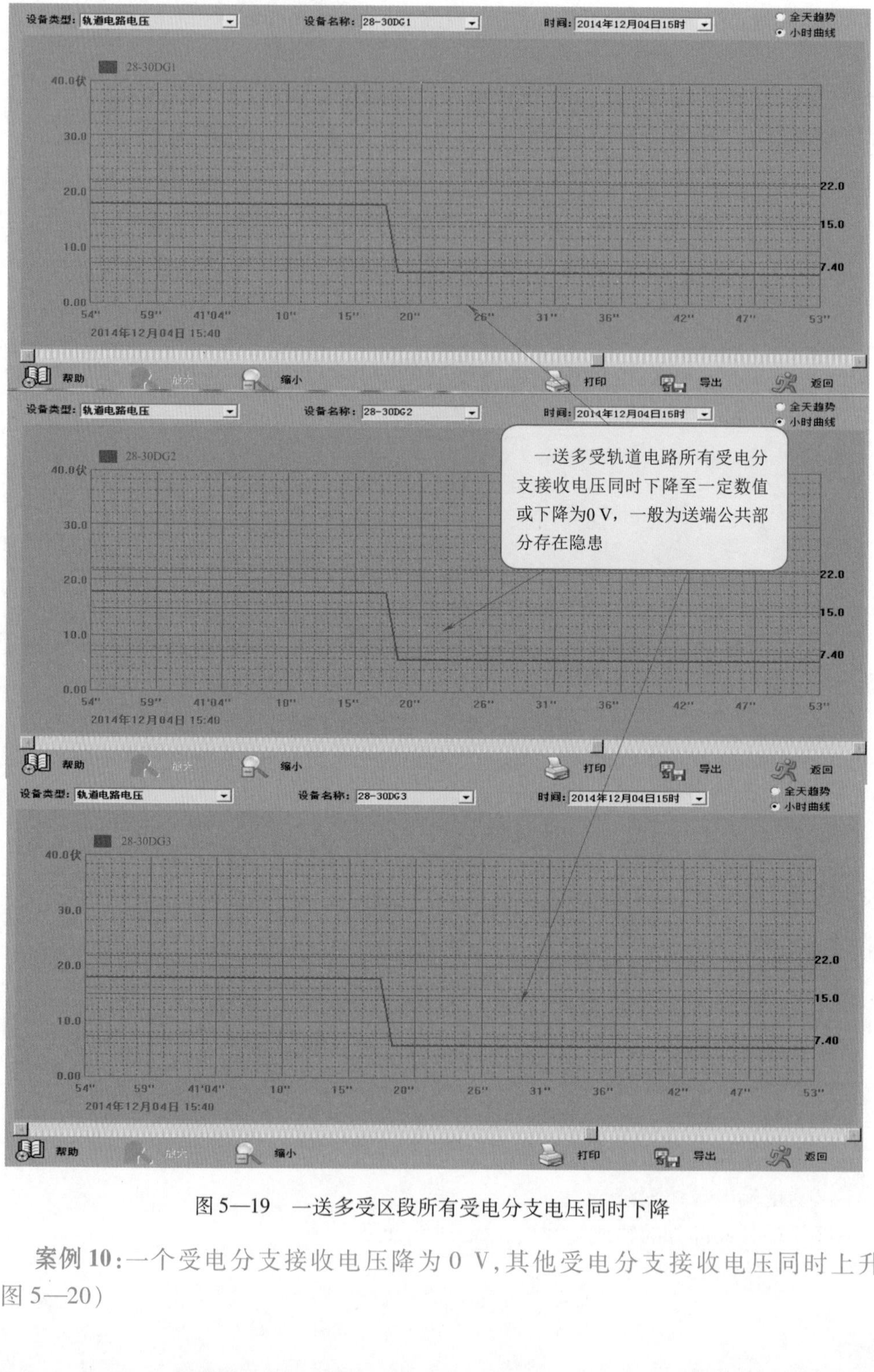

图5—19　一送多受区段所有受电分支电压同时下降

案例10：一个受电分支接收电压降为0 V，其他受电分支接收电压同时上升（图5—20）

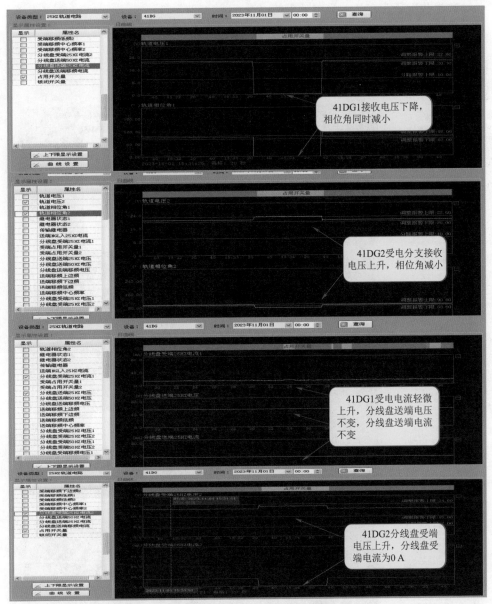

图 5—20　一个受电分支接收电压降为 0 V,其他受电分支接收电压同时上升

☞ 曲线分析

一送两受轨道电路,一个受电分支电压降为 0 V,相位角减小,其他受电分支电压上升,相位角减小,说明接收电压降为 0 V 的受电分支通道存在开路现象。

☞ 常见原因

(1)接收电压为 0 V 的受电分支的电源线或受端器材开路。

（2）接收电压为 0 V 的受电分支的电缆断线、开路。

（3）接收电压为 0 V 的受电分支的室内分线盘至 GJ 线圈间配线开路。

案例 11：一送两受区段轨道电压降为 0 V（图 5—21）

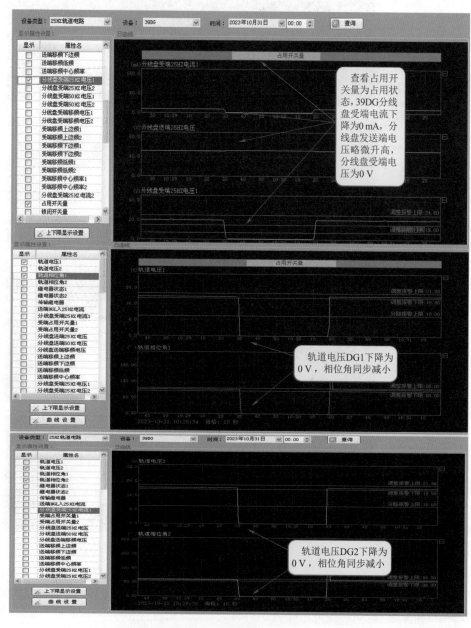

图 5—21　一送两受轨道电路两个受电分支电压降为 0 V

☞ 曲线分析

如图5—21所示,查看DG1占用开关量为占用状态,分线盘受端电流下降为0 mA,分线盘发送端电压略微升高,分线盘受端电压为0 V,对应相位角减小。DG2曲线与DG1曲线一样,电流、电压及相位角表现说明发送端存在开路现象。

☞ 常见原因

(1)室外发送端保险开路。

(2)室外发送端过载保险开路。

(3)室外发送端Ⅰ次或者Ⅱ次侧开路。

(4)室外发送端限流电阻开路。

案例12:一送一受区段轨道电压降为0 V(图5—22)

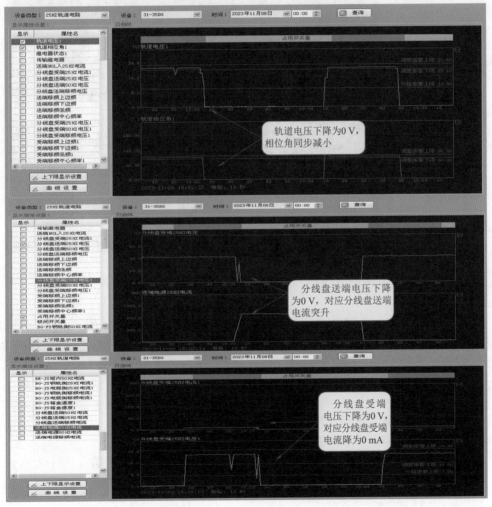

(a)

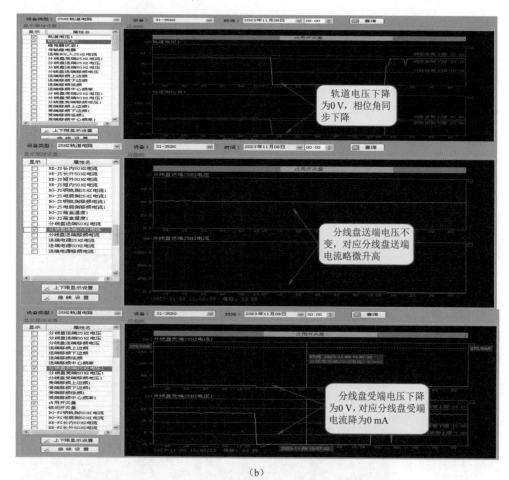

（b）

图5—22 一送一受轨道电路电压降为0 V，相位角降为0 mA

☞ 曲线分析

一送一受轨道电路，查看占用量开关量为占用状态。如图5—22所示，分线盘送端电压下降为0 V或者电压下降一半，对应分线盘送端电流突变，分线盘受端电压下降为0 V，对应分线盘受端电流降为0 mA。此时分为以下两种情况：

1. 观察分线盘送端电流突升较高，如图5—22（a）所示，说明发送端有短路现象。

☞ 常见原因

（1）分线盘发送端至室外电缆混线。

（2）室外发送端隔离盒Ⅰ次侧短路。

2. 观察分线盘送端电流为0 mA，如图5—22（b）所示，说明发送端有开路现象。

☞ 常见原因

（1）分线盘发送端至室外电缆开路。

（2）室外发送端隔离盒Ⅰ次侧开路。

第六章　ZPW-2000 无绝缘轨道
电路曲线分析

第一节　ZPW-2000 无绝缘轨道电路系统基本原理简介

ZPW-2000 无绝缘轨道电路(以下简称 ZPW-2000 轨道电路)在普速铁路和高速铁路运用时,在编码方式、备用发送器配置、器材型号等方面有所区别,但电路原理基本相同,分析方法可以通用。图 6—1 以普速铁路 ZPW-2000 轨道电路为例,对轨道电路原理进行简要介绍。

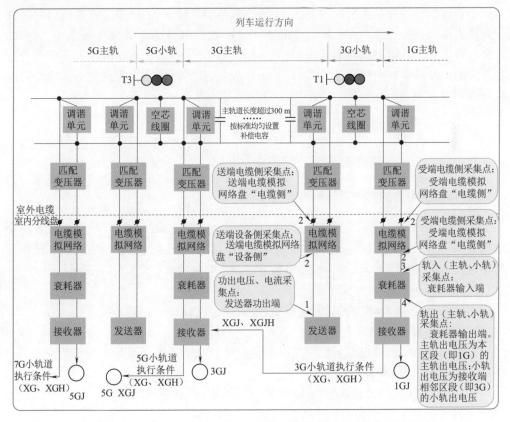

图 6—1　ZPW-2000 无绝缘轨道电路系统原理及监测采集点示意

　　ZPW-2000 轨道电路采用电气绝缘节来实现相邻轨道电路区段的隔离,电气绝缘节也称为调谐区,由调谐单元、空芯线圈和 29 m 钢轨构成。调谐区对于本区段频率呈现极阻抗,利于本区段信号的传输及接收;对于相邻区段频率信号呈现零阻抗,有效地短路相邻区段信号,防止越区传输,实现对相邻区段信号的电气绝缘。

　　ZPW-2000 轨道电路由主轨道和小轨道两部分组成。本区段发送端与本区段接收端之间的轨道为"主轨道";与本区段发送端相邻的 29 m 调谐区为"小轨道"。

　　轨道电路的发送器由编码条件控制,产生表示不同含义的由低频调制的移频信号,该信号经电缆通道(由实际电缆和模拟电缆组成)送至送端匹配变压器,因为钢轨未设置物理绝缘,在轨道空闲状态下,该信号既能向主轨道传送,也能向小轨道(即调谐区)传送。主轨道信号经钢轨送到本区段轨道电路受电端,然后经受电端调谐单元、匹配变压器、电缆通道,传到室内衰耗器、接收器。小轨道信号经调谐区(虽然调谐区对此越区传输的信号呈现零阻抗状态,但电气绝缘无法做到百分之百隔绝,仍有极微弱的信号可通过)衰耗后,由运行前方相邻轨道区段接收器处理,并将处理结果形成小轨道执行条件。

　　小轨道执行条件有两种处理方法:一是小轨道参与联锁,主轨道接收器需同时接收到主轨道移频信号及前方接收器送来的本区段小轨道电路继电器执行条件,两个条件均符合方可驱动轨道电路继电器吸起;二是小轨道不参与联锁,本区段接收器接收到符合条件的本区段主轨道移频信号即可驱动 GJ 吸起,前方接收器接收到的本区段小轨道执行条件仅供报警用。

第二节　ZPW-2000 无绝缘轨道电路监测采集原理和曲线分析说明

一、信号集中监测系统采集原理简介

　　对 ZPW-2000 轨道电路数据进行分析,先要了解监测数据的来源。采集方式有集中监测实采、ZPW-2000 轨道监测子系统采集后通过接口传输至集中监测等方式。不论采用何种方式采集,ZPW-2000 无绝缘轨道电路监测点及监测内容必须满足以下要求:

　　监测点 1:发送器功出端。

　　监测内容:区间移频发送器发送电压、电流、载频、低频。

　　监测点 2:模拟网络盒电缆侧。

　　监测内容:送、受端电缆模拟网络电缆侧电压、电流、载频、低频。

　　监测点 3:衰耗器输入端。

　　监测内容:区间移频接收器轨入(主轨、小轨)电压、载频、低频。

　　监测点 4:衰耗器输出端。

　　监测内容:轨出 1(即主轨出)、轨出 2(即小轨出)电压、载频、低频。

测量精度:电压为 ±1% ,电流为 ±2% ,载频为 ±0.1 Hz,低频为 ±0.1 Hz。

采样速率:250 ms。

各监测点示意如图 6—1 所示,重点说明如下:

1. 正确区分小轨电压

集中监测内小轨电压是以接收该电压的接收器命名的,与小轨道实际所属区段不同,在日常分析中要注意区分。图 6—1 中,1G 接收器接收到的小轨出信息是与 1G 主轨出电压不同载频的另一载频信息,从电路原理上可看出它的电压由 3G 发送器经调谐区传输而来,实际是 3G 的小轨道电压。1G 接收器接收此小轨道电压后,输出的小轨道执行条件最终要送至 3G 接收器,参与 3G 联锁。在快速定位故障范围时,本区段小轨电压和本区段接收器接收的小轨电压都是数据分析时的关键项点,因此清楚掌握和区分"本区段小轨道电压"和"本区段接收器接收的小轨道电压"两种情况尤为重要。

2. 小轨信号的两种处理方式

图 6—1 中表示了小轨信号的两种处理方式。

3G 按小轨道执行条件参与联锁设置。1G 的接收器接收到 3G 的小轨道信号后,处理结果形成小轨道电路轨道继电器执行条件电源(XG、XGH),送至 3G 接收器小轨道检查条件(XGJ、XGJH),3G 接收器必须检查主轨、小轨条件均满足方可使 3GJ 励磁吸起。

5G 按小轨道执行条件不参与联锁设置。5G 接收器小轨道检查条件(XGJ、XGJH)直接供给24 V 直流电压,因此 5G 的接收器只需接收到本区段的主轨道信号条件正常,即可使 5GJ 励磁吸起。3G 接收器接收到 5G 的小轨道信号后,小轨道电路轨道继电器执行条件(XG、XGH)用于驱动 5G 的小轨道继电器(XGJ)。若在调整状态下未收到 5G 的小轨道信号,5G 的 XGJ 落下,在控制台上点亮相应报警表示灯以示提醒。

小轨是否参与联锁,在施工时由设计方根据规范确定。

二、ZPW-2000 轨道电路曲线分析说明

ZPW-2000 轨道电路监测点较多,在发送器功出端、电缆模拟网络盘、衰耗器、接收器等处均有采集。同时,监测项目不仅限于电压值,对电流、载频、低频等信息也有监测。日常运用中,轨道电路的常见问题通常都会在各部电压数据上有反映,因此本章以电压数据分析为主,详细介绍 ZPW-2000 轨道电路曲线分析方法。

监测系统对 ZPW-2000 轨道电路电压的采集主要有发送功出电压、电缆侧发送电压、电缆侧接收电压、轨入电压、主轨接收电压、小轨接收电压等,覆盖了从发送到接收的各个室内重要节点,通过分析监测各采集点电压的变化,可以掌握设备的运用状态,对消除区间轨道电路不良隐患、预防故障发生有着不可替代的作用。

为了保证 ZPW-2000 轨道电路曲线分析效果,应做好以下几点:

1. 熟练掌握《维规》中关于 ZPW-2000 轨道电路的电气特性标准。

(1)普速铁路 ZPW-2000 轨道电路：

①在调整状态时，"轨出 1"电压应不小于 240 mV，"轨出 2"电压应不小于 100 mV，小轨道接收条件(XGJ、XGJH)电压不小于 20 V，轨道继电器可靠吸起。

②轨道电路分路状态在最不利条件下，主轨道任意一点采用 0.15 Ω 标准分路线分路时，"轨出 1"分路电压应不大于 140 mV，轨道继电器可靠落下；在调谐区内分路时轨道电路存在死区段。

③轨道电路应能实现全程断轨检查。主轨道断轨时，"轨出 1"电压不大于 140 mV，轨道继电器可靠落下。小轨道断轨时，"轨出 2"电压不大于 63 mV。

(2)高速铁路 ZPW-2000 轨道电路：

①轨道电路在调整状态时，"主轨出"电压应不小于 240 mV，不超过调整表规定电压上限，"小轨出"电压应调整至 135 mV ± 10 mV，轨道继电器可靠吸起。

②轨道电路分路状态在最不利条件下，主轨道任意一点采用标准分路线分路时，"主轨出"分路电压应不大于 153 mV，轨道继电器可靠落下；在调谐区内分路时轨道电路存在死区段。

③主轨道电气断离时，"主轨出"电压不大于 153 mV，轨道继电器可靠落下。调谐区电气断离时，轨道电路监测维护机报警。

2. 做好集中监测模拟量上下限精准设置。《维规》规定轨道电路主轨道、小轨道及模拟电缆等调整按照调整表实现一次调整，无需随外界参数变化再次进行调整。根据年、月曲线做好各项模拟量报警上下限的精准设置，可减少人工查看工作量，特别是对于功出电压、功出电流、各部载频等日常较为稳定的模拟量，报警上下限精准设置后可以报警信息分析为主。

3. 按规定周期调看主轨出电压曲线、小轨出电压曲线。在完成对监测各部数据校准、标调，确认监测数据的正确性和有效性，且对上下限进行精准设置后，日常只需要重点关注主轨接收电压、小轨接收电压数据，就可以基本掌握轨道电路的运用状态。

一是主轨道电压及部分线路小轨道变化幅度较大，上下限精准设置难度较大，因此需要加强人工分析。主轨道电压(特别是有砟线路)受季节、天气、温度影响较为明显，通常表现为"冬季高夏季低、晴天高雨天低、夜间高中午低"的变化趋势，部分线路的小轨道也会出现温度升高时电压平滑上升的现象。

二是轨道电路绝大多数问题最终都会导致主轨电压或小轨电压变化，因此要对其重点关注。

4. 了解区间轨道电路基本原理及正常情况下各采集点电压曲线的意义。在主轨、小轨电压异常或发生故障时，需要调取本区段其他各监测点电压以及相邻区段数据详细分析，能够有效缩小故障范围，判断故障原因。

下面将对正常电压、电流曲线进行分析，对异常曲线的分析方法进行研究和探讨。

第三节　区间轨道电路正常曲线分析

要通过曲线分析发现设备异常,必须掌握正常情况下各监测点的数据曲线。下面对日常分析中常用的电压、电流曲线进行介绍。

1. 发送功出电压、电流曲线(图 6—2)

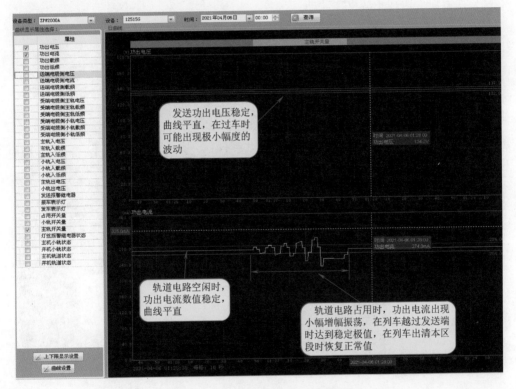

图 6—2　发送功出电压、电流曲线

ZPW-2000 轨道电路发送功出电平按照调整表进行调整,在开通使用后固定不再改变,因此功出电压也应稳定不变,见表 6—1。

表 6—1　常用发送功出电平

ZPW·F 型发送器 输出电压	1 电平	161 ~ 170 V
	2 电平	146 ~ 154 V
	3 电平	128 ~ 135 V
	4 电平	104.5 ~ 110.5 V
	5 电平	75 ~ 79.5V

2. 电缆侧发送电压曲线

电缆侧发送电压为发送器功出电压经室内电缆模拟网络后,从电缆模拟网络"电缆侧"送至分线盘的电压。在设备发生异常时,可通过此电压数据来区分室内外。

(1)电缆侧发送电压曲线分析(图6—3)

ZPW-2000 轨道电路在区段空闲时,其电缆侧发送电压曲线平直无波动;列车在本区段运行时,随着列车占用位置变化,轨道电路发送端负载阻抗值也随之变化,因此电缆侧发送电压会出现小幅振荡波动。

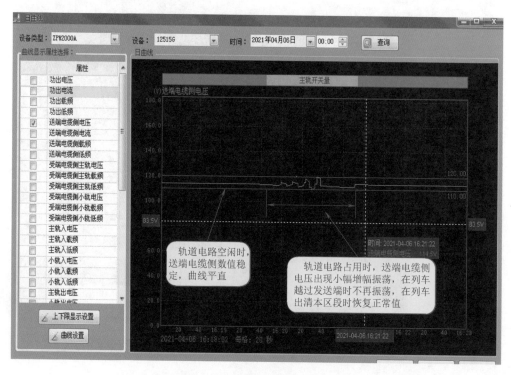

图6—3　电缆侧发送电压曲线

(2)特殊场景:普速铁路 ZPW-2000 有分割区段的轨道电路中,后方分割区段的电缆侧发送电压曲线(图6—4)

一个闭塞分区通常由一个 ZPW-2000 区段构成,也存在由两个或以上区段构成一个闭塞分区的情况。在普速铁路 ZPW-2000 轨道电路中,在一个闭塞分区内若运行前方分割区段被占用时,后方分割区段也将保持占用直至前方分割区段出清。从电路分析,后方分割区段发送功出至送端电缆模拟网络盘间的通道内,接入了前方分割区段GJ 前接点,即前方区段占用时,后方分割区段电缆侧发送电压降为 0 V,这样在前方分割区段占用时,即使后方分割区段空闲,其 GJ 也无法吸起。

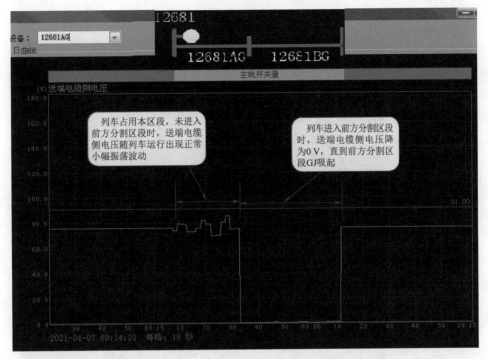

图6—4　普速ZPW-2000有分割区段的轨道电路中,后方分割区段电缆侧发送电压曲线

3.电缆侧接收电压、主轨入电压、主轨出电压曲线(图6—5)

电缆侧接收电压为室外接收端经分线盘后送至室内电缆模拟网络"电缆侧"的电压,可视为接收端室内外的分界点。

主轨入电压为接收电压经电缆模拟网络后,由电缆模拟网络"设备侧"送至衰耗器输入端的电压。

主轨出电压为主轨入电压经衰耗器进行主轨道电平调整后,输出至接收器的电压。

如图6—5所示,电缆侧接收电压、主轨入电压、主轨出电压波形基本一致,区别在于经过各级衰耗、调整后,其数值不同。轨道电路在调整状态下,上述各级接收电压平稳无波动,电压值应符合《维规》及本区段调整表的要求;在分路状态下,主轨出电压不超过残压标准。

在小轨道不参与联锁时,GJ的状态由主轨出电压的数值决定,因此主轨出电压是分析ZPW-2000轨道电路状态最重要的参数。主轨接收电压受季节、天气等因素影响较明显,通常表现为温度升高造成电压下降、下雨漏泄造成电压下降。同一区段主轨电压,"冬季高夏季低"、温差大的日子"早晚高中午低"、有砟线路"晴天高雨天低"的现象较为普遍,如图6—6、图6—7所示。

对主轨接收电压的分析要掌握以下几点:一是其数值必须符合该区段调整表及《维规》标准;二是在空闲状态下其电压应平滑,无突升或突降;三是虽然气候条件不同将影响其电压值,但同等气候条件下,其电压数值不应有明显变化。

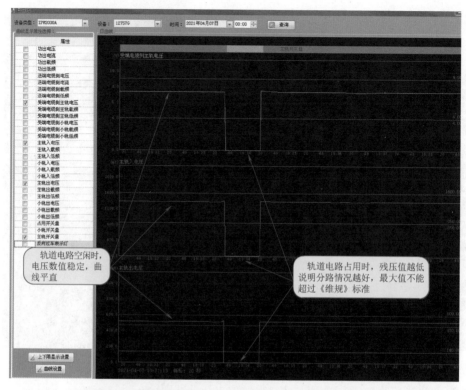

图6—5　电缆侧接收电压、主轨入电压、主轨出电压曲线

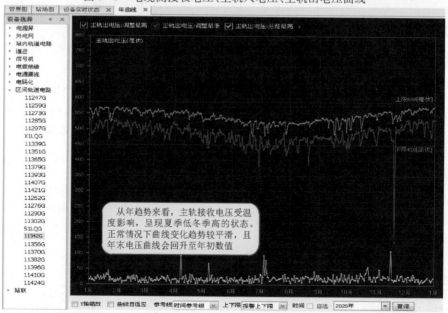

图6—6　主轨出电压年曲线

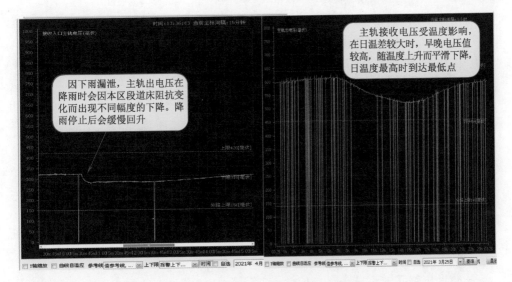

图 6—7　常见状态下主轨出电压日曲线

4. 小轨出电压曲线（图 6—8）

普速铁路 ZPW-2000 轨道电路的小轨出电压通常按 135 mV ± 10 mV 调整；高速铁路 ZPW-2000 轨道电路在小轨道参与联锁时，小轨电压通常按 135 mV ± 10 mV 调整。

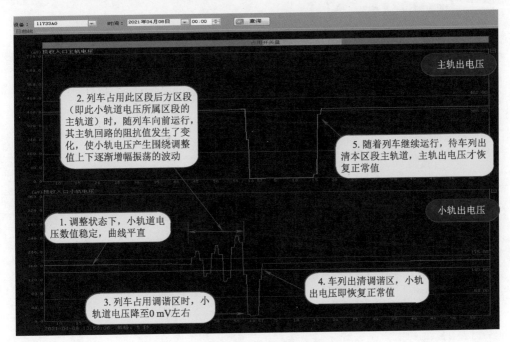

图 6—8　小轨出电压曲线

如图6—8所示,小轨出电压在区段空闲时较稳定,在调整范围内有小幅波动;有车占用本区段主轨道时,小轨出电压会随列车运行而出现振荡波动。

在小轨参与联锁的线路,小轨出电压过高(高于220 mV)或过低(低于63 mV),均会导致本接收器XGJ条件无法输出,影响运行后方区段QGJ不能吸起。

小轨出电压在轨道电路调整状态下相对稳定,不易受季节及天气的影响,因此即使在小轨不参与联锁的线路上,小轨出电压也能给分析人员判断问题性质、缩小问题范围提供帮助。

第四节　利用各部电压快速确定故障区域

ZPW-2000轨道电路监测点多,提供的信息量大,在设备出现异常时,充分运用各部位电压数据进行分析,能快速地定位故障区域,减少故障查找时间,更好地为现场提供技术支持。根据现场故障处理的典型案例,归纳了如下分析定位法。

一、轨道电路区域定义

将轨道电路划分为七个区域:室内发送通道、室外发送通道、发送端调谐区、主轨线路、接收端调谐区、室外接收通道、室内接收通道,如图6—9所示。

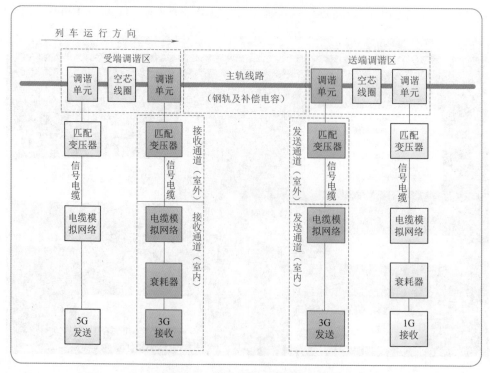

图6—9　轨道电路区域划分示意

由于不同区域发生故障时,对本区段、前方区段、后方区段的主轨道和小轨道信号的影响存在一定规律,根据监测采集各部电压的变化情况,可以快速定位到故障发生的区域。

发送通道室内部分包括发送器、送端电缆模拟网络、发送器至模拟网络间方向继电器条件及红灯前移条件。

发送通道室外部分包括信号电缆、送端匹配设备。

主轨线路包括主轨钢轨、补偿电容。

接收通道室外部分包括受端匹配设备、信号电缆。

接收通道室内部分包括受端电缆模拟网络、衰耗调整、接收设备。

送、受端调谐区包括空芯线圈、调谐设备、引接线、调谐区内钢轨。

说明:ZPW-2000 轨道电路中,本区段小轨道电压由前方区段的接收器接收,为方便理解和日常分析,后文中电压描述方式与监测采集的命名方式保持一致,通常称为"××区段接收的小轨出电压",这指的是监测采集中该区段接收器接收的小轨出电压,并不是指此区段小轨道电压。该区段实际小轨出电压为运行前方区段接收器接收的小轨出电压。

二、利用各部电压确定故障区域

在 ZPW-2000 轨道电路故障分析中,主要运用五处电压数据进行分析:本区段接收主轨出、小轨出;前方区段接收主轨出、小轨出;后方区段接收主轨出。通过这五处电压对故障区域进行初步定位,属于发送通道或接收通道问题的,可以再通过送端电缆侧电压、受端电缆侧电压以及功出电压、电流等进一步区分室内外。

第一步:确定接收通道状态

1. 分析思路

如图 6—10 所示,接收器同时接收本区段主轨道电压和后方区段小轨道电压,从室外接收端匹配变压器至室内衰耗器之间(含匹配变压器、衰耗器)为接收通道共用部分,若主轨出电压与小轨出电压在同一时间出现同一比例的变化,则说明接收通道共用部分不良,再通过受端电缆侧电压将接收通道问题细分为室内问题和室外问题。

☞ 重点提示

(1)分析中要特别注意"同一时间""同一比例"两个条件,避免误判。

(2)主轨与小轨接收通道在室内部分并不是完全共用,在进入衰耗器后会分为两路进行调整后分别送至接收器,需通过接收电缆侧电压辅助确认这一部分的状态。

(3)接收通道问题只影响本区段接收的主轨出、小轨出电压。因"同一比例"比对时通常会有一些容许误差,因此在初步判断为接收通道问题后,仍建议查看"五处电压数据"中的其他三项,确定上述电压值稳定无变化,减少误判的可能性。

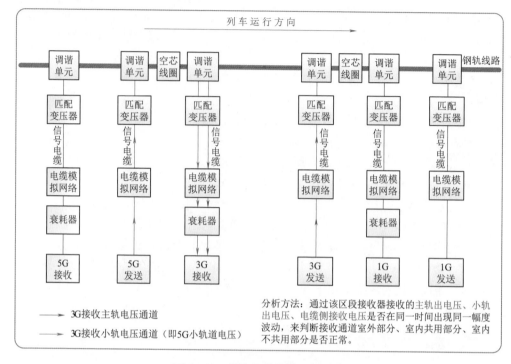

图6—10 接收通道状态判断示意

2.分析步骤

(1)调看本区段接收的主轨出电压、小轨出电压、受端电缆侧电压曲线。

此三项电压在同一时间出现同一比例的下降,则为接收通道室外部分(受端匹配变压器、电缆通道)开路或短路的可能性较大,同时需要考虑受端分线盘电缆及配线、受端模拟网络盘电缆侧及防雷侧短路的可能性。在受端模拟网络盘按0 km长度调整时,还需考虑接收电路室内部分短路的可能性。

(2)本区段接收的主轨出电压、小轨出电压在同一时间出现同一比例的变化,但受端电缆侧电压无变化或变化情况不符合"同一时间""同一比例"两个条件,则为接收通道室内模拟网络至衰耗器(含室内模拟网络、衰耗器)问题。若监测采集了模拟网络盘设备侧、主轨入、小轨入电压,此时可调取分析,进一步缩小故障范围。

(3)本区段接收的主轨出电压下降,但受端电缆侧电压、小轨出电压不变或者波动情况均不符合"同一时间""同一比例"两个条件,说明接收通道衰耗器至接收器间不良,重点检查衰耗器、衰耗器插座底板、主轨电平调整线、接收器。

(4)本区段接收的主轨出、受端电缆侧电压同一时间出现同一比例电压下降,但小轨出电压不变或者波动情况不符合"同一时间""同一比例"两个条件,则说明不是接收通道共用部分的问题,需要查看其他相关数据进行下一步分析。

第二步:确定发送通道状态

1. 分析思路

如图 6—11 所示,发送器功出电压经过主轨线路由本区段接收器接收,同时也经本区段发送端调谐区由运行前方区段接收器接收。从发送器至室外送端匹配变压器之间为发送通道共用部分。因此在可通过本区段主轨电压及前方区段小轨电压变化情况来判断发送通道公共部分的状态,再通过发送功出电压、功出电流、发送端电缆侧电压将发送通道问题细分为室内问题和室外问题。开通了 9 段、11 段区间监测的站场,还可通过室内发送端电缆侧电流数据,和室外发送端的电源线、电缆侧电流数据进一步缩小故障范围。

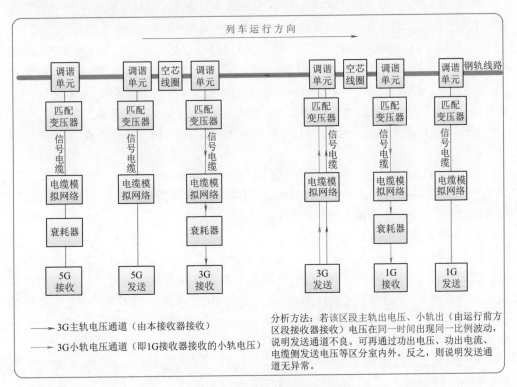

图 6—11　发送通道状态判断示意

☞ 重点说明

发送通道问题只影响本区段主轨出电压(由本区段接收器接收)、小轨出电压(由前方区段接收器接收)。为保证分析的准确性,在初步判断为发送通道问题后,仍建议查看前方区段接收的主轨出电压、本区段接收的小轨出电压及后方区段接收的主轨出电压,确定上述三项电压值稳定无变化。

2. 分析步骤

确定接收端无问题后,调看本区段接收的主轨出电压及前方区段接收的小轨出电压(即本区段的小轨道电压)曲线进行比对分析。

(1)在同一时间出现同一比例的下降,则为本区段发送通道问题。

此时可调看本区段功出电压、功出电流、送端电缆侧电压进一步区分故障区域:

①送端电缆侧电压与主轨电压的变化明显不符合"同一时间""同一比例"两个条件,为发送通道室外问题。

②送端电缆侧电压与主轨电压在同一时间出现同一比例的下降,通常发送通道室内部分问题可能性较大,也可能是发送端分线盘处配线、电缆短路。此时再通过功出电压、电流变化情况继续缩小故障范围:

若同一时间功出电压稳定或稍有上升,功出电流降为0 A或明显下降,说明室内发送器至模拟网络盘间通道开路或半开路,包含通道上相关继电器接点、电缆模拟网络等。

若同一时间功出电压下降,功出电流明显大幅上升,或出现发送器短路保护时的典型抖动式电压、电流曲线且有发送报警,通常说明室内发送器至模拟网络盘间通道短路,重点检查电缆模拟网络;有部分因距离信号楼较远而将电缆模拟网络调整为0 km的区段,其发送电缆短路时也会造成发送器保护出现功出电压下降现象。

若同一时间功出电压与电缆侧电压出现同比例下降,且功出电流下降,说明发送器不良。

(2)若本区段接收的主轨出电压与前方区段接收端小轨出电压曲线波动趋势不符合"同一时间""同一比例"两个条件,则说明不是发送通道问题,可能是调谐区或主轨线路问题,需要查看其他相关数据进行下一步分析。

第三步:判断调谐区状态

1. 分析思路

如图6—12所示,调谐区即"电气绝缘节",原理在本章第一节已进行简述。在调谐区出现器材不良或开路、短路故障时,电气绝缘节的"极阻抗"和"零阻抗"状态都被破坏,造成调谐区两端区段的主轨电压同时出现波动(波动幅度可不同)。同时该调谐区的小轨道电压也会出现上升或下降的变化。

此思路也适用于站内与区间分界的机械绝缘节,当此绝缘破损或短路时,绝缘节两端的区间ZPW-2000区段主轨电压和站内25 Hz区段接收电压也会同时出现波动。

2. 分析步骤

在初步判断不是发送通道、接收通道问题的,可再分别查看与故障区段相邻的两个区段的接收端主轨出电压。

(1)若故障区段与其中一个相邻区段接收主轨电压同一时间出现下降,说明此两区段间调谐区存在问题。包括调谐设备、引接线(电源线)、空芯线圈、调谐区内钢轨,此时可结合该调谐区的小轨道电压分析。常见典型小轨道故障电压有以下几种:

若同一时间段内小轨出电压下降幅度极大,小轨道断轨的可能性较大,重点检查调谐区轨面。

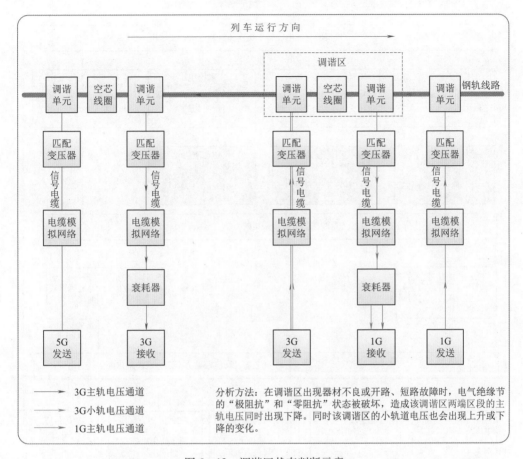

图6—12　调谐区状态判断示意

若同一时间段内小轨出电压上升至原值的2~3倍,重点检查调谐区接收端调谐单元。

若故障区段与相邻区段主轨电压、调谐区小轨电压在同一时间段内均小幅下降或波动,则应重点检查空芯线圈及其引接线。空芯线圈开路通常不会造成红光带故障。

(2)调谐区故障时,调谐区两端的两个区段电压会同时出现变化,但比例通常不会相同。

(3)调谐区两端的区段主轨接收电压稳定无变化,说明此两区段间调谐区设备正常。

通过上述电压分析,排除发送通道、接收通道、调谐区问题后,则为主轨线路问题。常见问题有主轨道钢轨断轨、空扼流短路、补偿电容短路、补偿电容开路。

综合上述分析步骤,总结区间轨道电路主轨电压波动或红光带故障分析流程,如图6—13所示。

对于无小轨道区段(例如与进站口相邻区段、设置机械绝缘节的区段)、普速铁路分割区段等特殊场景,因缺少部分数据,故障时不宜机械套用此分析流程,应结合实际情况分区域判断。

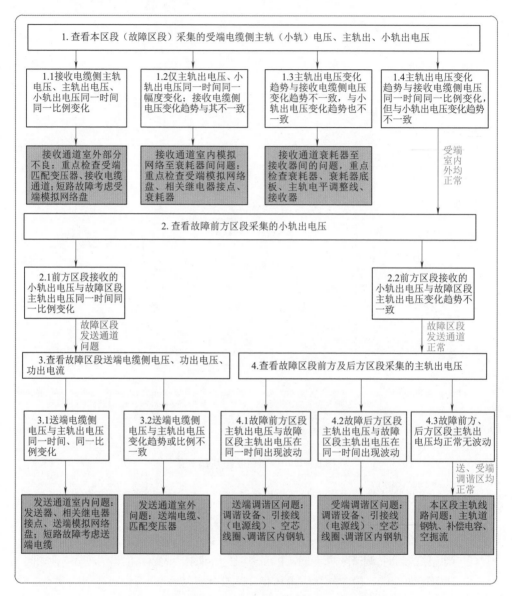

图6—13 区间轨道电路主轨电压波动或红光带故障分析流程

第五节 典型案例分析

上节梳理了运用各部电压确定故障区域的方法和流程,本节通过几个典型案例曲线介绍如何运用此方法分析故障、判断故障范围。

一、接收通道问题

案例 1：改方后故障区段接收的主轨小轨电压同时同比例缓降（图 6—14）

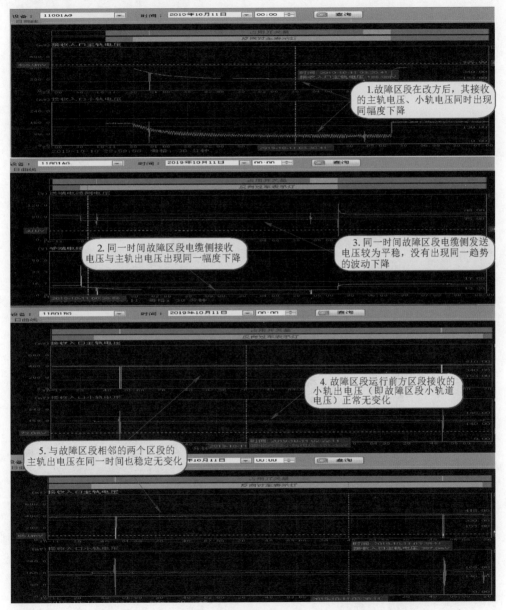

图 6—14　改方后故障区段接收的主轨小轨电压同时同比例缓降

☞ 曲线分析

1. 查看电压波形，该接收器接收的主轨出、小轨出电压同一时间出现逐步缓降，且通过数据比对分析,两处电压比例基本相同,说明接收通道不良。

2.电缆侧主轨、小轨接收电压同时同比例波动,说明接收通道室内部分正常,问题在接收通道室外部分。

3.故障区段两个相邻区段主轨出电压稳定无变化,说明此区段两端调谐区均无异常。故障区段运行前方区段小轨出电压稳定无变化,说明该区段发送通道正常。均可用于对前面分析的正确性进行复核。

☞ 常见原因

调谐区配单元内 4 700 μF 电容不良。此案例为改方后发生,原因为改方后的该区段接收端(即正方向时的发送端)调谐区配单元内 4 700 μF 电容不良。

案例2:故障区段接收的主轨出、小轨出、接收电缆侧电压同时同比例波动(图6—15)

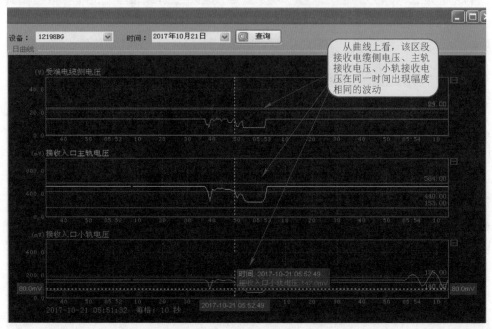

图6—15 故障区段接收的主轨出、小轨出、接收电缆侧电压同时同比例波动

☞ 曲线分析

(1)查看电压波形,该接收器接收的主轨出、小轨出电压同一时间出现无规律波动,且通过数据比对分析,两处电压比例基本相同,说明接收通道不良。

(2)电缆侧接收电压与其同时同比例波动,说明问题在接收通道室外至室内电缆模拟网络盘之间。

☞ 常见原因

(1)接收端匹配变压器不良。

(2)接收端电缆短路或半短路。

（3）接收端电缆开路或接触不良。

（4）接收端电缆模拟网络盘短路。

案例3：故障区段接收的主轨、小轨电压同时同比例波动（图6—16、图6—17）

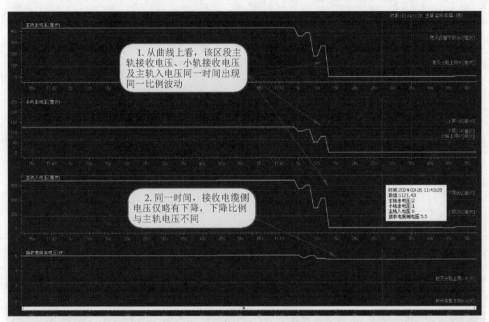

图6—16　故障区段接收的主轨、小轨电压同时同比例下降，接收电缆侧略有下降

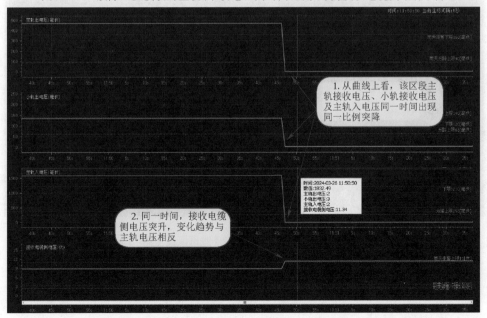

图6—17　故障区段接收的主轨、小轨电压同时同比例下降，接收电缆侧电压上升

☞ 曲线分析

(1)通过波动分析及数据比对,接收器接收的主轨入、主轨出、小轨出电压同一时间同一比例波动,说明接收通道不良。

(2)在主轨入电压下降的同时,电缆侧接收电压并未同一比例下降,而是略降、不变或者上升。两个采集点出现不同变化趋势时,通常说明故障范围在两采集点之间。通常电缆侧电压上升说明是开路或半开路故障,电缆侧电压下降说明是短路、半短路故障。

☞ 常见原因

(1)接收电缆模拟网络盘至衰耗器间方向继电器接点接触不良。

(2)接收电缆模拟网络盘不良。

(3)接收电缆模拟网络盘插接不良或底座配线端子焊接不良。

案例4:故障区段接收的主轨电压下降,接收电缆侧电压、主轨入电压不变(图6—18)

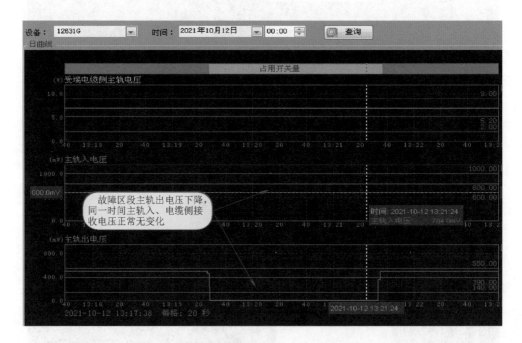

图6—18 故障区段接收的主轨电压下降,接收电缆侧电压、主轨入电压不变

☞ 曲线分析

通过波动分析及数据比对:该接收器接收主轨出电压下降同时,电缆侧接收电压、主轨入电压未出现波动。通常两个采集点出现不同变化趋势时,说明故障范围就在这

两采集点之间。此案例中即主轨入电压采集点至主轨出电压采集点之间开路,或主轨出输出端负载半短路。

☞ 常见原因

(1)衰耗器后主轨电平调整线不良。

(2)衰耗器插接不良或底板接触不良。

(3)衰耗器不良。

(4)接收器不良。

二、发送通道问题

案例 5:故障区段的主轨电压、小轨电压(由前方区段接收)同时同比例下降,送端电缆侧电压也同比下降(图 6—19 ~ 图 6—21)

此案例下三个故障具有以下共同点:

(1)故障区段主轨出电压、受端电缆侧电压同一时间出现同一比例突降,但故障区段接收的小轨出电压同一时间无变化,说明接收通道正常。

(2)故障区段前方区段接收的小轨出电压与本区段主轨出电压同时同比例波动,说明故障区段发送通道不良。

(3)故障区段送端电缆侧电压在同一时间下降,且从数据比对与主轨出电压变化比例基本一致,说明发送通道室内部分问题可能性较大,同时也要考虑发送通道室外短路的可能性。

在初步判定大致故障范围后,可通过功出电压、功出电流数据深入分析。有采集了送端电缆侧电流或安装了区间监测采集了匹配变压器输入输出侧电流及电源线电流的,应同步纳入分析。

情况一:功出电压下降,功出电流上升(图 6—19)

☞ 曲线分析

图 6—19 案例中该区段功出电压下降,且功出电流规律性突升抖动。通常说明发送器处于短路保护状态,功出端负载存在短路。

☞ 常见原因

(1)送端模拟网络盘内部短路或防雷元件短路。

(2)送端电缆距分线盘较近的处所短路(送端模拟网络盘调整为 0 km、0.5 km 的区段可能发生)。

(3)送端电缆模拟网络盘背部配线短路。

(4)发送功出端至送端电缆模拟网络盘间有混线。

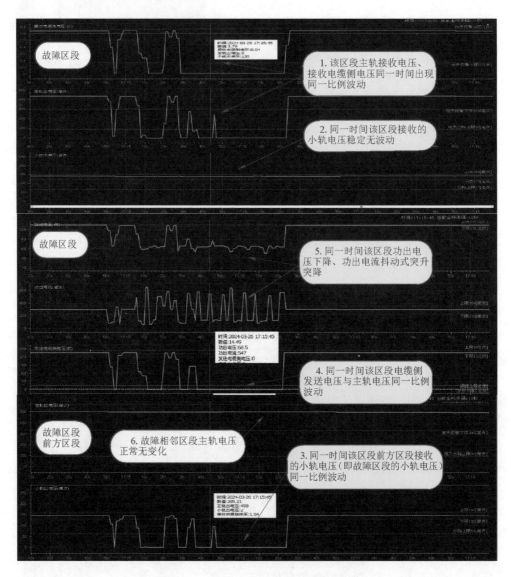

图6—19　功出电压下降,功出电流上升

情况二:功出电压稍有上升(图6—20)

☞ 曲线分析

图6—20案例中该区段功出电压基本不变,甚至有小幅上升,说明发送器负载变小,通常是室内发送器至模拟网络盘电缆侧之间的通道开路。

☞ 常见原因

(1)发送器至模拟网络盘间开路(相关继电器接点不良或配线接触不良)。

(2)送端电缆模拟网络盘内部开路、接触不良。

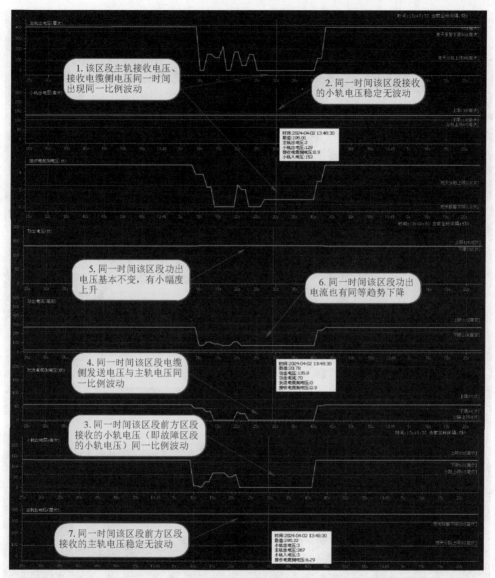

图6—20　功出电压稍有上升

（3）当监测"送端电缆侧电压"的采集点为分线盘时，有可能是送端电缆模拟网络盘输出端至分线盘间开路。

情况三：功出电压小幅下降（图6—21）

☞ 曲线分析

图6—21 案例中该区段功出电压有小幅下降，说明从发送器至送端模拟网络盘之间有半短路或送端电缆模拟网络盘内部、输出侧有短路。此时结合送端电缆侧电流或区间监测采集的发送电缆侧电流值分析，可有效区分室内外开路或短路。

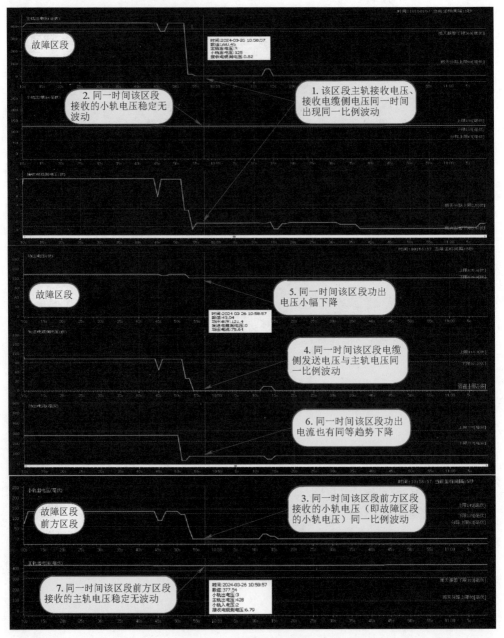

图6—21 功出电压小幅下降

☞ 常见原因

(1)送端电缆短路。

(2)送端电缆模拟网络盘内部短路或防雷元件短路。

(3)送端电缆模拟网络盘背部配线短路(可能造成发送器保护)。

案例6：故障区段的主轨电压、小轨电压同时同比例下降，送端电缆侧电压下降但降幅较小（图 6—22）

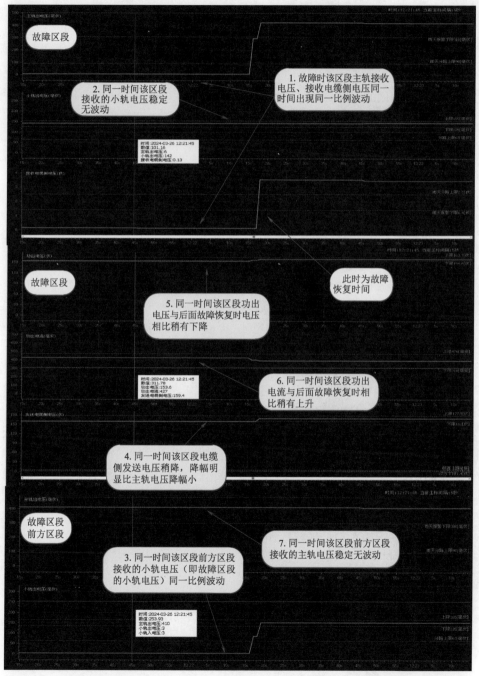

图 6—22 故障区段的主轨电压、小轨电压同时同比例下降，送端电缆侧电压下降但降幅较小

☞ 曲线分析

(1)故障区段主轨出电压、受端电缆侧电压同一时间出现同一比例突降,但故障区段接收的小轨出电压同一时间无变化,说明接收通道正常。

(2)故障区段前方区段接收的小轨出电压与本区段主轨出电压同时同比例波动,说明故障区段发送通道不良。

(3)送端电缆侧电压在同一时间下降,但与主轨道下降至 0 mV 相比,下降幅度较小,不符合同一比例的标准,说明是发送通道室外问题,且发送通道室外部分有短路或半短路的可能性较大。通常短路电阻值越小,送端电缆侧电压降得越低。

☞ 常见原因

(1)送端电缆短路或半短路。

(2)送端匹配变压器短路。

案例 7:故障区段的主轨电压、小轨电压同时同比例下降,送端电缆侧电压上升(图 6—23、图 6—24)

☞ 曲线分析

图 6—23、图 6—24 两个案例具有一定的共同点:

(1)故障区段接收的电缆侧电压、主轨出电压同一时间同一比例波动,但该区段接收的小轨出电压稳定无变化,说明接收通道正常。

(2)故障区段前方区段接收的小轨电压(即故障区段的小轨电压)同一时间同一比例波动,说明故障区段发送通道不良。

(3)故障区段发送电缆侧电压没有与主轨电压同一趋势波动,说明发送通道室外不良。此两个案例中发送电缆侧电压突升至与功出电压相同甚至稍高,通常说明发送模拟网络盘电缆侧向室外传输的通道开路。

发送通道室外开路的典型电压是电缆侧发送电压上升至与功出电压基本一致甚至稍高。而发送器功出电流采集点在发送器功出侧,在发送室外通道开路(如电缆开路)时,功出电流并不会降为 0 A,并且因为发送模拟网络盘调整的不同,功出电流可能上升也可能下降。此时可再结合监测采集的发送电缆侧电流或区间监测采集的室外相关数据分析,不具备采集条件时应人工测试环阻区分。

注意:部分区段因距信号楼较远,电缆长度较长,所以送端电缆模拟网络调整值极小,甚至按 0 km 进行调整。这些区段在调整状态时的电缆侧电压就与功出电压基本一致,在开路时电压上升幅度不明显。

☞ 常见原因

(1)送端电缆开路。

(2)送端匹配变压器不良。

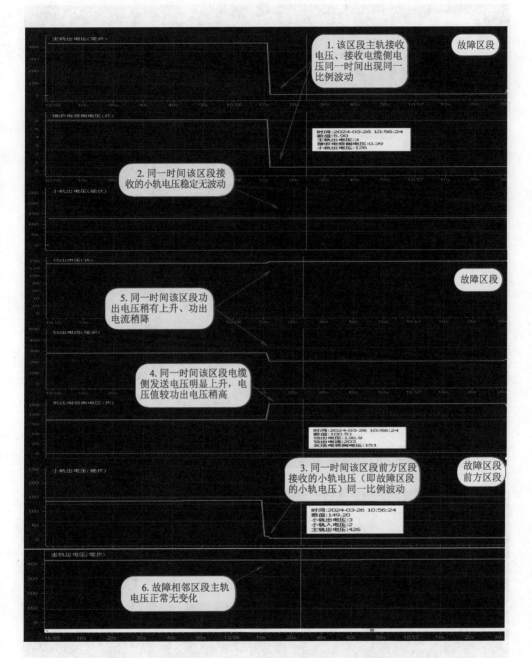

图6—23　故障区段主轨电压、小轨电压同时同比例下降,送端电缆侧电压上升(一)

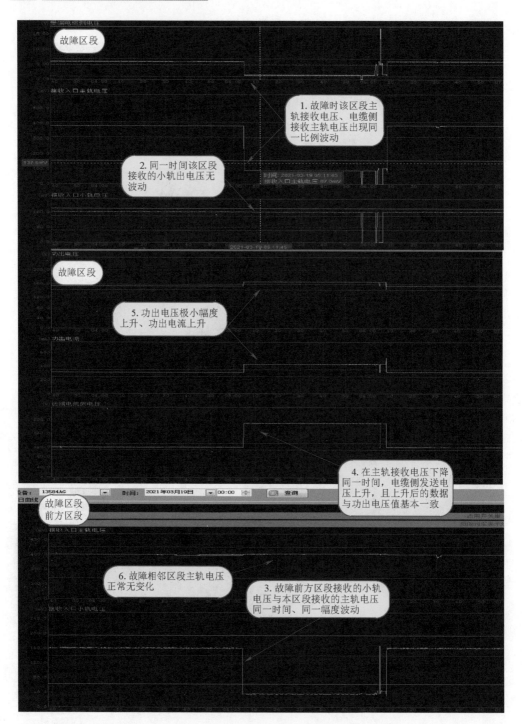

图6—24 故障区段主轨电压、小轨电压同时同比例下降,送端电缆侧电压上升(二)

三、调谐区问题

案例 8：两相邻区段主轨电压同时下降，该调谐区小轨电压大幅上升（图 6—25）

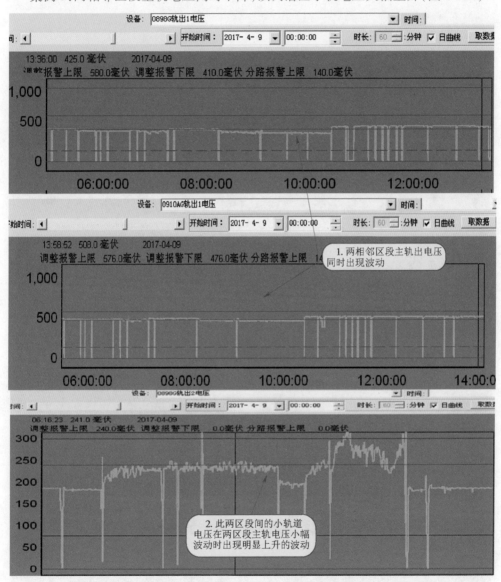

图 6—25 两相邻区段主轨电压同时下降，该调谐区小轨电压大幅上升

☞ 曲线分析

（1）两相邻区段主轨出电压同时出现波动，通常说明此两区段间调谐区有问题。

（2）此两区段间小轨道电压（由前方区段接收器接收）在两区段主轨电压下降时，

出现异常上升波动。说明两个问题:一是小轨道电压波动趋势与两区段主轨电压都不一致,说明调谐区两端的发送通道及接收通道均正常。二是小轨电压异常上升,说明调谐区内零阻抗失效,通常是调谐区内受端调谐单元不良造成。

☞ 常见原因

接收端调谐单元不良。

案例9:两相邻区段主轨电压同时下降,该调谐区小轨电压大幅下降(图6—26)

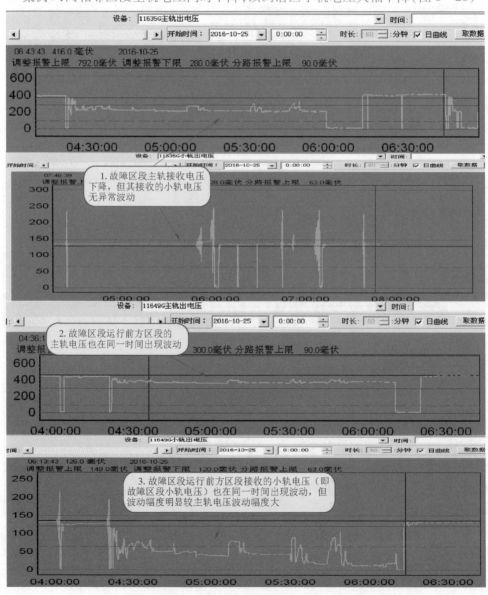

图6—26 两相邻区段主轨电压同时下降,该调谐区小轨电压大幅下降

☞ 曲线分析

（1）故障区段主轨出电压出现波动下降,幅度在 50% 左右,但其接收的小轨道电压正常,说明该区段接收通道正常。

（2）故障区段运行前方区段主轨出电压也在同一时间出现波动,说明此两区段间调谐区不良可能性较大。

（3）故障区段运行前方区段接收的小轨出电压也在同一时间出现下降,波动幅度明显较主轨电压波动幅度大,最低降至 0 mV。通常调谐区通道中断的可能性较大。

☞ 常见原因

（1）调谐区钢轨断轨。

（2）发送端调谐单元不良。

（3）空芯线圈短路。

案例 10：两相邻区段主轨电压下降,该调谐区小轨电压小幅上升（图 6—27）

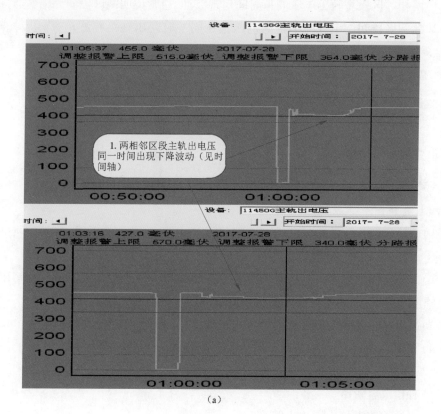

（a）

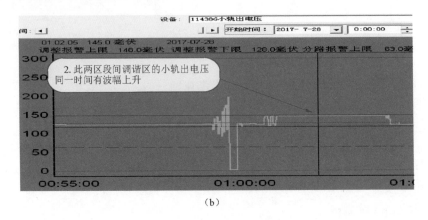

图6—27　两相邻区段主轨电压下降,该调谐区小轨电压小幅上升

☞ 曲线分析

(1)两相邻区段主轨出电压同一时间出现波动,通常说明两区段间调谐区有问题。

(2)此两区段间调谐区的小轨出电压也在同一时间出现小幅波动,确定调谐区存在异常。

☞ 常见原因

(1)空芯线圈不良,空芯线圈引接线开路。

(2)调谐区两端送端或受端电源线接触不良。

四、主轨线路问题

案例11:主轨电压大幅下降,前方区段接收小轨电压不同比例下降(图6—28)

☞ 曲线分析

(1)故障区段接收的主轨电压、受端电缆侧电压同时同比例下降,但其接收的小轨电压未同时出现下降,说明该区段接收通道正常。

(2)故障区段前方区段接收的小轨电压(即故障区段小轨电压)同一时间出现下降,但幅度明显不同,说明该区段发送通道正常。

(3)故障区段相邻区段主轨出电压均正常,说明其两端调谐区均正常。

(4)排除以上几点,说明故障范围为主轨线路。

☞ 常见原因

(1)补偿电容短路。

(2)主轨线路上的空扼流半短路。

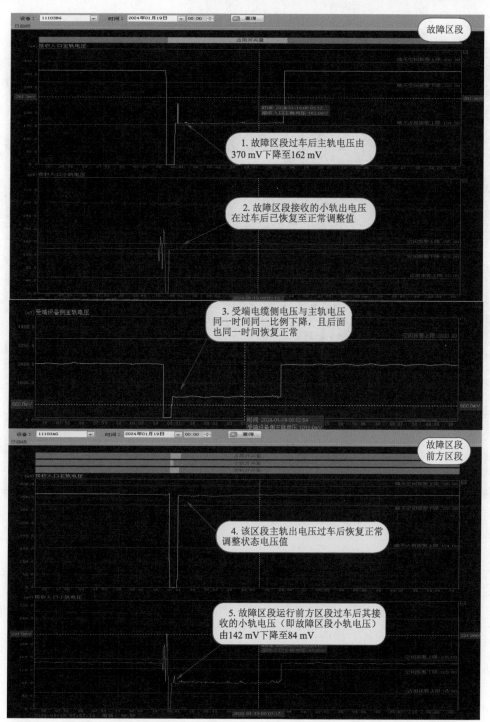

图 6—28　主轨电压大幅下降,前方区段接收小轨电压不同比例下降

案例 12：主轨电压大幅下降,前方区段接收小轨电压上升(图 6—29)

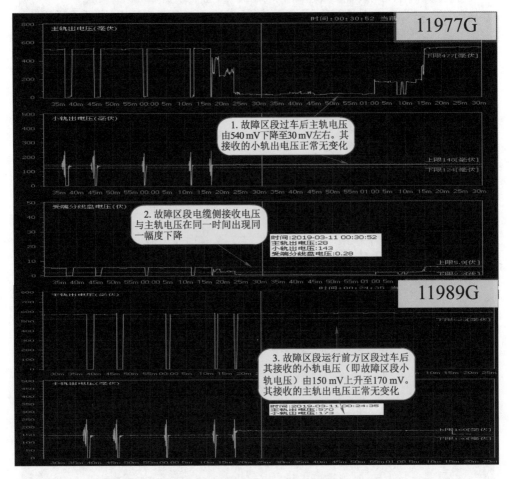

图 6—29　主轨电压大幅下降,前方区段接收小轨电压上升

☞ 曲线分析

(1)故障区段接收的主轨电压下降,且电缆侧接收电压同时下降,但小轨电压未同时出现下降,说明该区段接收通道正常。

(2)故障区段前方区段接收的小轨电压(即故障区段小轨电压)同一时间出现下降,但幅度明显不同,说明该区段发送通道正常。

(3)故障区段相邻区段主轨出电压均正常,说明其两端调谐区均正常。

(4)排除以上几点,说明故障范围为主轨线路。

☞ 常见原因

(1)补偿电容短路。

(2)主轨线路上的空扼流短路。

（3）主轨道钢轨断轨。

案例 13：主轨电压小幅下降,前方区段接收小轨电压不同比例下降或上升(图 6—30)

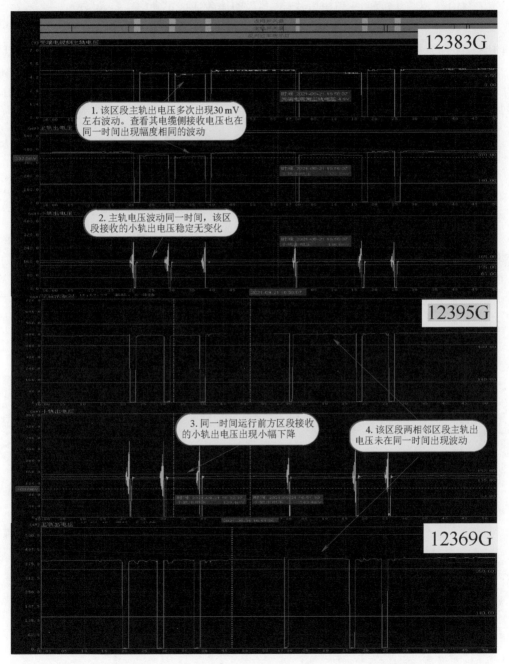

图 6—30　主轨电压小幅下降,前方区段接收小轨电压不同比例下降或上升

☞ 曲线分析

(1)某区段主轨出电压、电缆侧接收电压多次在同一时间段内出现下降波动,下降幅度达 10% ,但其接收的小轨出电压稳定,说明接收通道正常。

(2)该区段运行前方区段接收的小轨道电压(即故障区段的小轨道电压)也在同一时间有小幅波动,但波动幅度仅 3% ,明显与主轨电压波动幅度不同,说明发送通道正常。

(3)该区段两相邻区段主轨出电压均未在故障区段波动时间段内出现波动,说明该区段两端调谐区状态均正常。

(4)排除上述问题,判断问题在主轨线路。通过该区段主轨道电压波动幅度分析,通常为补偿电容失效,补偿电容开路一处,通常对本区段主轨电压造成 50 mV 左右的下降。补偿电容失效还会对本区段小轨道电压造成不同幅度的上升或下降,通常距离发送端越远的补偿电容,对小轨道造成的影响越小。本案例中小轨出电压变化幅度较小,说明靠近接收端的补偿电容失效可能性较大。

(5)补偿电容开路造成红光带的可能性很小,但在小轨道参与联锁的区段,距发送端第 2、3、4 个电容开路时,可能造成小轨道电压最高达 50 mV 的变化,有出现红光带的可能。

☞ 常见原因

补偿电容开路。

第七章 车站电码化曲线分析

第一节 25 Hz 相敏轨道电路叠加 ZPW-2000A 移频二线制电码化电路原理简介

一、原理介绍

在移频自动闭塞区段,区间采用移频轨道电路,车载设备能直接接收移频信息,从而掌握列车运行前方区段空闲及信号开放情况。而在普速铁路线路上,站内轨道电路多使用工频交流、25 Hz 相敏等类型轨道电路,不能发送移频信息。电码化电路可实现列车运行在站内正线、股道时也能不间断地接收地面移频信息,保证行车安全和运输效率。

站内电码化采用的制式较多,本书中以普速铁路运用较多的 25 Hz 相敏轨道电路叠加 ZPW-2000A 移频二线制电码化为例,进行分析说明。下文中"电码化"如无特殊说明,均指此类电码化。

二、常用名词术语

1. 25 Hz 相敏轨道电路叠加 ZPW-2000A 移频二线制电码化

25 Hz 相敏轨道电路:指站内轨道电路制式为 25 Hz 相敏轨道电路。

叠加 ZPW-2000A 移频:指移频信息源为 ZPW-2000A 发送器。不发码时,轨面上只有 25 Hz 轨道电路信息;发码时,25 Hz 轨道电路信息和移频信息同时发送,叠加在轨道电路通道中及轨面上。

二线制:"二线制"与"四线制"是室内外电码化通道使用的两种方式。"二线制"指移频信息和站内轨道电路信息在室内隔离盒进行叠加,共同通过两根电缆(即轨道电路发送端电缆或接收端电缆)送至室外轨道电路 XB 箱;"四线制"指移频信息和站内轨道电路信息分别各使用两根电缆通道,送至室外后通过室外轨道电路 XB 箱内的隔离盒进行叠加,再送至轨面。

2. 预叠加发码与占用发码

"预叠加发码"与"占用发码"是移频发码的两种时机。"预叠加发码"指列车运行过程中,提前一个区段发码;"占用发码"指列车占用该区段时,该区段才开始发码。

三、车站电码化电路特点及相关技术标准

1. 车站电码化覆盖范围及发码方式

《维规》规定:经道岔直向的接车进路和自动闭塞区段经道岔直向的发车进路中的

所有轨道电路区段、经道岔侧向的接发车进路中的股道区段,均应实现电码化。

到发线股道采用"占用发码"方式,在列车压入股道内方,轨道继电器落下后接通发码通道向列车发码。

在经道岔直向的正线接、发车进路上,若仍采用"占用发码"方式,那么从列车占用该区段到电码化信息送至轨面间必然存在一定的时间延迟,在列车快速通过站内连续多个短区段、列车慢速进站时又变码等特殊情况下,可能会导致列车掉码。为确保电码化的连续性,正线接、发车进路通常采用"预叠加发码"方式,即提前一个区段发码,在列车占用该区段前,电码化信息已提前发送至轨面。

2. 发送器设置

(1)正线电码化

普速铁路运用较多的发送器设置方式,是在一条正线通过进路上设置两个发送器,分别用于接车进路发码和发车进路的发码。下行正线,咽喉区正向接车,发车进路的载频为1700-2;上行正线,咽喉区正向接车,发车进路的载频为2000-2。

下面以 X 行正向接发车进路为例来说明两个发送器的分管范围。如图 7—1 所示,XI发送器负责下行正向接车进路和反向发车进路上各轨道区段的发码;XIF 发送器负责下行正向发车进路和反向接车进路上各轨道区段的发码。

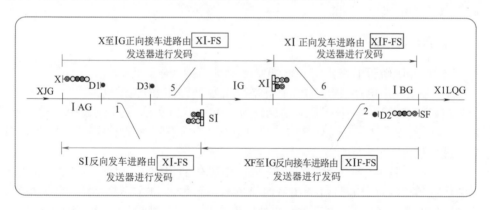

图 7—1 正线电码化发送器管辖区段示意

正线电码化中正线股道发码的特别说明:

在正线接车时,正线股道具有预叠加发码功能;在非正线接车情况下,正线股道可实现占用发码。

在图 7—1 中,当列车占用 IG,XI 或 SI 正线出发信号未开放时,XI-FS 和XIF-FS 分别从股道两端(XI 信号机处和 SI 信号机处)同时向列车发码;若此时 XI 正线发车信号开放,XIF-FS 将不再向 IG 发码,而是优先给 XI 正线发车进路发码;同理,反向 SI 正线发车信号开放后,XI-FS 将优先给 SI 反向正线出发进路发码。因此,若同时排列 SI 、XI 正线发车信号时,IG 两端均不发码,列车在股道上会掉码。

（2）到发线股道电码化

如图7—2所示，通常每个股道设置两个发送器，在车列占用股道时分别从股道两端同时发码。发送器名称分别以发码端处的出站信号机命名。

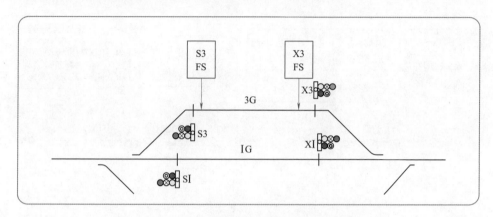

图7—2　到发线股道电码化发送器设置示意

在列车折返、调车作业情况极少的小站上，也可只设置一个发送器，发送器名称以常态下发码端处的出站信号机命名，可根据进路方向调整发码条件和发码方向，实现迎向列车发码。如某站站内3G只设置一个发送器，因其为下行线侧线股道，故发送器通常命名为X3FS，常态下该发送器根据X3信号机的条件进行编码，车列占用时发码端在X3信号机处；在开放S行接3G接车信号或开放S3发车信号时，发送器根据S3信号机的条件进行编码，在列车占用时发码端在S3信号机处。

到发线股道设置两个电码化发送器时，其载频频谱的排列应符合下列要求：

①各股道下行方向使用载频2300-1、1700-1，相邻股道交替使用。

②各股道上行方向使用载频2600-1、2000-1，相邻股道交替使用。

③到发线股道以1700-1（下行方向）/2000-1（上行方向）或2300-1（下行方向）/2600-1（上行方向）选择载频配置。

3. 车站电码化电路简介

（1）主要组成和功能

车站电码化电路主要由编码电路、传递继电器电路、发码电路三部分组成。

编码电路的作用是根据进路和区间轨道电路条件，使发送器产生携带不同低频调制信息的移频信息。

传递继电器电路的作用是确定站内电码化区段的发码时机。在某区段应发码时，使该区段CJ吸起，接通该区段发码通道。

发码电路的作用是在轨道电路应发码时，将发送器产生的移频信号与25 Hz轨道电路信号叠加，按迎向列车发码的要求送至轨面。

（2）预发码功能的实现

正线电码化的预发码功能主要是通过 CJ 电路实现的。下面以图 7—1 站场平面示意图中 X 行正线接 IG 进路为例，介绍传递继电器电路（图 7—3）动作原理。

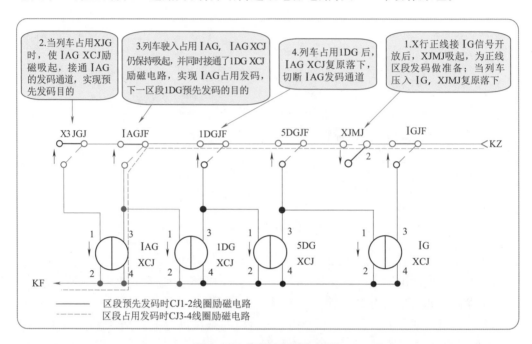

图 7—3　传递继电器电路图

当 X 行正线接车信号开放后，列车进入进站信号机外方接近区段时，IAG 下行传递继电器（XCJ）励磁吸起，IAG 开始预发码；列车越过 X 进站信号机占用 IAG 时，IAG XCJ 保持吸起，同时使下一区段 1DG 的 XCJ 吸起；列车占用 1DG 时，1DG XCJ 保持吸起，同时断开 IAG XCJ 励磁电路，接通下一区段 5DG XCJ 励磁电路，依此类推。这样，在列车占用进路上某区段时，该区段和运行前方下一区段的 CJ 可同时励磁吸起，确保除列车占用区段发码外，列车运行的下一区段也同时发码。

实行预发码后，同一时段发送器会向两个区段同时发码，为避免共用电码化通道造成轨道电路之间的相互影响，发送器输出电路中采用了双路输出设计，确保两个同时发码的区段不会使用同一路电码化信息。电码化发送通道如图 7—4 所示。

两线制、四线制电码化轨道区段通道示意见本章第二节。

4. 相关技术标准

（1）入口电流

《维规》规定：在机车入口端轨面，用 0.15 Ω 标准分路电阻线分路时，ZPW-2000A 系列电码化入口电流值应满足如下要求：载频为 1 700 Hz、2 000 Hz、2 300 Hz 时，不小于 500 mA;载频为 2 600 Hz 时,不小于 450 mA。

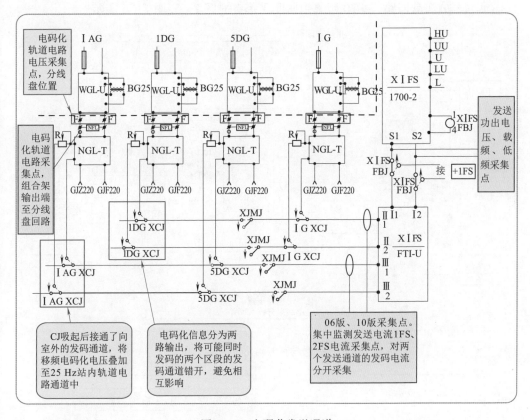

图 7—4 电码化发送通道

轨道电路在最不利条件下,出口电流值不大于 6 A。

(2)功出电压

1 级电平:161～170 V;2 级电平:146～154 V;3 级电平:128～135 V;4 级电平:104.5～110.5 V;5 级电平:75～79.5 V。

(3)频率要求

载频为 1700-1、2000-1、2300-1、2600-1 时,载频偏移应在 +1.4 Hz±0.1 Hz 范围内。

载频为 1700-2、2000-2、2300-2、2600-2 时,载频偏移应在 -1.3 Hz±0.1 Hz 范围内。

低频频率的频率偏移应小于 0.03 Hz。

第二节 信号集中监测系统采集原理简介

站内电码化监测内容:发送器功出电压、发送电流、载频及低频频率。正线轨道电路电码化电压、电流、载频及低频频率。2020 版集中监测增加了 FMJ、JMJ、CJ 开关量。

采集点:发送器功出端、分线盘轨道电路送/受端,各区段电码化电流采集点在组合架输出端至分线盘回路。2020 版集中监测采集点如图 7—5、图 7—6 所示。

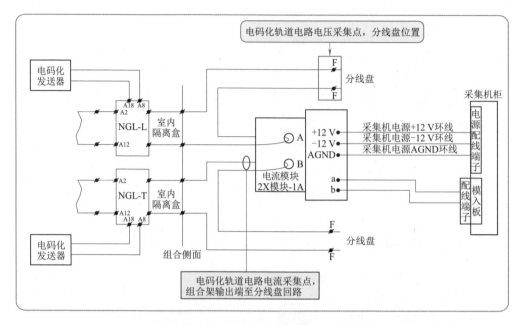

图 7—5 两线制电码化轨道区段通道

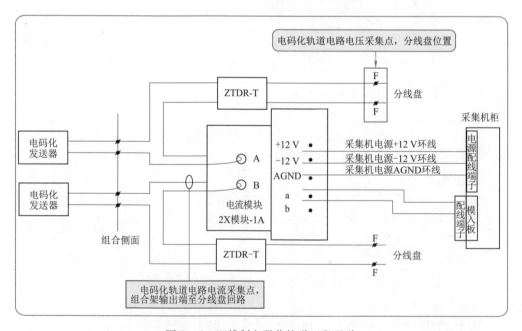

图 7—6 四线制电码化轨道区段通道

第三节　车站电码化发送电压电流正常曲线分析

一、发送盒功出正常电压电流分析

电码化发送电压是掌握发送器的运用状态的重要参数。电码化发送器电平等级调整固定后,功出电压会保持稳定基本不变。在发码通道接通时,发送功出电压会因带负载而出现小幅变化,此为正常现象。电码化发送电压正常曲线如图7—7所示。

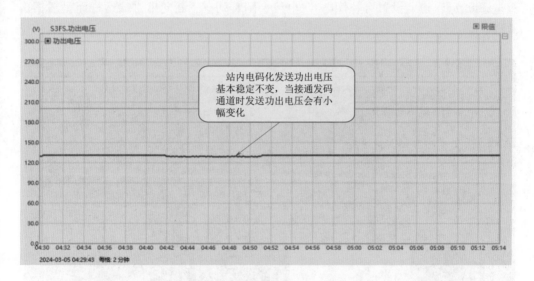

图7—7　电码化发送电压正常曲线

特殊情况说明:ZPW-2000A 发送器在载频变化时,由于发送器的反应时间,可能出现瞬间电压突降,此为正常现象,如图7—8 所示。

电码化发送电流是检查发送通道是否正常的重要参数。在发送器所辖区段未发码时,该发送器电流值为 0 A;只有在发码过程中,才能采集到发码电流值。因此,分析电码化电流时必须回放该时段站场上进路排列和列车占用情况进行共同分析。

1. 正线电码化发送电流正常曲线分析(图7—9)

以图7—1 中所示站场的下行 X→IG 正线接车进路为例,对 XI -FS 的电流曲线进行说明。

本例中信号集中监测系统对 XI -FS 两路输出电流分别进行了采集,根据预发码电路两路输出交错配置的规范,其中一路监测的是进路上第 1 个(即 IAG)、第 3 个(即 5DG)区段的电码化电流,另一路监测的是进路上第 2 个(即 1DG)、第 4 个(即 IG)区段的电码化电流。

  根据排列正线接车信号后列车占用情况,在图 7—9 中电码化电流曲线上列出了 6 个重要的时间节点。从曲线上看,发送电流数值与区段占用密切相关,未发码时,电流值为 0 mA 时;当各区段在预发码状态时,由于通道阻抗稳定,电流会基本保持在一个稳定的状态;当列车占用某区段,该区段为占用发码状态时,由于轨面被轮对短路,通道阻抗变化,电流较预发码时有所升高;列车在占用股道时,由于股道长度超过 300 m,轨道上设置有补偿电容,电流会随着列车不断向出口端运行而呈现振荡波形。

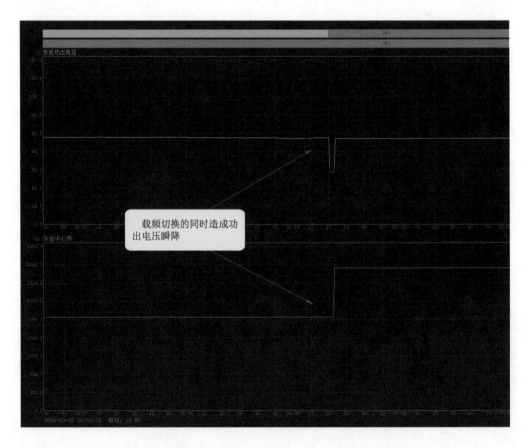

图 7—8　载频变化造成发送器电压瞬降

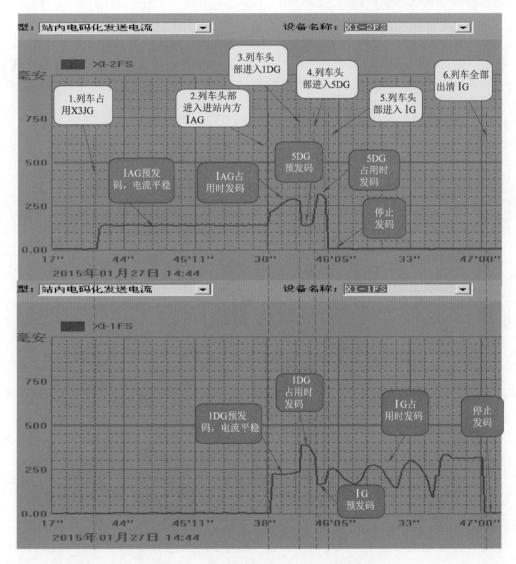

图7—9 正线电码化发送电流正常曲线

☞ 经验提示

从所辖区段开始预发码至发码结束,电码化电流应一直保持,不应出现中断情况。

由于电码化电流采集点在室内,因此电码化电流数值不等同于入口电流数值,但两者之间符合一定的比例关系,在图7—5、图7—6所示类型的发码电路中,信号集中监测采集电码化电流值大于 60 mA 时,入口电流值即可满足要求。

2. 到发线股道电码化发送电流正常曲线分析

到发线股道电码化采用"占用发码"的方式,因此电码化电流记录开始于股道被占用,终止于股道完全出清。

如图 7—10 所示,当列车占用时上、下行两个发送器同时接通发码通道,分别给股道两端输送发码电流。T_1 段为列车上行进 4G,进入股道后还未停稳时的发送电流曲线,因车列仍在运行通道内,阻抗还在不断变化,发送电流也随之振荡变化;T_2 段为列车停稳后的发送电流曲线,通道阻抗不再变化,电流相对稳定;T_3 段为列车启动出发驶出股道的发送电流曲线,当列车完全出清股道时 GJ 吸起断开发码通道,发送电流恢复为 0 mA。

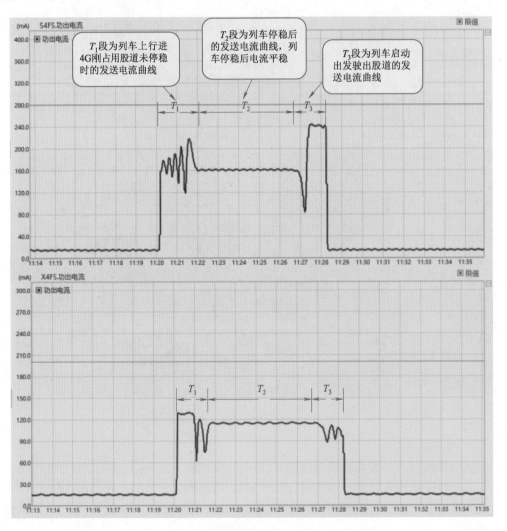

图 7—10　正线电码化发送电流正常曲线

电码化发送电压是掌握发送器运用状态的重要参数。电码化发送器电平等级调整固定后,功出电压会保持稳定,基本不变。如图7—10所示,在发码通道接通时,发送功出电压会因带负载而出现小幅变化,此为正常现象。

二、轨道电路区段电码化正常电压电流分析

1. 整条进路各区段电压曲线(图7—11)

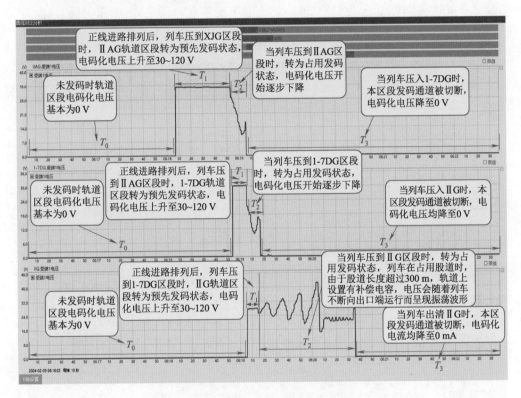

图7—11　整条进路各区段电码化电压正常曲线

从图7—11曲线上看,结合正线接车列车占用情况,电码化电压数值与区段占用密切相关,未发码时,电压值为 0 V(T_0 段);当各区段在预发码状态时,电压会达到峰值并基本保持在一个稳定的状态(T_1 段);当列车占用某区段,该区段为占用发码状态时,由于轨面被轮对短路,通道阻抗变化,电压较预发码时降低成波形状态(T_2 段);列车在占用股道时,由于股道长度超过 300 m,轨道上设置有补偿电容,电压会随着列车不断向出口端运行而呈现振荡波形。当列车完全出清股道,电压降为 0 V(T_3 段)。

2. 整条进路各区段电流曲线(图7—12)

从图7—12曲线上看,结合正线接车列车占用情况,电码化电流数值与区段占用密切相关,未发码时,电流值为0 mA(T_0段);当各区段在预发码状态时,由于通道阻抗稳定,电流会基本保持在一个稳定的状态(T_1段);当列车占用某区段,该区段为占用发码状态时,由于轨面被轮对短路,通道阻抗变化,电流较预发码时有所升高(T_2段);列车在占用股道时,由于股道长度超过300 m,轨道上设置有补偿电容,电流会随着列车不断向出口端运行而呈现振荡波形(T_3段)。

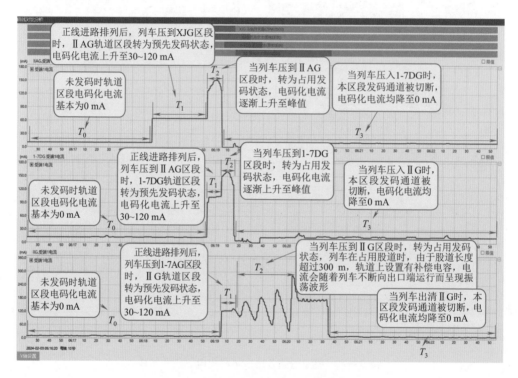

图7—12 整条进路各区段电流正常曲线

3. 单个道岔区段电压电流曲线(图7—13)

轨道电路电码化电压、电流是分析发码电路运用状态的重要参数,能够准确反应调整后各电码化区段入口、出口电流变化情况。如图7—13所示,未发码时轨道区段电码化电压电流基本为0 mA(T_0段);正线进路排列后,列车压到接近区段时,本轨道区段转为预先发码状态,电码化电压上升至30~120 V,电码化电流上升至30~120 mA(各区段有较大差异,但应保持稳定)(T_1段);当列车压到本区段时,转为占用发码状态,电码化电压开始逐步下降,电码化电流逐渐上升至峰值(T_2段);当列车压入下一区段时,本区段发码通道被切断,电码化电压、电流均降至0(T_3段)。

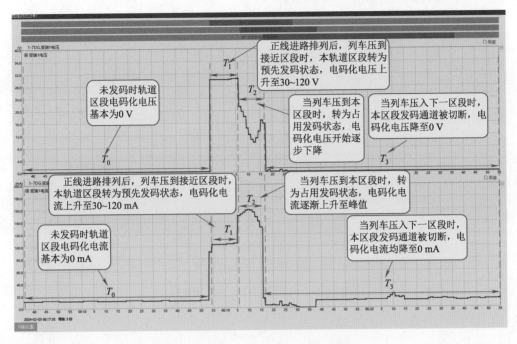

图7—13　单个道岔区段电压电流曲线

第四节　典型案例分析

日常分析工作中主要以查看发送功出电压为主，用来监控发送器的工作状态。在接收到机车掉码联控信息时，常通过回放站场状况，并结合电码化发送电压、电流曲线来辅助判断掉码区段及原因。2020版集中监测可查看电码化区段的电压和电流，能精确判断掉码区段。

案例1：电码化发送电压降为0 V（图7—14）

☞ 曲线分析

电码化发送功出电压监测点为发送器功出端，电压突降为0 V说明该发送器已停止工作。

特殊说明：站内电码化发送器均按 $N+1$ 冗余设置，当某发送器电压下降到70%时发送报警继电器FBJ落下，自动倒至 +1FS 盒工作，不会造成掉码等影响。

☞ 常见原因

（1）发送器故障。

（2）发送器插接不良。

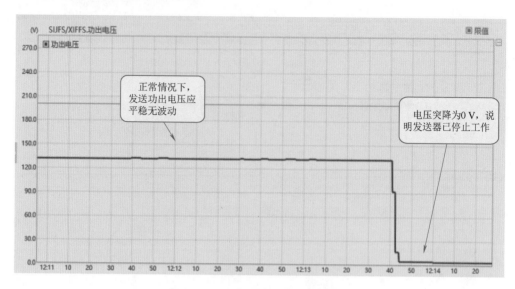

图 7—14　电码化发送电压降为 0 V

案例 2：电码化发送电压波动（图 7—15）

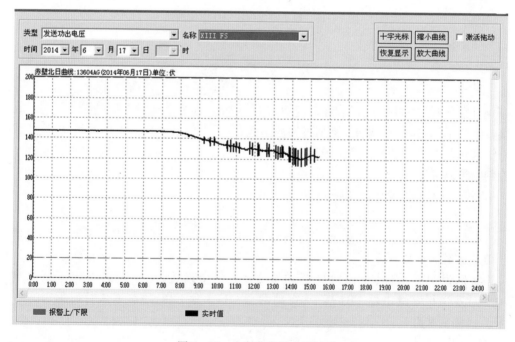

图 7—15　电码化发送电压波动

☞ 曲线分析

ZPW-2000A 发送器性能较稳定,在带载情况下功出电压仍能保持输出电压平稳,波动幅度基本在 5 V 左右。在发送器功出电压出现明显波动或下降时,说明发送器性能不良。

☞ 常见原因

发送器不良。

案例 3:电码化发送电流出现缺口(图 7—16)

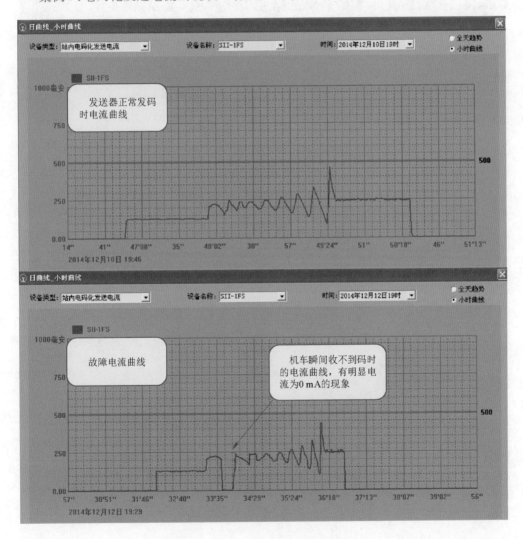

图 7—16　电码化发送电流出现缺口

☞ 曲线分析

当发码过程中出现电码化发送电流降至 0 mA 的现象,说明当时发送通道开路,电码化信息未能正常送至轨面。此时需按照图 7—10 中对正常电码化电流曲线的分析方法,通过对应同一时间段内站场状态,来确定掉码区段后再进行相应处理。

☞ 常见原因

室外隔离盒不良。

案例4:电码化发送电流突降(图7—17)

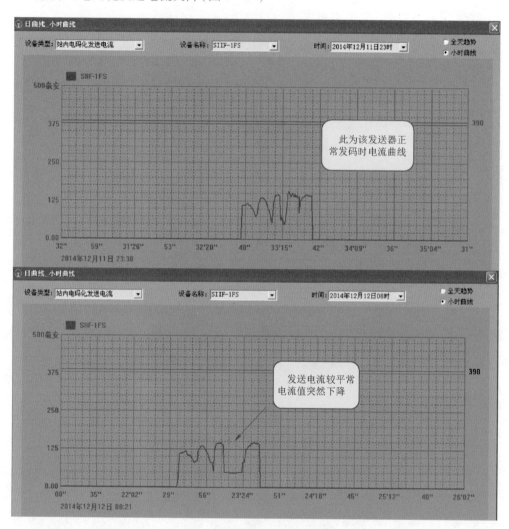

图7—17　电码化发送电流突降

☞ 曲线分析

正线进路上某一区段发码时发送电流数值下降时,造成入口电流不能保证机车信号可靠工作。

☞ 常见原因

室内或室外隔离盒不良。

案例 5：机车信号未接收到电码化信息（图 7—18）

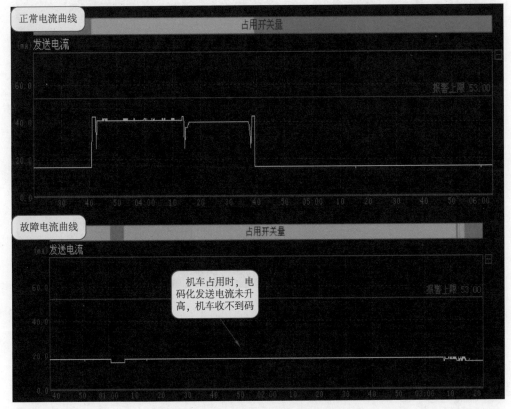

图 7—18 机车信号未接收到电码化信息

☞ 曲线分析

列车占用股道时，电码化发送器电流应升高到占用发码值，此时图 7—18 故障曲线电流没有升高，说明电码化信号未往钢轨上传输。

☞ 常见原因

（1）室内或室外隔离盒不良。

（2）电码化通道开路。

案例 6：正线电码化区段占用时，该区段无电码化电流（图 7—19）

☞ 曲线分析

如图 7—19 所示，列车从 XI 出发，占用正线 14DG 轨道区段时，电码化电流应上升，却降为 0 mA，说明该区段未转为占用发码状态，可能 CJ 故障，电码化电流未能正常送至轨面。

☞ 常见原因

本区段的 CJ_{34} 线圈励磁电路故障。

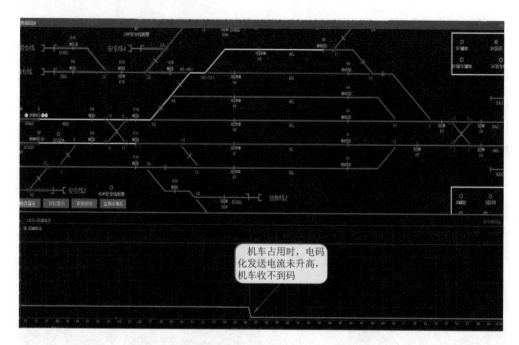

图7—19 正线电码化区段占用时无电码化电流

案例7：多个轨道电路电码化区段电流降低（图7—20）

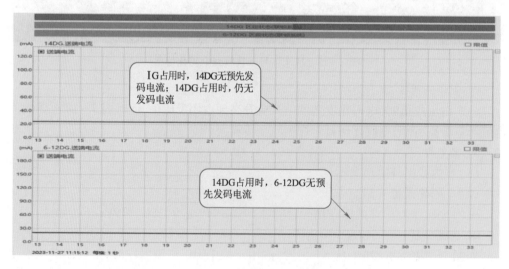

图7—20 多个轨道电路电码化区段电流降低

☞ 曲线分析

如图7—19、图7—20所示，列车从正线发车，IG占用时第一个区段14DG无预先发码电流,列车继续运行至 14DG 区段时,仍无电码化电流,且前方第二个区段 6-12DG 也无预先发码电流。说明该进路上发送多个轨道区段发码通道公共部分出现开路,电码化信息未能正常送至轨面。

☞ 常见原因

(1)匹配防雷单元 FTI-U 故障。

(2)MJ 继电器故障。

第八章 列车信号机点灯回路电流曲线分析

第一节 列车信号机点灯回路电流曲线分析说明

信号集中监测对信号机的监测主要有以下几项:列车信号机点灯回路电流的监测、列车信号机各灯位开关量、列车信号机点灯状态以及列车信号机主灯丝断丝报警信息。其中列车信号机点灯回路电流(以下简称"信号机点灯电流")曲线最能直观地体现信号机运用状态的良好与否。

为了做好信号机点灯电流分析,需掌握相关技术标准及维护规则:

(1)信号机点灯电流采集的是流经各 DJ 的交流电流,在分析信号机点灯电流前,要对本站信号机点灯电路图进行学习,了解各灯位与各 DJ 的对应关系,才能进行有针对性的分析。如进站信号机点 1U、L、H 三个灯位与 DJ 对应,2U、YB 两个灯位与 2DJ 对应;普速铁路区间信号机 L、H 两个灯位与 DJ 对应,而 U 灯灯位在单点 U 灯时与 DJ 对应,点 LU 灯时与 2DJ 对应;列控编码的区间轨道电路,其信号机 L、H 两个灯位与 DJ 对应,U 灯灯位与 2DJ 对应。

(2)灯丝继电器串联在信号机点灯单元一次回路内,灯丝回路电流也就是通过灯丝继电器的电流,因此信号机点灯电流数值的标准取决于是否能确保 DJ 的吸起,在分析信号机点灯电流曲线前必须掌握信号机所使用的 DJ 型号,掌握标准。不同型号 DJ 的点灯电流数值标准如下:JZXC-H18 型灯丝继电器工作电流调整值在 100～130 mA;JZXC-H18F、JZXC-H18F1、JZXC-16/16 型灯丝继电器工作电流调整值在 140～155 mA。

(3)信号机点灯电流实际电流幅值应满足灯丝继电器工作电流值、释放电流值标准,各灯位电流应基本平衡。但器材、调整等方面的原因,导致信号机在不同灯位的点灯电流可能不会完全相同,因此分析时仅看电流实时值达标是不够的,需对不同灯位的点灯电流进行分析,确保各灯位点灯电流均正常。

第二节 信号集中监测系统采集原理简介

灯丝回路电流即信号机点灯单元一次回路电流,采集方式将灯丝继电器(DJ)的点灯去线穿过电流互感器,经处理得出回路中的电流值。灯丝回路电流监测点为熔丝至 DJ 之间点灯回路或 DJ 至后级回路的线缆。灯位采集由联锁采集后传递至集中监测系统,或者监测系统自采集。

监测点:信号点灯电路始端。通常选择熔丝至 DJ(2DJ)之间点灯回路的线缆,或 DJ(2DJ)输出至后级回路的线缆,通过电流互感器穿芯采集。列车信号机点灯回路电流采集示意如图 8—1 所示。

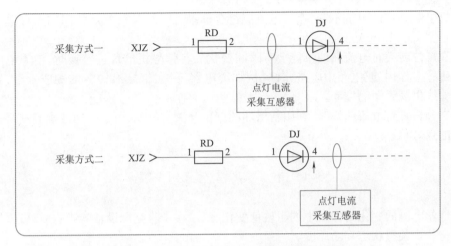

图 8—1　列车信号机点灯回路电流采集示意

第三节　信号机点灯电流正常曲线分析

图 8—2 为列车信号机 DJ 及 2DJ 点灯电流监测曲线,结合灯位开关量及点灯电流变化可深度分析信号机状态。

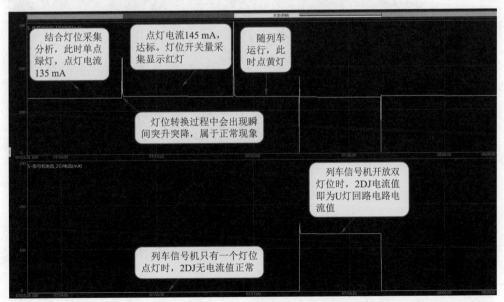

图 8—2　列车信号机 DJ 及 2DJ 点灯电流监测曲线

列车信号机 1DJ 电流应连续,而 2DJ 只有点双灯位时才会有电流。由于正常情况下点灯电路元器件阻抗不变,点灯电流应符合标准,曲线平直,各灯位间的点灯电流值相差不宜大于 15 mA。

在灯位转换时电流曲线可能会有瞬间变化。在信号机的灯位转换时,由于电路中的电磁感应作用,或电路中电路元件(例如继电器等)可能会有短暂的响应延迟,导致电流曲线出现瞬间的波动。

在分析点灯电流曲线时,利用新增加的灯位开关量信息,可以快速准确判断每一个灯位的点灯状态。

第四节　典型案例分析

灯丝电流的变化与回路中的阻抗值变化有关,在排除电源设备的影响后,可根据电流变化及开关量状态判断原因。

案例1:信号机点灯电流不符合标准(图8—3、图8—4)

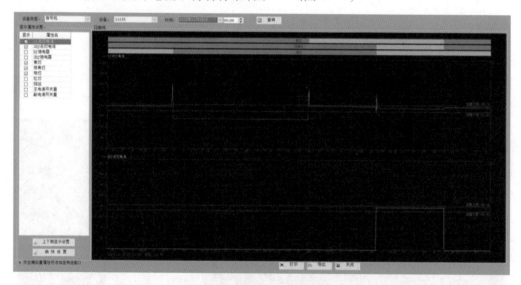

图8—3　信号机点灯电流过低

☞ 曲线分析

点灯电流过低(图8—3)可能造成 DJ 工作不稳定,点灯电流过高(图8—4)则会影响灯泡寿命,所以从曲线上分析发现电流不符合标准时,应及时分析处置。

☞ 常见原因

(1)点灯电流调整不当。

(2)点灯单元不良。

☞ 特殊情况说明

如果多个灯位灯丝电流值均不达标,可以考虑电源不良等。

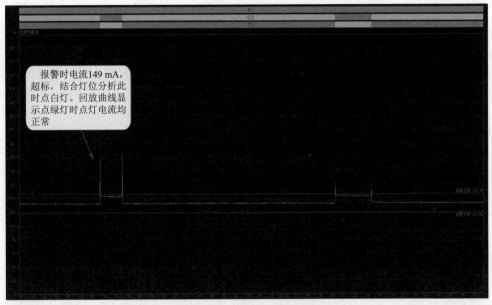

图 8—4　信号机点灯电流过高

案例 2：信号机 DJ 点灯电流出现 0 mA（图 8—5）

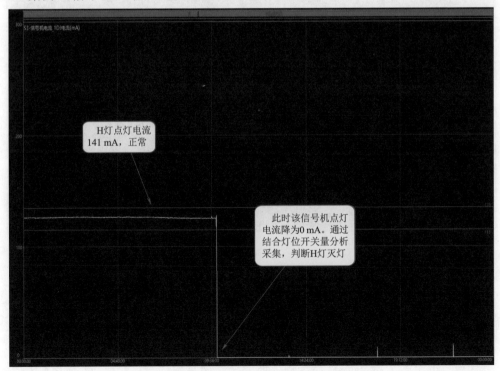

图 8—5　信号机 DJ 点灯电流间断出现 0 mA 的曲线

☞ 曲线分析

如图8—5所示,信号机点灯电流曲线明显突降,说明该信号机在此时出现灭灯现象。结合灯位开关量分析,该信号机点 H 灯时,在 9 点 37 分由 141 mA 突降至 0 mA。

☞ 特殊情况说明

在信号机点双灯位时,1DJ 点灯回路需检查 2DJ 回路的良好,即在 2DJ 回路出现问题,2DJ 落下时,1DJ 回路也无法构通(进站信号机引导信号除外)。因此,在信号机点双灯位(如 UU、LU、HB)时 1DJ 电流降为 0 mA,应先查看同一时段 2DJ 回路点灯电流曲线,判定 2DJ 回路是否正常。

☞ 常见原因

(1)灯泡主副灯丝双断。

(2)点灯单元坏。

(3)灯座不良。

(4)故障灯位点灯电路中接点、配线、电缆不良。

(5)电源停电。

案例3:点灯电流曲线异常波动(图8—6)

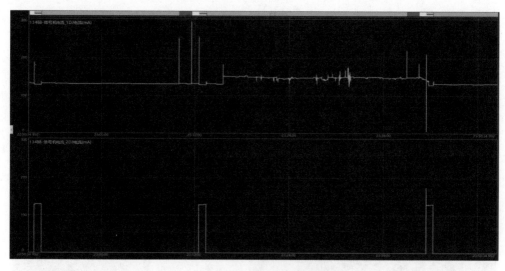

图8—6 点灯电流曲线异常波动

☞ 曲线分析

从图8—6中电流曲线上发现该信号机常出现数据波动的现象,结合灯位开关量分析,判断为 L 灯不良。

☞ 常见原因

(1)灯泡主丝发黑、灯泡焊点接触不良。

（2）灯座接触点氧化。

（3）各部端子螺丝、配线松动。

☞ 特殊情况说明

当进站信号机准许列车经过 18 号及以上道岔侧向位置，进入站内越过次一架已经开放的信号机，且该信号机防护的进路经道岔直向位置或 18 号及以上道岔的侧向位置时，该进站信号机开放一个黄色闪光和一个黄色灯光。

进站信号机开放 USU 时，1U 灯处于时亮时暗状态，在点亮时电流值为正常值，在灯暗时由于点灯电路中串入大电阻，点灯电流明显下降，因此点灯电流曲线呈波动状态，如图 8—7 所示。

图 8—7　开放黄闪黄信号时电流曲线特殊情况

案例 4：点同一灯位时点灯电流曲线下降（图 8—8）

☞ 曲线分析

图 8—8 为信号机在点 H 灯时，点灯电流值在 4 点 28 分出现突降，说明该灯位回路中的阻抗值发生变化，需对点灯回路进行检查。

☞ 常见原因

（1）该灯位点灯单元性能不良。

（2）灯泡主丝发黑、灯泡焊点接触不良。

（3）灯座接触点氧化。

（4）回路中接点、配线及电缆不良。

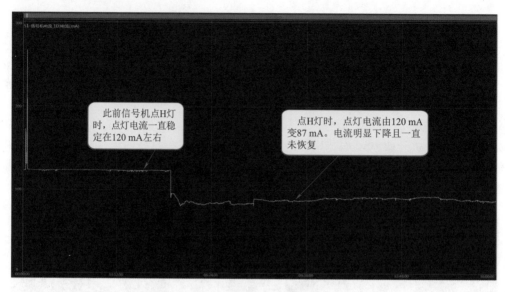

图8—8 同一灯位时点灯电流曲线突降

案例5：点同一灯位时点灯电流曲线突变后恢复（图8—9）

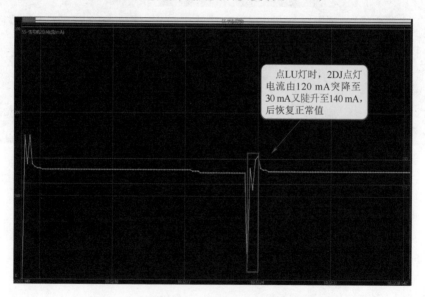

图8—9 点同一灯位时点灯电流突降后恢复

☞ 曲线分析

图8—9中信号机点LU灯位时2DJ点灯电流由120 mA突降到30 mA后又陡升至140 mA，再恢复正常。当信号机回路中的阻抗值出现瞬间变化，会导致点灯电流升高，在排除外部电源干扰的情况下，需对点灯回路进行检查。

☞ 常见原因

(1)回路中端子螺丝松动。

(2)点灯单元不良。

(3)灯座不良。

案例 6:点同一灯位时点灯电流曲线上升(图 8—10)

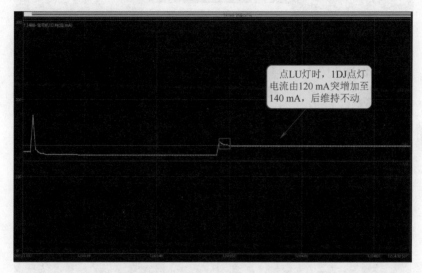

点LU灯时，1DJ点灯电流由120 mA突增加至140 mA，后维持不动

图 8—10　点同一灯位时点灯电流上升

☞ 曲线分析

图 8—10 为信号机在点 LU 灯时,1DJ 点灯电流值在 12 点 03 分明显上升,2DJ 电流值无变化,说明 L 灯回路中的阻抗值发生变化,需对 L 灯回路进行检查。

☞ 常见原因

(1)主灯丝断丝。

(2)回路中配线或电缆线间绝缘不良。

(3)点灯单元不良。

案例 7:USU 时 DJ 电流波动幅度小(图 8—11)

☞ 曲线分析

USU 时 DJ 电流波动幅度小,1U 点灯电路中串联的限流电阻调整不当或其他原因,会造成 1DJ 的灯丝电流下限值过高,无法达到灯丝继电器的释放值;造成开放 USU 信号时信号机错误显示为 UU。

☞ 常见原因

(1)限流电阻过小。

(2)1U 点灯单元不良。

图 8—11　USU 时 DJ 电流波动幅度小

案例8:出站信号机绿灯灯丝电流为 0 mA(图 8—12)

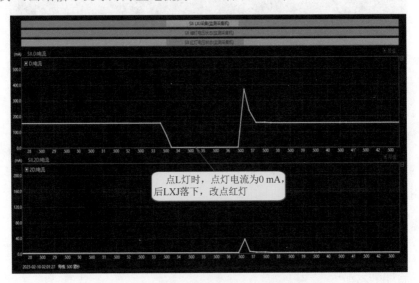

图 8—12　出站信号机 L 灯点灯电流为 0 mA

☞ 曲线分析

图 8—12 中,出站信号机点 L 灯时,灯丝电流为 0 mA,采集到 LXJ 继电器闭合 2 s后,LXJ 落下,信号机改点红灯,信号不能开放。说明此时 L 灯回路存在开路。

☞ 常见原因

(1)灯丝双断。

(2)回路中配线或电缆不良。

(3)点灯单元不良。

第九章 电缆全程对地绝缘分析

第一节 电缆全程对地绝缘分析说明

信号电缆是信号电路中的传输线,直接关系到信号联锁,需要通过电缆对地绝缘电阻的测量,掌握电缆运用质量。

集中监测中电缆绝缘测试是将 500 V 直流高压加至分线盘处电缆芯线上,采用在线测试方法,测出该电缆的对地绝缘电阻。电缆耐压有隐患的(如无法耐压 500 V 的),不纳入集中监测电缆绝缘测试的范围。

电缆绝缘测试的规定如下:

(1)绝缘测试严格按照《维规》规定进行测试。

(2)集中监测绝缘测试界面上增加"天窗点内人工启动"提示,维护人员确认后输入用户名及密码,才能进行绝缘测试。

(3)人工绝缘测试界面如图 9—1 所示。

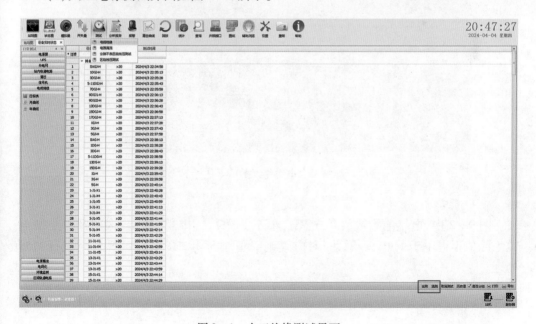

图 9—1 人工绝缘测试界面

点击"全测"或者"选测"按钮,弹出对话框后输入账户及密码可进行绝缘人工自动测试,测试完成后应进行数值浏览,防止集中测试造成绝缘数值不达标,不达标时可进行单测。

由于部分电缆芯线接有防雷设备,为避免测试电压击穿防雷设备,影响信号设备正常使用,在测试前应拔下信号机、站内轨道电路、区间轨道电路发送和接收端防雷元件,站联电缆绝缘测试还需相邻两站同时拔下分线盘及电源屏相关防雷元件。

第二节 典型案例分析

案例1:电缆绝缘数值不达标(图9—2)

电源屏	▼过滤			
UPS	194	214/224GJ-H	>20	2023/11/20 2:12:52
外电网	195	224/252GJ-H	>20	2023/11/20 2:13:07
站内轨道电路	196	236/260GJ-H	>20	2023/11/20 2:13:22
通岔	197	S-LUH	>20	2023/11/20 2:13:37
信号机	198	S-HH	>20	2023/11/20 2:13:52
电缆绝缘	199	S-YBH	>20	2023/11/20 2:14:07
日报表	200	SF-LUH	>20	2023/11/20 2:14:22
月曲线	201	SY-HH	6.30	2023/11/20 2:14:37
年曲线	202	SF-YBH	>20	2023/11/20 2:14:52
	203	SF-HH	>20	2023/11/20 2:15:07
	204	SY-YBH	>20	2023/11/20 2:15:22
	205	SY-LUH	8.30	2023/11/20 2:15:37
	206	XI-LUH	>20	2023/11/20 2:15:52
	207	XI-HBH	16.50	2023/11/20 2:16:07
	208	XII-LUH	>20	2023/11/20 2:16:22
	209	XII-HBH	>20	2023/11/20 2:16:37
	210	X3-LUH	7.90	2023/11/20 2:16:52
	▶211	X3-HBH	0.30	2023/11/20 2:17:07
	212	X4-LUH	>20	2023/11/20 2:17:22
	213	X4-HBH	>20	2023/11/20 2:17:37
	214	X5-LUH	>20	2023/11/20 2:17:52

图9—2 电缆绝缘数值不达标

☞ 分析方法

图9—2中,电缆绝缘数值0.3 MΩ,小于1 MΩ。《维规》规定:区间及各小站电缆绝缘值不得小于1 MΩ。因此,对电缆绝缘值小于1 MΩ的设备要及时进行判断处理。

☞ 常见原因

(1)箱盒进潮。

(2)电缆芯线破皮接地。

(3)箱盒内端子接壳或配线破皮接地。

☞ 特殊情况说明

在电缆全程对地测试中,发现有提速道岔电缆绝缘测试值小于 1 MΩ 时,需查看测试时间前 20 s 内(集中监测自动测试一条电缆对地绝缘的时间)该道岔是否正在动作。因为在道岔动作的同时进行电缆对地绝缘测试,实际测试的是交流 380 V 电源对地绝缘值,而提速道岔启动 380 V 交流电源未经隔离变压器隔离,将导致道岔电缆全程数据不达标,如图 9—3 所示。应在该道岔未扳动时重新对这条电缆对地绝缘进行单测,核实确认。

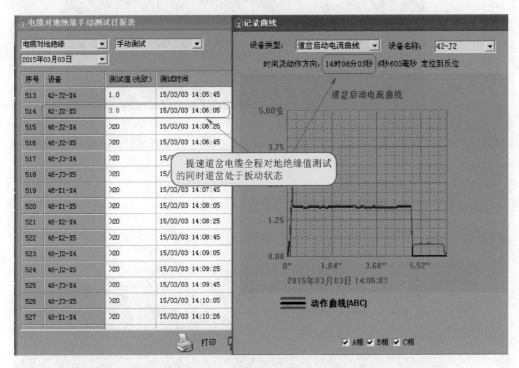

图 9—3　提速道岔电缆全程对地绝缘值测试的同时道岔处于扳动状态

案例 2:电缆绝缘逐日出现下降趋势(图 9—4)

☞ 曲线分析

电缆绝缘数值虽然大于 1 MΩ,但在月曲线上发现该设备电缆绝缘值之前一直大于 20 MΩ,近几日电缆绝缘数值逐渐下降。在电缆绝缘值从大数值缓降或突降到小数值时,虽数值还在大于 1 MΩ 的标准范围内,也应及时分析处理。

☞ 常见原因

箱盒进潮。

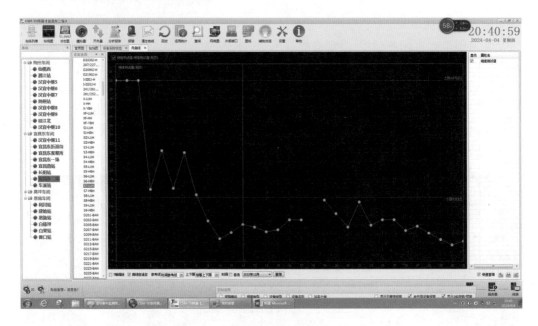

图9—4　电缆绝缘逐日出现下降趋势

案例3：电缆绝缘出现突降后复测可恢复（图9—5）

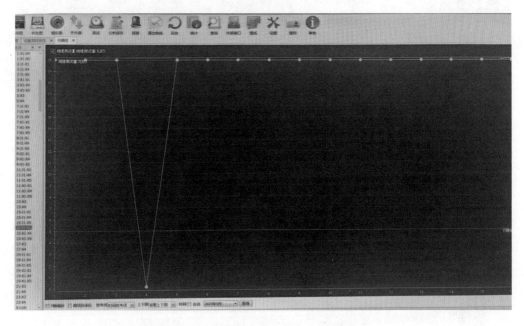

图9—5　电缆绝缘出现突降后复测可恢复

☞ 曲线分析

调阅电缆绝缘月曲线,发现某日测试值接近于 0 MΩ,后续测试恢复。

☞ 常见原因

(1)测试电缆绝缘时,未拔防雷元件。

(2)提速道岔在扳动过程中进行绝缘测试。

案例4:电缆绝缘出现突降(图9—6)

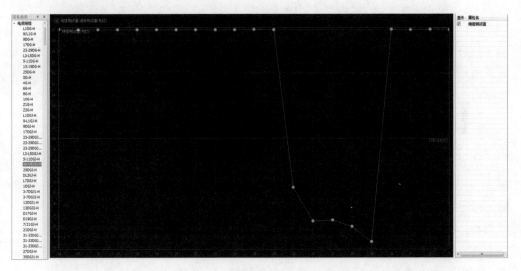

图9—6　电缆绝缘突降后不恢复

☞ 曲线分析

电缆绝缘数值出现突然下降,后续几天均未能恢复正常值。

☞ 常见原因

(1)箱盒进潮。

(2)电缆破损,绝缘性能下降。

第十章　电源曲线分析

第一节　外电网、电源屏、对地漏流原理简介

信号集中监测系统对电源设备的监测主要分为外电网综合质量监测、电源屏输入输出监测、电源对地漏泄电流监测三项,通过监测数据可以有效掌握输入、输出电源的运用质量,在分析中需掌握设备相关知识与标准。

一、外电网、UPS、电源屏输入电源

信号设备用电来源为地方变电站→供电配电所→远动机房(箱变)→信号机械室。电源屏应有两路独立的交流电源供电,常采用一主一备的工作方式,正常情况下应使用可靠性较高的一路电源供电,一路电源故障时能自动切换到另一路电源供电。

外电网经电源屏切换选择后给 UPS 供电,经 UPS 稳压后返回电源屏经相应的隔离、变压后输出至负载。UPS 在主路市电正常时,一方面通过整流器、逆变器给负载在线提供高品质交流电源;另一方面通过整流器为电池充电,将能量储存在电池中。当 UPS 输入断电后,系统自动无间断地切换到电池工作模式,由电池逆变出用户所需的三相四线交流电源向负载供电。UPS 不提供直流、交流转辙机电源。在发现输入电源断电、相序错误等问题时,应立即在电源开关箱区分判断责任单位,进行相应处理。

二、电源屏输出电源

电源屏需提供各种不同信号设备工作所需的电源,因此电源屏输出电源类型有交流电源、直流电源、25 Hz 轨道电源等,其电压值也有所不同。但不论何种输出电源,正常工作时其电压、频率、负载电流等电气特性均应符合《维规》的规定,且稳定无突变,各路电源输出电流数值应不大于其规定的最大负荷电流。通过查看日曲线就能直观地发现电源的质量问题。

外电网至电源屏输出连接示意如图 10—1 所示。

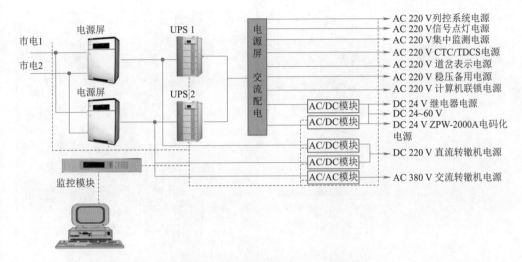

图 10—1　外电网至电源屏输出连接示意

三、输出电源对地漏泄电流

集中监测具有输出电源对地漏泄电流测试功能,测试点为电源屏隔离输出的电源电缆。包括信号机电源、轨道电源、道岔动作电源、道岔表示电源、闭塞电源、联锁电源、列控电源、CTC/TDCS 电源、集中监测电源、电码化电源、稳压备用电源等交直流电源。其中电源屏输入和不稳压备用为非隔离电源,不测漏流。

正常情况下,有负载时直流电源对地漏流不大于 1 mA;交流两极对地电压之比不大于 3,有隔离变压器交流电源的对地电流应不大于 20 mA。

电源对地漏泄电流的规定如下:

(1)电源对地漏泄电流测试严格按照《维规》规定进行测试。

(2)集中监测电源对地漏泄电流测试界面上提示"天窗点内人工启动",维护人员确认后输入用户名及密码,才能进行绝缘测试。

第二节　信号集中监测系统采集原理简介

一、外电网综合质量监测

外电网综合质量采集设备为外电网质量监测箱,能监测外电网输出相电压、线电压、频率、相位角、电流、功率等信息。外电网质量采集设备分电压和电流两部分,电压采集点在配电箱闸刀外侧;电流采集采用非接触式的开口式电流传感器,与设备不直接接触,采集外电网配电箱闸刀内侧至电源屏输入之间的电流。

外电网监测采集示意如图 10—2 所示。

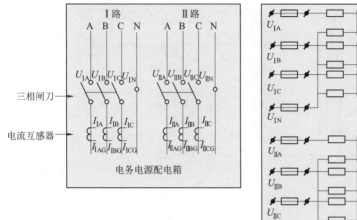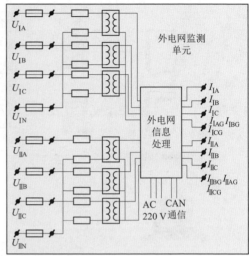

图 10—2　外电网监测采集示意

1. 采样周期

（1）断相、错序、瞬间断电报警的采样周期为 50 ms；

（2）电压、电流采样周期为 250 ms；

（3）瞬时断电波形采集周期小于或等于 2.5 ms。

2. 报警逻辑

（1）输入电压与额定电压的差值大于额定电压值的 15% 或小于额定电压值的 20% 时报警并记录；

（2）输入电压低于额定电压值的 65%，时间超过 1 000 ms 时断相及断电报警并记录；

（3）输入电压低于额定电压值的 65%，时间超过 140 ms，但不超过 1 000 ms 时瞬间断电报警并记录故障波形；

（4）对于三相（380 V）输入电源，相序错误时错序报警并记录。

为方便日常巡视和报警分析，在日曲线中采用每秒打点 1 次和报警曲线在故障点前后的静态有效值曲线每秒打点 50 次，这样可以结合日曲线和故障报警曲线发现瞬间波动变化。

二、电源屏接口数据

1. UPS

UPS 监控单元对输入输出相电压、相电流以及旁路相电压进行直采，通过电池巡检仪接口获取各电池组电压、电流、后备时间，单节电池电压、温度、内阻等信息。UPS 监控单元与智能电源屏监控单元接口，各类采集数据经智能电源屏传递给集中监测。

2. 电源屏

集中监测与智能电源屏接口，获取电源屏输入输出电压、电流，25 Hz 电源输出相位角、频率等信息。

3. 电池模拟量分析参考值

(1)电池电压:在浮充状态下电压约 13.5 V,大于 14 V 时需重点关注、人工测试;放电状态下电压约 12.5 V,放电过程中电压下降速度较同组其他电池明显变快时需重点关注、人工测试,短时间内下降至 10.8 V 及以下时,该电池可能失效。

(2)电池内阻:不同容量电池的内阻值不同,集中监测分析时可将同组电池内阻值作为参考,主要考量内阻值的一致性,超出其他电池内阻值的 2 倍及以上时需重点关注、人工测试。

三、电源对地漏泄电流采集

电源对地漏泄电流采集配线必须从电源屏自身设置的保险或空开隔离输出后级端子上采集,并通过集中监测系统在监测机柜(或接口柜)设置的 0.3 A 熔丝隔离后再进入漏流测试组合。

第三节　典型案例分析

案例 1:漏流测试数据变化(图 10—3、图 10—4)

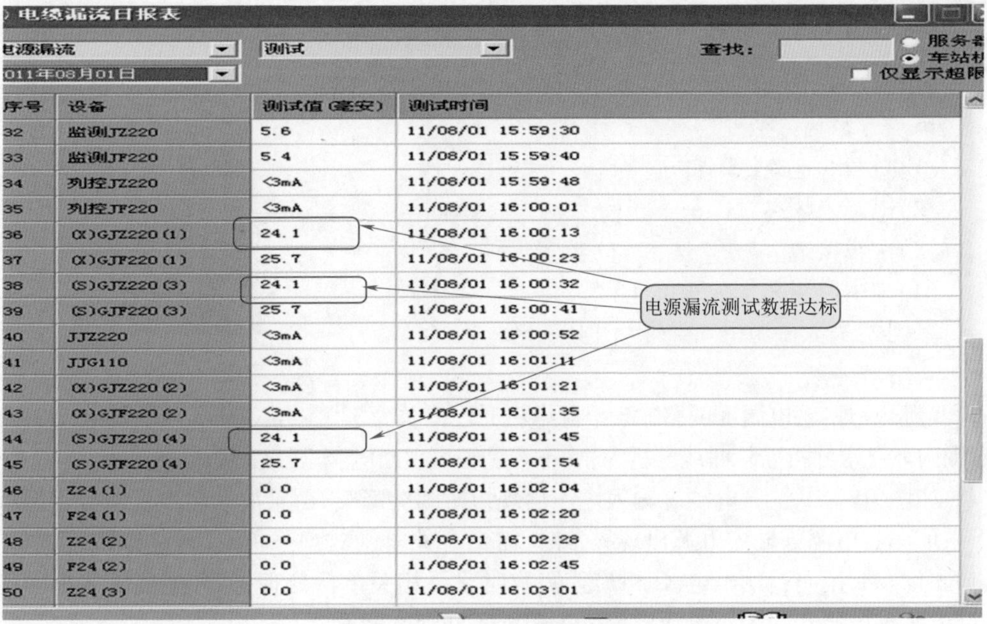
电缆漏流日报表
电源漏流　测试　查找:　服务者　车站机
011年08月01日　仅显示超限

序号	设备	测试值(毫安)	测试时间
32	监测JZ220	5.6	11/08/01 15:59:30
33	监测JF220	5.4	11/08/01 15:59:40
34	列控JZ220	<3mA	11/08/01 15:59:48
35	列控JF220	<3mA	11/08/01 16:00:01
36	(X)GJZ220(1)	24.1	11/08/01 16:00:13
37	(X)GJF220(1)	25.7	11/08/01 16:00:23
38	(S)GJZ220(3)	24.1	11/08/01 16:00:32
39	(S)GJF220(3)	25.7	11/08/01 16:00:41
40	JJZ220	<3mA	11/08/01 16:00:52
41	JJG110	<3mA	11/08/01 16:01:11
42	(X)GJZ220(2)	<3mA	11/08/01 16:01:21
43	(X)GJF220(2)	<3mA	11/08/01 16:01:35
44	(S)GJZ220(4)	24.1	11/08/01 16:01:45
45	(S)GJF220(4)	25.7	11/08/01 16:01:54
46	Z24(1)	0.0	11/08/01 16:02:04
47	F24(1)	0.0	11/08/01 16:02:20
48	Z24(2)	0.0	11/08/01 16:02:28
49	F24(2)	0.0	11/08/01 16:02:45
50	Z24(3)	0.0	11/08/01 16:03:01

图 10—3　电源漏流测试数据达标

☞ 分析方法

现场按规定周期,在天窗时间内人工启动信号集中监测设备的电源屏输出电源对地漏泄电流测试,形成报表。可采用曲线分析的方式,发现电源对地漏流数值明显增大或超标时,及时进行处理。

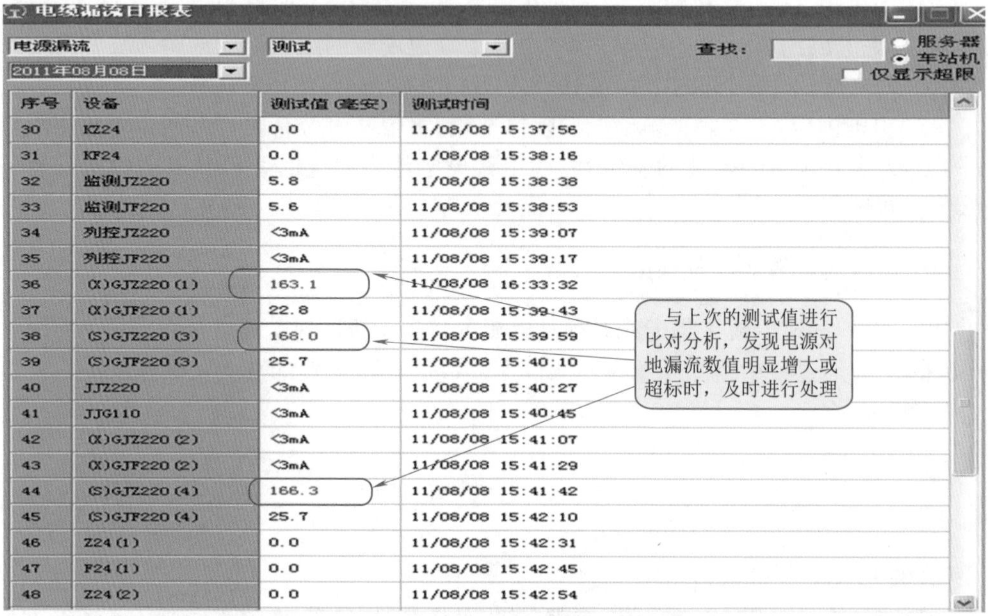

序号	设备	测试值(毫安)	测试时间
30	KZ24	0.0	11/08/08 15:37:56
31	KF24	0.0	11/08/08 15:38:16
32	监测JZ220	5.8	11/08/08 15:38:38
33	监测JF220	5.6	11/08/08 15:38:53
34	列控JZ220	<3mA	11/08/08 15:39:07
35	列控JF220	<3mA	11/08/08 15:39:17
36	(X)GJZ220(1)	163.1	11/08/08 16:33:32
37	(X)GJF220(1)	22.8	11/08/08 15:39:43
38	(S)GJZ220(3)	168.0	11/08/08 15:39:59
39	(S)GJF220(3)	25.7	11/08/08 15:40:10
40	JJZ220	<3mA	11/08/08 15:40:27
41	JJG110	<3mA	11/08/08 15:40:45
42	(X)GJZ220(2)	<3mA	11/08/08 15:41:07
43	(X)GJF220(2)	<3mA	11/08/08 15:41:29
44	(S)GJZ220(4)	166.3	11/08/08 15:41:42
45	(S)GJF220(4)	25.7	11/08/08 15:42:10
46	Z24(1)	0.0	11/08/08 15:42:31
47	F24(1)	0.0	11/08/08 15:42:45
48	Z24(2)	0.0	11/08/08 15:42:54

图 10—4 电源漏流测试数据超标

如图 10—3、图 10—4 所示,通过测试数据比对,发现多束轨道电源对地电流变大超标。

☞ 常见原因

(1)负载对地绝缘不良。

(2)电源未隔离。

(3)配线接地。

(4)集中监测采集配线接地。

案例 2:输入电源电压突变(图 10—5)

☞ 曲线分析

《维规》规定,电源屏两路输入电源电压允许偏差为 380 V(220 V)(+15% ~ −20%)范围内。日常分析以日曲线分析为主,查看是否出现断电、电压波动超标现象。

如图 10—5 所示,电源屏输入电压出现短时间突降突升,且波动时电压已低于标准下限值。在电源屏输入电源出现异常时,需结合外电网数据分析。如外电网输入电压也同时波动,说明是供电电源不稳定,需及时联系相关单位处理;如外电网输入电压正常,说明是电源开关箱至电源屏输入电源端子间存在问题。

☞ 常见原因

(1)外电网输入电源不良。

(2)输入电源至电源屏间通道(含闸刀、空气开关、接线端子等)接触不良。

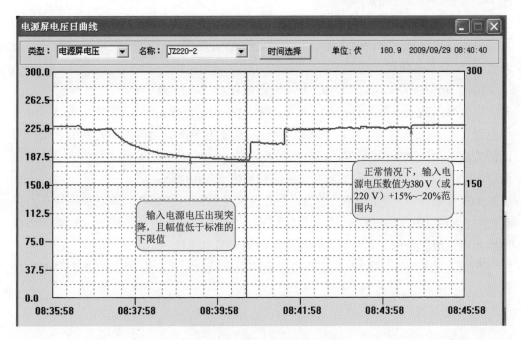

图 10—5　输入电源电压突变

案例 3：输出电源电压突变（图 10—6）

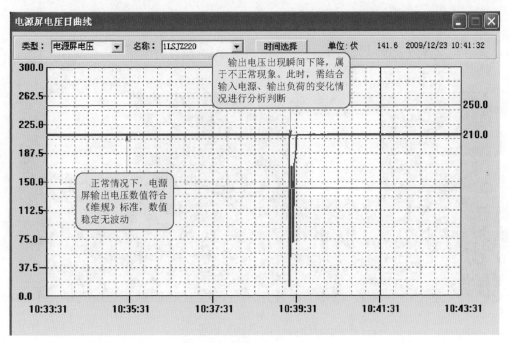

图 10—6　输出电源电压突变

☞ 曲线分析

电源输出电压正常情况下应稳定无波动。如出现超出《维规》规定范围的异常波动时,需结合具体情况分析。

如图10—6所示,该站1LSJZ220 V电源电压出现突降为0 V的现象,短时间后恢复。需先判断输入电源是否正常,《维规》规定:主副电源切换时,除采用续流技术的直流电源、25 Hz交流电源应保证不间断供电外,其他电源可能会出现瞬间断电现象。因此需先通过回放判断,如果为主副电源切换导致输出电源断电,则需查找主副电源切换的原因,如非人工手动切换,通常是由外电网断电、缺相引起。

如果排除是输入电源问题,还需判断负载变化情况。智能电源屏电源模块在负载超标时,会对电源模块进行保护,即模块停止工作,不再输出电压。可以通过查看该电源输出电流值来分析是否负载超标导致电源瞬间断电保护。

在无上述外界原因影响时,应重点检查该电源模块工作是否正常,必要时及时更换模块。

☞ 常见原因

(1)主副电源切换。

(2)输出超负荷导致电源模块保护。

(3)电源模块不良。

案例4:外电网相序错序造成道岔空转(图10—7)

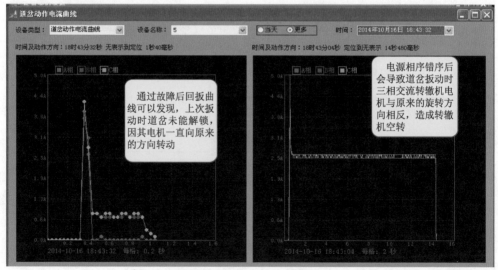

(a)

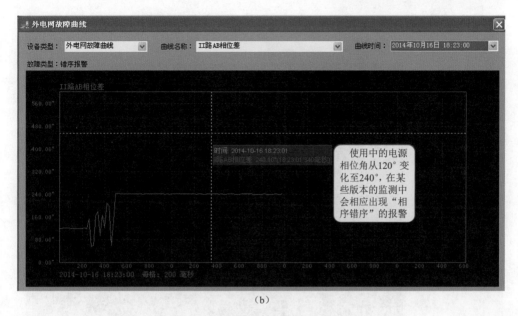

设备类型: 外电网故障曲线 　曲线名称: II路AB相位差 　曲线时间: 2014年10月16日 18:23:00

故障类型: 错序报警

II路AB相位差

使用中的电源相位角从120°变化至240°，在某些版本的监测中会相应出现"相序错序"的报警

时间 2014-10-16 18:23:01

2014-10-16 18:23:00　每格: 200 毫秒

（b）

图10—7　外电网相序错序造成道岔空转

☞ 曲线分析

外电网三相电源的 U_{AB}、U_{BC}、U_{CA} 三相间的相位角应为 120°时,说明三相电源相序正常。如图 10—7 所示,使用中的电源出现相序错序,会造成三相交流转辙机道岔在扳动时电机反转,道岔空转断表示,此时查看信号集中监测上会有"相序错序"报警,外电网模拟量中正在使用的电源相位角从 120°变化至 240°。

☞ 常见原因

外电网相序错。

案例 5：外电网 Ⅰ、Ⅱ 路同时波动（图 10—8）

☞ 曲线分析

18:15 开始,集中监测外电网曲线显示 Ⅰ 路 B 相电压由 247.5 V 突降为 109.7 V,电流由 19 A 突升为 60 A,同一时间 Ⅱ 路 B 相电压由 245.2 V 突升为 405.9 V,电流由 0 A 突升为 58.6A,Ⅰ、Ⅱ 路同时出现波动,后同步断电。上文提到了信号设备用电来源为地方变电站→供电配电所→远动机房(箱变)→信号机械室;而供电部门电压电流监测点在断路器前端,即各单位负载共用回路中,故不能准确判断信号电源是否送达信号机械室防雷电源箱。针对外电网停电造成的"外电网输入电源断电断相、电气特性超限报警"报警信息,分析思路为:①两路电停电发生时间不重合时,外电网故障的概率较大。②两路电停电发生时间完全一致时,不能排除信号负载(电源设备)故障。

☞ 常见原因

信号负载短路。

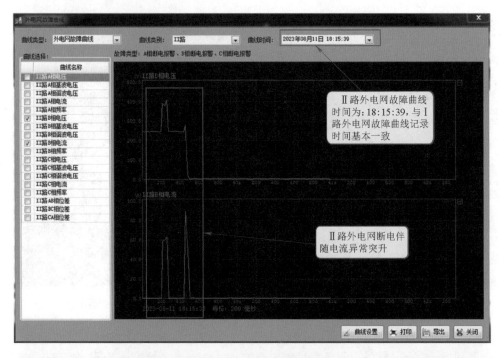

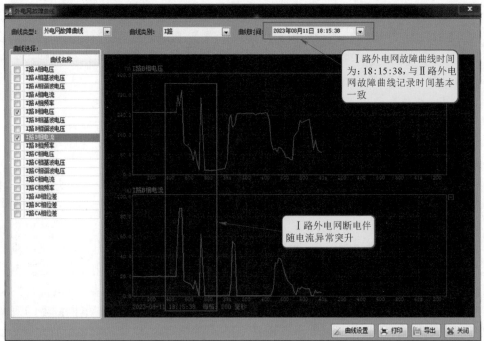

图 10—8   外电网 I 、II 路同时波动造成全站信号设备停电

案例 6：UPS1 输出断电（图 10—9）

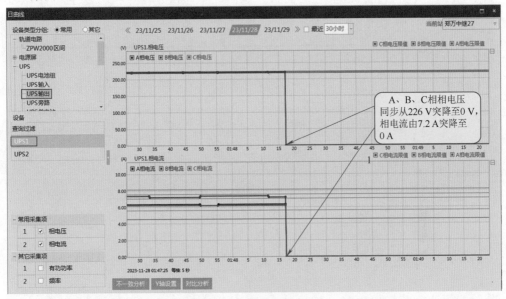

图 10—9　UPS1 输出断电

☞ 曲线分析

UPS1 相电压、相电流在 1:48:30 时 A、B、C 相相电压同步从 226 V 突降至 0 V，相电流由 7.2 A 突降至 0 A，UPS1 输入电压正常，电流降低，同时 UPS2 输出电流升高（图 10—10），且监测报警中 UPS1 电压、电流超正常下限，UPS2 电流超正常上限。判断为 UPS1 不良。

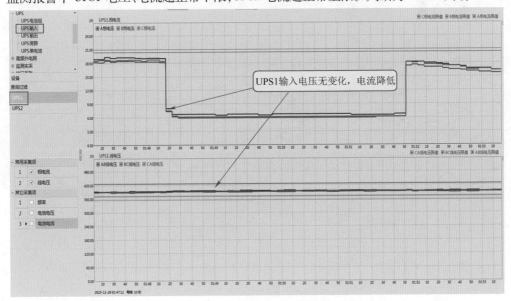

（a）

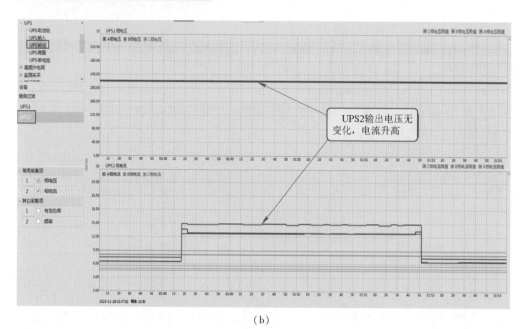

（b）

图 10—10　UPS1 输入电压、UPS2 输出电压无变化

☞ 常见原因

（1）UPS1 输出断路器故障。

（2）UPS1 稳压模块故障。

（3）UPS1 输出通道断线。

案例 7：UPS 双路输入断电（图 10—11）

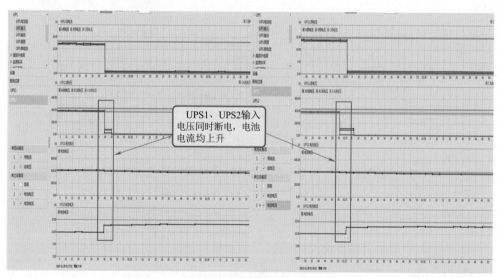

图 10—11　UPS1、UPS2 输入电压同时断电

☞ 曲线分析

　　UPS1、UPS2 输入同时断电，UPS1、UPS2 电池电流均上升，后备时间同步缓慢下降，查看外电网监测数据正常，判断为 UPS1、UPS2 公共输入部分故障。

☞ 常见原因

（1）电源屏切换板故障。

（2）电源屏切换板至 UPS 输入公用通道故障。

案例 8：外电网主用电流突降（图 10—12、图 10—13）

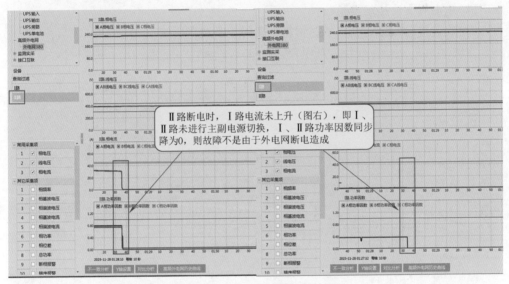

图 10—12　外电网主用电流突降

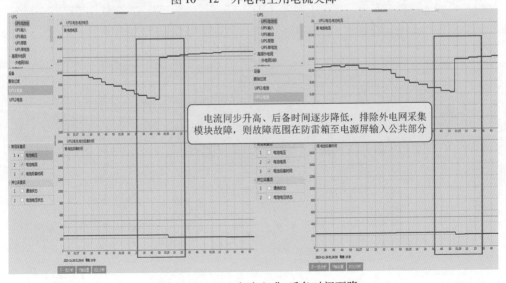

图 10—13　UPS 电流上升、后备时间下降

☞ 曲线分析

外电网Ⅱ路为主用(图10—12左),Ⅱ路断电时,Ⅰ路电流未上升(图10—12右),说明Ⅰ、Ⅱ路未进行主副电源切换,Ⅰ、Ⅱ路功率因数同步降为0,则故障不是由于外电网断电造成,调看UPS电流及后备时间(图10—13),发现电流同步升高、后备时间逐步降低,排除外电网采集模块故障,则故障范围在防雷箱至电源屏输入公共部分。

☞ 常见原因

(1)电源屏交流接触器抢吸。

(2)交流接触器接点粘连或防雷箱两路输入断路器跳闸。

案例9:蓄电池检测模块2断电(图10—14)

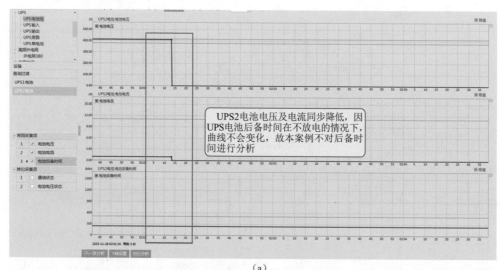

(a)

(b)

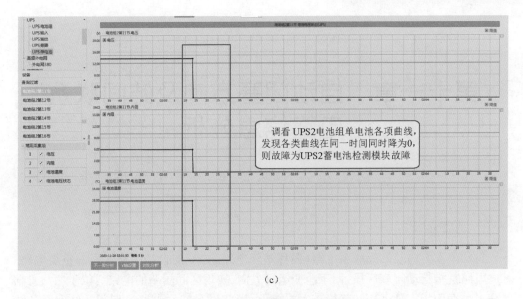

（c）

图 10—14　蓄电池检测模块 2 断电

☞ 曲线分析

本案例中 UPS2 电池电压及电流同步降低,因 UPS2 电池后备时间在不放电的情况下,曲线不会变化,故本案例不对后备时间进行分析。同步调看 UPS2 输入曲线,输入电压、电流无变化,排除 UPS2 输入通道故障;调看 UPS2 输出曲线,输出电压、电流无变化,说明 UPS2 设备正常,判断为监测问题;调看 UPS2 电池组单电池各项曲线,发现各类曲线在同一时间同时降为 0,则故障为 UPS2 蓄电池检测模块故障。

☞ 常见原因

（1）蓄电池检测模块掉电。

（2）蓄电池检测模块死机。

（3）蓄电池检测模块通信中断。

第十一章 自动闭塞方向及站间联系电路信息分析

第一节 自动闭塞方向及站间联系电路原理简介

一、原理介绍

自动闭塞方向及站间联系电路(简称站联电路)是双向自动闭塞区段的重要电路。方向电路是指自动闭塞区段,用于改变运行方向,实现区间闭塞的电路。位于两站管辖区分界处两侧闭塞分区要相互检查对方条件,因此设置站联电路。相邻两站间每条线设置一套方向及站联电路。本章中以普速铁路四线制方向电路和最高码序为绿码的站联电路为例,进行分析说明。

二、自动闭塞方向和站联电路特点及技术标准

1. 方向电路特点及技术标准

(1)当一站为接车方向,另一站为发车方向时,接车站 FJ1、FJ2 吸起,发车站 FJ1、FJ2 落下。

(2)方向电路的 1 线(FQ)、2 线(FQH)为方向回路线,正向时有 1 线正 2 线负的常态电压,如有电缆断线,发车站接收不到电压,影响改变方向操作。3 线(JQ)、4 线(JQH)为监督区间回路线,区间空闲且未开放列车出发信号有 3 线正 4 线负的常态电压。

(3)办理改变方向时,方向电路的方向回线电流应大于 35 mA(JYXC-270 型继电器转极值 20~32 mA),调整方向电源即可调整回路电流。

(4)方向电路的 3 线、4 线应保证接收端电压 24 V 左右(JWXC-H340 型继电器工作值 11.5 V),调整监督电源即可调整。

2. 站联电路特点及技术标准

(1)站联电路中区间正方向运行时,接车站向发车站提供集中区相邻三个区段的轨道空闲/占用状态和集中区信号机灯丝状态,用于发车站集中区区段的编码电路。

如图 11—1 所示,站联 ZL-1/2 电路由接车站向发车站送电,同时利用接车站集中区区段电路组合内的 1GJ、DJF 继电器接点来控制发车站 2GJ、DJ(邻)继电器状态;站

联 ZL-3/4 电路由接车站向发车站送电,同时利用接车站集中区区段 2GJ、QGJF 继电器接点来控制发车站 3GJ、QGJ(L 邻)继电器状态;区间反方向运行时,反向接车站向发车站提供集中区相邻一个区段的轨道空闲/占用状态,用于反向发车站集中区区段的室内发送通道电路。站联 ZL-5/6 电路由发车站向接车站送电,同时利用发车站集中区段 QGJ 继电器接点来控制接车站 QGJ(J 邻)继电器状态。

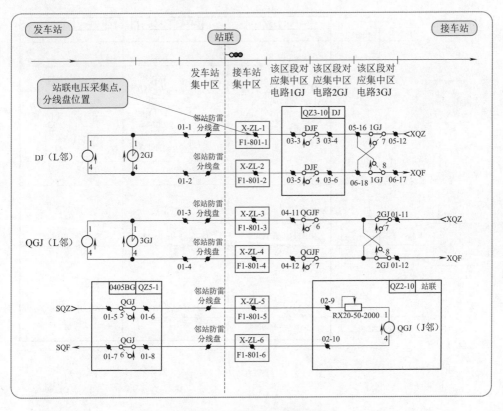

图 11—1　站联电压采样示意

(2)发车站 2GJ、3GJ 为偏极继电器,站联电源极性决定继电器的工作状态。

第二节　信号集中监测系统采集原理简介

自动闭塞方向及站联电路监测内容:站间联系线路电压、自闭方向电路电压、区间监督电压;

采集点:分线盘;

监测量程:DC ± (0 ~ 200)V;

测量精度:±1%;

测试方式:站机周期巡测(周期小于或等于 1 s),变化测;

采样周期:250 ms。

站联电路监测点示意如图 11—1 所示,自闭方向电路电压、区间监督电压示意如图 11—2 所示。

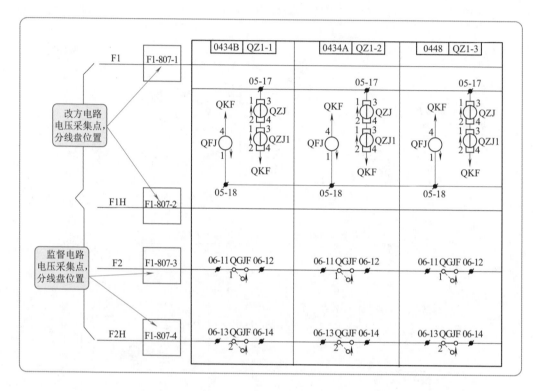

图 11—2　方向电压采样示意

第三节　自动闭塞方向及站联电路正常曲线分析

要通过曲线分析发现设备异常,必须掌握改方前后正常情况下各监测点的数据曲线及列车正常行驶下各监测点的数据曲线。下面对日常分析中常用的电压曲线进行介绍。

1. 接车站改方电压正常变化曲线(图 11—3)

如图 11—3 所示,正向接车站 X 口办理改方过程正常的电压变化曲线,T_0 段改方前由接车站送电,电压基本稳定不变;T_1 段改方完成后电压由原发车站送电,基本稳定不变;T_2 段改方恢复后电压继续由接车站送电,基本稳定不变。

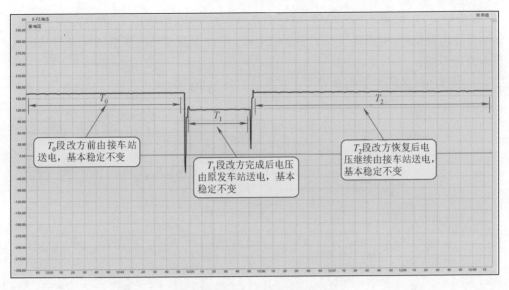

图 11—3　区间改方电压正常曲线

2. 监督电压改方前后正常曲线分析(图 11—4)

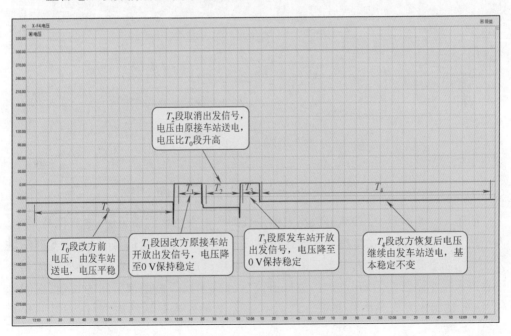

图 11—4　改方过程区间监督电压正常曲线

如图 11—4 所示,正向接车站 X 口办理改方过程监督正常的电压变化曲线,T_0 段改方前电压由发车站送电,电压平稳;T_1 段因改方原接车站开放出发信号,电压降至

0 V 保持稳定；T_2 段取消出发信号，电压由原接车站送电，电压比 T_0 段升高；T_3 段原发车站开放出发信号，电压降至 0 V 保持稳定；T_4 段改方恢复后电压继续由发车站送电，基本稳定不变。

3. 相邻两站区间监督电压过车正常曲线对比分析（图 11—5）

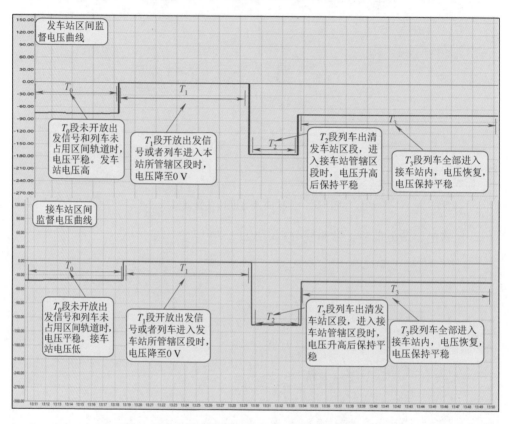

图 11—5　相邻两站区间监督电压过车正常曲线对比

如图 11—5 所示，T_0 段未开放出发信号且列车未占用区间轨道时，电压保持平稳。发车站为送电端，此时发车站电压比接车站高。T_1 段开放出发信号时起，或者列车进入发车站所管辖区段时，电压降至 0 V 后保持平稳。T_2 段列车出清发车站管辖闭塞分区且进入接车站管辖闭塞分区时，电压升高后保持平稳。根据该区间的长短，区间越长，接车站相比发车站电压越低。T_3 段列车完全进入接车站站内，电压恢复并保持平稳。

4. 站联电压通过列车正常曲线分析（图 11—6）

（1）如图 11—6（上）所示，T_0 段 ZL-1/2 列车未进入接车站集中区前方 1 个闭塞分区，电压平稳。T_1 段列车进入接车站集中区前方 1 个闭塞分区时，T_1 段电压极性相反，电压保持平稳。T_2 段列车出清接车站集中区前方 1 个闭塞分区时，T_2 段电压极性恢复，电压保持平稳。

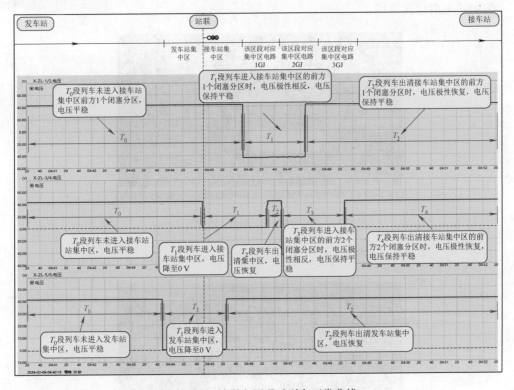

图 11—6 站联电压通过列车正常曲线

（2）如图 11—6（中）所示，T_0 段 ZL-3/4 列车未进入接车站集中区，电压平稳。T_1 段列车进入接车站集中区，T_1 段电压将至 0 V。T_2 段列车出清接车站集中区，T_2 段电压恢复。T_3 段列车进入接车站集中区的前方 2 个闭塞分区时，T_3 段电压极性相反，电压保持平稳。T_4 段列车出清接车站集中区的前方 2 个闭塞分区时，T_4 段电压极性恢复，电压保持平稳。

（3）如图 11—6（下）所示，T_0 段 ZL-5/6 列车未进入发车站集中区，电压平稳。T_1 段列车进入发车站集中区，T_1 段电压将至 0 V，电压保持平稳。T_2 段列车出清发车站集中区，T_2 段电压恢复。

第四节 典型案例分析

案例 1：站间分割点接近信号机显示突变（绿灯突变为黄灯）（图 11—7）

☞ 曲线分析

如图 11—7 所示，此时区间无列车占用，1042 信号机应亮绿灯却突变成黄灯。从曲线上看,XN-ZL3/4电压突降至0 V,说明站联电路存在问题。此时可调看邻站(接车站)站联 S-ZL3/4电压进一步判断,若电压升高则判断为电缆外线开路,若无电压则判断为邻站室内电路故障。

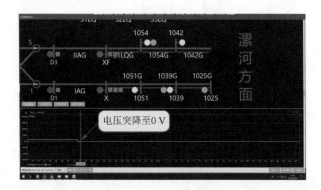

图11—7　信号机显示突变时站联电压曲线

案例2:站间分割点接近信号机显示突变(绿灯突变为绿黄灯)(图11—8)

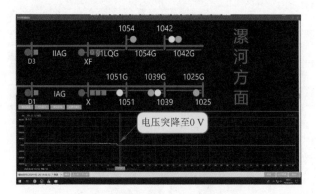

图11—8　信号机显示突变时站联电压曲线

☞ 曲线分析

如图11—8所示,此时区间无列车占用,1042信号机应亮绿灯却突变成绿黄灯。从曲线上看,XN-ZL1/2电压突降至0 V,说明站联电路存在问题。此时可调看邻站(接车站)站联 S-ZL1/2电压进一步判断,若电压升高则判断为电缆外线开路,若无电压则判断为邻站室内电路故障。

案例3:区间空闲且未排列发车进路,控制台监督区间灯亮红灯(图11—9)

☞ 曲线分析

如图11—9所示,从曲线上看,区间监督电压降低至0 V,说明区间监督电路存在问题。

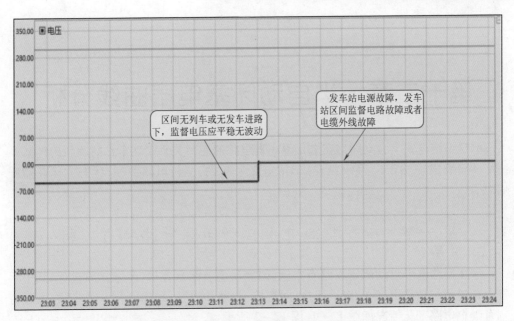

图 11—9 监督区间灯亮红灯时电压曲线

☞ 常见原因

(1)发车站电源故障。

(2)发车站区间监督电路故障。

(3)电缆外线故障。

第十二章　半自动闭塞电压曲线分析

64D 型继电式半自动闭塞是利用继电器电路的逻辑关系实现车站间联系的闭塞系统。本章将发车站定义为 A 站,接车站定义为 B 站,分析电路原理、状态变化及监测信息。

第一节　64D 型继电半自动闭塞电路状态分析

64D 型继电半自动闭塞电路有空闲、闭塞状态及闭塞办理、闭塞复原过程,其中闭塞办理过程包括请求发车、自动回执、同意接车、通知出发、到达复原 5 个步骤,办理流程及继电电路变化情况如图 12—1、图 12—2 所示。

发车站（A 站）	接车站（B 站）
1. 车站值班员用闭塞电话向接车站请求发车	
	2. 车站值班员电话同意接车
3. 按一下闭塞按钮,发车表示灯亮黄灯,电铃鸣响	
	4. 接车表示灯亮黄灯,电铃鸣响
	5. 按一下闭塞按钮,接车表示灯由黄变绿
6. 发车表示灯变由黄变绿,电铃鸣响,车站值班员在发车进路准备妥当后开放出站信号机发车	
7. 列车发出进入发车轨道电路区段,出站信号机自动关闭,发车表示灯由绿变红	
	8. 接车表示灯由绿变红,电铃鸣响。在进路准备妥当后,开放进站信号机接车
	9. 列车进入接车轨道电路区段,接车表示灯和发车表示灯均亮红灯
	10. 确认列车整列到达后,关闭进站信号机,拉一下闭塞按钮,接车表示灯和发车表示灯均熄灭
11. 发车表示灯红灯熄灭,电铃鸣响	
	12. 通知邻站列车到达时刻,办理区间开通手续

图 12- 1　64D 型继电半自动闭塞正常办理程序

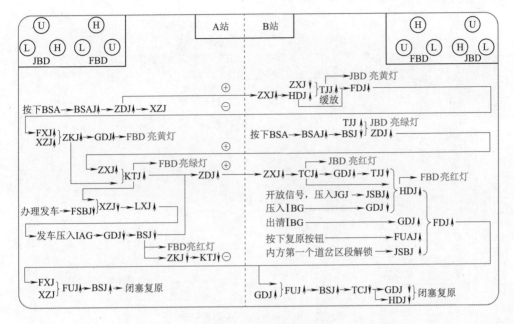

图12—2 继电电路动作程序

第二节 信号集中监测系统采集原理简介

信号集中监测对半自动闭塞的监测主要有闭塞外线电压、电流,闭塞电源(硅整流输出电压)。可以通过对采集信息的实时值及历史记录曲线比对分析,掌握设备运用状态,研判电路故障范围。

做好半自动闭塞的监测分析需掌握相关技术信息:

(1)半自动闭塞在办理接发车流程中,半自动闭塞电源经过半自动继电电路条件,通过传输通道向邻站传输正负电压信号。平时未办理闭塞时,线路继电器电路被切断,电路中不存在电压与电流。

(2)半自动闭塞电源应使对方站的线路继电器得到不小于其工作值120%的电压,回路中 ZXJ、FXJ 均为 JPXC-1000 型继电器(工作电压不大于 16 V,反向不吸起电压不小于 200 V)。

半自动闭塞采集原理如图12—3所示,电压采集位置可选在分线盘端子上,也可选在组合架侧面的输出点上;电流采集位置为组合架侧面至分线盘的发送端,将 ZDJ 接点至侧面组合架的配线经电流互感器穿芯后接回原侧面。如果半自动闭塞电源由组合内部的硅整流器提供时,需采集硅整流器的输出电压。

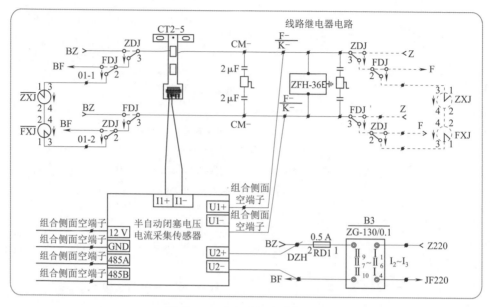

图 12—3　半自动闭塞采集原理

第三节　半自动闭塞正常曲线分析

图 12—4 为半自动闭塞办理流程电压电流曲线,正常情况下,一个完整流程,半自动

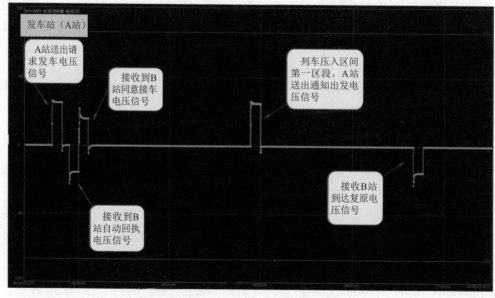

(a)

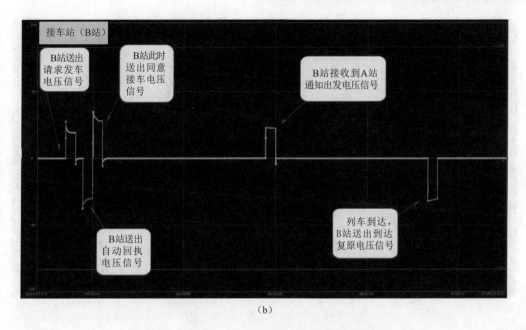

（b）

图12—4 发、接车站半自动闭塞线路继电器回路电压

闭塞电压有3正（请求发车、同意接车、通知出发）2负（自动回执、到达复原），共5个电压信号出现。观察半自动闭塞脉冲电压的变化更直观，更容易判断半自动闭塞线路的状态良好与否。

如图12—4所示，其中本站送出的电压较高，接收邻站的电压较低。为保证线路继电器可靠励磁，接收的电压不应低于38.4 V。

第四节 典型案例分析

案例1：硅整流器电压降为0 V（图12—5）

☞ 曲线分析

如图12—5所示，当硅整流器电压下降或为0 V时，会影响本站送出的电压，不影响接收邻站的电压。

☞ 常见原因

（1）电源屏模块不良/硅整流器不良。

（2）电源至硅整流器回路不良。

图 12—5　硅整流器电压降为 0 V

案例 2：办理闭塞时发车站闭塞外线电压一直为 0 V（图 12—6）

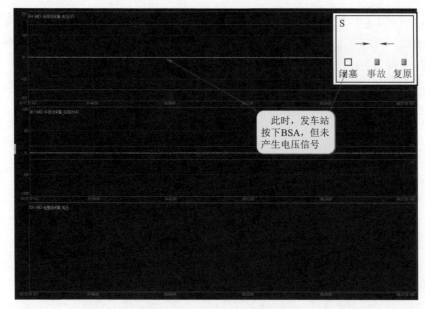

图 12—6　办理闭塞时发车站闭塞外线电压一直为 0 V

☞ 曲线分析

A 站办理闭塞不成功，通过监测回放，发现发车站按下闭塞按钮后，发车站的半自动闭塞外线电压一直为 0 V，查看硅整流器电压一直正常，外线电流一直为 0 A，说明室内电路不良。

☞ 常见原因

（1）ZDJ 继电器接点至外线电压采集点之间线路不良。

（2）ZDJ 继电器不良。

（3）BSAJ 电路故障。

案例 3： 办理闭塞时接车站外线电压一直为 0 V（图 12—7）

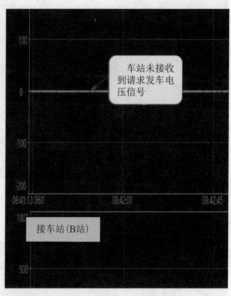

图 12—7　办理闭塞时接车站外线电压一直为 0 V

☞ 曲线分析

A、B 站办理闭塞不成功，通过监测分析，发现发车站（A 站）按下闭塞按钮后，A 站的外线已送出正电压，但是接车站（B 站）外线电压一直为 0 V，说明 A、B 站间闭塞外线不良。

☞ 常见原因

（1）光电转换模块故障。

（2）闭塞外线不良。

（3）通信通道中断。

案例 4： 办理闭塞时接车站闭塞外线电压超过正常值（图 12—8）

☞ 曲线分析

A、B 站办理闭塞不成功，通过监测分析，发现发车站（A 站）按下闭塞按钮后，A 站的外线已送出正电压，但是接车站（B 站）外线电压超过正常值（接近发车站送出电压），说明 B 站室内接收通道或继电器不良。

☞ 常见原因

（1）B 站继电器不良。

（2）B 站采集点后通道不良。

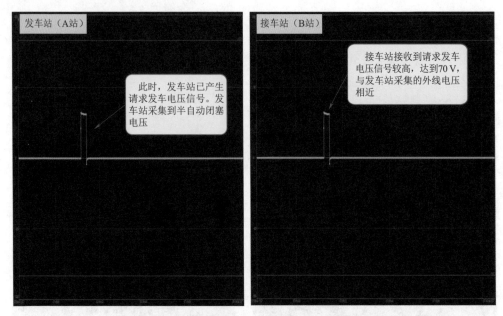

图 12—8　办理闭塞时接车站闭塞外线电压超过正常值

案例 5:办理闭塞时接车站未发送自动回执电压(图 12—9)

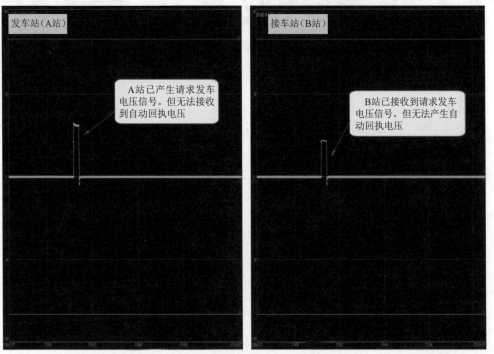

图 12—9　办理闭塞时接车站未发送自动回执电压

☞ 曲线分析

A、B 站办理闭塞不成功，通过监测分析，发现发车站（A 站）按下闭塞按钮后，A 站的外线已送出正电压，接车站（B 站）接收到请求发车信号电压正常，但 B 站未发送自动回执信号负电压，查看 B 站硅整流电压正常，说明 B 站室内继电电路故障。

☞ 常见原因

（1）FDJ 电路不良。

（2）HDJ 励磁回路不良。

小结：在办理闭塞、发接列车的全过程，闭塞外线应采集到有规律且幅值正常的电压电流信号，任一环节发生故障，都会反映在闭塞外线信号上，可结合操作过程回放及半自动闭塞电路原理进行分析。

第十三章　区间占用逻辑检查信息分析

第一节　区间占用逻辑检查功能简介

区间占用逻辑检查功能是指通过对采集信息的逻辑运算或者继电电路的搭建,使列车在区间运行实现运行逻辑检查,并在失去分路后产生红光带(或红黄码),防止后续列车进入失去分路区段的安全防护措施,分为列控中心区间占用逻辑检查、QJK 型区间占用逻辑检查、继电式区间占用逻辑检查三种类型。三者均在信号集中监测中显示,通过调看分析集中监测能够为判断故障性质、快速应急处置提供重要参考。三种类型区间占用逻辑检查共同点简介如下。

1. 区间占用逻辑检查设备根据列车占用、出清闭塞分区的顺序关系及区间闭塞方向,对区间闭塞分区的状态进行逻辑判定。

2. 区间轨道电路共有 2 种设备状态,即空闲、占用。

3. 闭塞分区共有 4 种逻辑状态。

空闲状态:表示列车未占用该闭塞分区、且该闭塞分区轨道电路所反映的线路状态为空闲。

正常占用状态:表示列车占用该闭塞分区、且该闭塞分区轨道电路所反映的线路状态为占用。

故障占用状态:表示列车未占用该闭塞分区、但该闭塞分区轨道电路所反映的线路状态为占用。

失去分路状态:表示列车占用该闭塞分区、但该闭塞分区轨道电路所反映的线路状态为空闲。

4. 区间占用逻辑检查以闭塞分区为单元进行判断,同一个闭塞分区内的分割区段之间不作逻辑检查。

5. 区间占用逻辑检查仅对逻辑状态为正常占用的闭塞分区进行防护。

6. 闭塞分区出现失去分路状态 60 s 后给出报警。

第二节　列控中心区间占用逻辑检查信息分析

一、列控中心区间占用逻辑检查特殊项点简介

1. 列控中心具备区间正反向均实施区间占用逻辑检查的功能。

2. 区间闭塞分区为故障占用、正常占用、失去分路状态时,列控中心均按照区间闭塞分区为占用状态向联锁设备、临时限速服务器发送状态信息。

3. 列控中心根据区间方向将边界闭塞分区的状态发送给邻站列控中心。当相邻列控中心间通信中断时,按照邻站列控中心的边界闭塞分区逻辑状态为失去分路处理。

4. 触发闭塞分区失去分路报警后,通过 CTC 操作人工解锁。

二、列控中心与信号集中监测接口和信息显示

1. 列控中心的辅助维护单元通过串行接口和信号集中监测站机设备建立通信,实时向信号集中监测设备传输列控中心的状态信息和报警信息。

2. 信号集中监测站场图光带显示。每个轨道区段对应 2 段光带,分别为轨道电路设备状态信息、闭塞分区逻辑状态信息。

空闲状态:2 段光带均显示蓝色(图 13—1)。

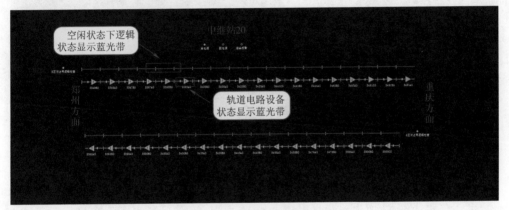

图 13—1　空闲状态监测显示

正常占用状态:2 段光带均显示红色(图 13—2)。

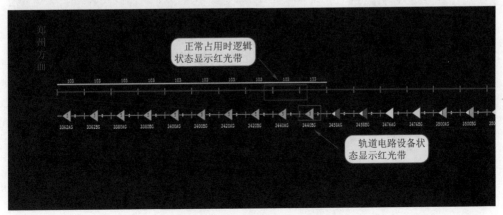

图 13—2　正常占用状态监测显示

故障占用状态:轨道电路设备状态显示红光带,闭塞分区逻辑状态显示粉红色光带(图13—3、图13—4)。

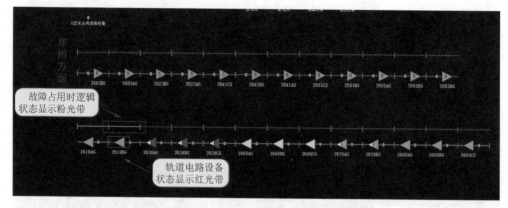

图13—3　故障占用状态监测显示

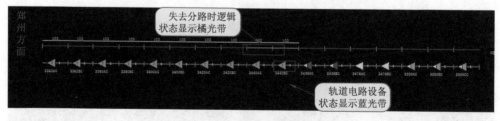

图13—4　故障占用状态监测报警

失去分路状态:轨道电路设备状态显示蓝光带,闭塞分区逻辑状态显示橘色光带(图13—5、图13—6)。

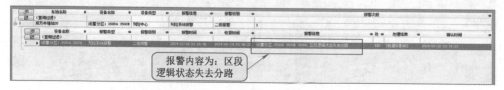

图13—5　失去分路状态监测显示

图13—6　失去分路状态监测报警

3. 信号集中监测站场图状态灯显示(图 13—7 至图 13—9)。

车站每一个接发车口、中继站每线别设置一个区间逻辑检查开关状态指示灯,对应的逻辑检查功能开启时显示绿灯,关闭时显示红灯,通道异常或该线两端逻辑检查功能开关状态不一致时(本站开启、邻站关闭)显示黄灯。

图 13—7　逻辑检查功能开启　　图 13—8　逻辑检查功能关闭　　图 13—9　逻辑检查功能异常

三、通过监测分析判断异常信息性质

1. 相邻两集中区在同一区间、同行别的两个接发车口区间逻辑检查开关状态不一致。

(1)发车站关闭、接车站开启时。列车正常占用、出清发车站边界闭塞分区的信息不能传递至接车站,故接车站边界闭塞分区占用时显示故障占用。

(2)发车站开启、接车站关闭时。列车正常占用、出清发车站边界闭塞分区,占用接车站边界闭塞分区的信息不能反馈至发车站,故发车站边界闭塞分区按失去分路处理,即轨道电路设备状态显示蓝光带,闭塞分区逻辑状态显示橘光带。

2. 列车正常出站后区间折返触发逻辑检查报警(图 13—10)。

列车正常出站后占用区间闭塞分区的逻辑状态为正常占用,因作业车返回、应急救援等场景造成车列在该区间未改方的状态下折返时,最后占用的闭塞分区因未正常占用前方闭塞分区,在车列退回出清后该闭塞分区按失去分路处理,监测给出失去分路报警。退回途经的其他闭塞分区按故障占用处理,监测给出故障占用报警。

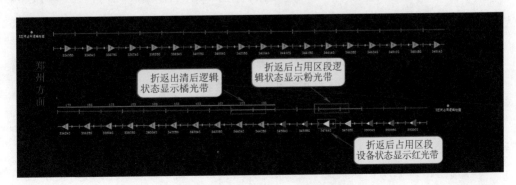

图 13—10　列车正常出站后区间折返触发逻辑检查报警

第三节 QJK 型区间占用逻辑检查信息分析

一、QJK 型区间占用逻辑检查特殊项点简介

1. QJK 采集闭塞分区的轨道区段设备状态及站内首区段 GJ、进站信号机的状态及进路的解锁状态作为区间占用逻辑检查的输入条件,实现区间占用逻辑检查。

2. 每一个闭塞分区设置一个 FHJ,该继电器由 QJK 驱采,接点串联在 GJ 励磁电路当中。当一个闭塞分区由多个分割区段组成时,FHJ 接点串联在正向列车最先占用的轨道区段 GJ 励磁电路当中(图 13—11)。FHJ 常态为吸起(2018 年之前设计为常态落下,以下分析均以 FHJ 常态吸起为例)。

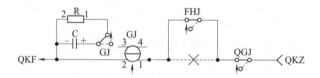

图 13—11 增加 QJK 型逻辑检查功能后的 GJ 电路

3. QJK 型区间占用逻辑检查只对正向运行的区间闭塞分区具备检查功能,改方至反向时自动关闭该功能。

4. 列车出站逻辑检查。1LQG 条件包含 FSJ、发车进路最后一个区段(以 IBG 为例)GJ,2018 年之后设计新增 CZJ。

(1)1LQG 正常占用的条件为:排列列车出发进路(FSJ 落下状态),占用 IBG(GJ 落下、CZJ 落下)后再占用 1LQG。不满足上述条件的状态下占用 1LQG 时则为故障占用。

(2)当列车正常出清 IBG(GJ 吸起),未占用 1LQG(QGJ 吸起)时,系统对 IBG 输出防护,IBG 逻辑状态为失去分路,人工解锁按钮盘报警及解锁反映在 1LQG(2018 年之前设计直接对 1LQG 输出防护)。

(3)列车正常占用 1LQG(QGJ 落下、FHJ 落下),但未占用 2LQG(QGJ 吸起)时出清 1LQG(QGJ 吸起),系统对 1LQG 输出防护,1LQG 逻辑状态为失去分路(QGJ 吸起、FHJ 落下),人工解锁按钮盘报警及解锁反映在 1LQG。

5. 列车进站逻辑检查。进站信号机外方闭塞分区(以 3JG 为例),条件包含进站信号机 LXJ 或 YXJ,接车进路第一个区段(以 IAG 为例)GJ。

(1)列车正常进站的条件为:进站信号开放(LXJ 或 YXJ 吸起),列车正常占用 3JG,列车占用 IAG(GJ 落下),进站信号关闭,列车出清 3JG。

(2)进站信号开放(LXJ 或 YXJ 吸起),列车正常占用 3JG,在未占用 IAG 的状态下出清 3JG,则系统对 3JG 输出防护,3JG 逻辑状态为失去分路。

(3)进站信号未开放(LXJ、YXJ 均落下),列车正常占用 3JG,冒进进站信号机占用 ⅠAG、出清 3JG,则系统对 3JG 输出防护,3JG 逻辑状态为失去分路。

6.相邻两站一站为 QJK、一站为继电式区间占用逻辑检查时,QJK 采集本站站联电路中邻站相邻闭塞分区的 GJ(邻)继电器接点,作为正常占用、出清的判断条件。

7.触发闭塞分区失去分路报警后,按规定办理相关手续后在人工解锁盘进行人工解锁。

二、QJK 与信号集中监测接口和信息显示

1.QJK 设备通过维护终端与信号集中监测进行接口,接口方式支持 RJ-45 和 RS-422 两种方式,通信通道为单通道。

2.QJK 设备向信号集中监测发送状态信息和报警信息,信号集中监测向 QJK 设备发送心跳校时包。

3.信号集中监测站场图光带显示。每个区间轨道区段对应 2 段光带,分别为轨道电路设备状态信息、闭塞分区逻辑状态信息。

空闲状态:2 段光带均显示蓝色(图 13—12)。

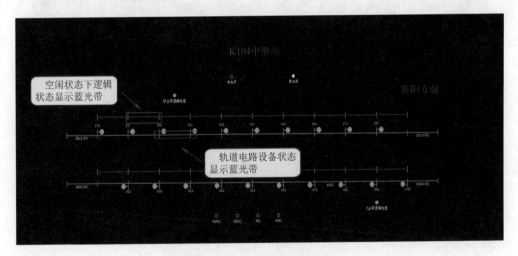

图 13—12　空闲状态监测显示

正常占用状态:2 段光带均显示红色(图 13—13)。

故障占用状态:轨道电路设备状态显示红光带,闭塞分区逻辑状态显示粉红色光带(图 13—14、图 13—15)。

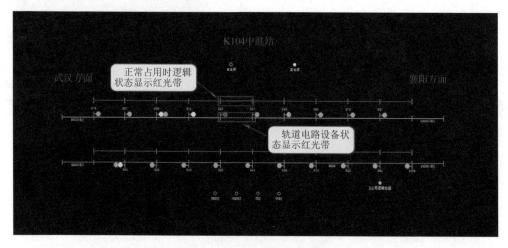

图 13—13　正常占用状态监测显示

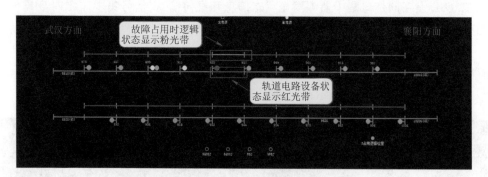

图 13—14　故障占用状态监测显示

	车站名称		设备名称		设备类型		报警信息		报警级别	
	（查询过滤）									
⊞ 1	K104中继站		闭塞分区：973G		区间综合监控		区间综合监控维护报警		二级报警	9
⊞ 2	K104中继站		闭塞分区：887G		区间综合监控		区间综合监控维护报警		二级报警	4
⊞ 3	K104中继站		闭塞分区：892G		区间综合监控		区间综合监控维护报警		二级报警	4
⊟ 4	K104中继站		闭塞分区：925G		区间综合监控		区间综合监控维护报警		二级报警	4

	设备名称		报警类型		报警级别		报警时间	恢复时间	报警信息
	（查询过滤）								
1	闭塞分区：925G		区间综合监控维护报警		二级报警		2024-01-25 13:21:25	2024-01-25 13:22:19	闭塞分区，925G，故障占用
2	闭塞分区：925G		区间综合监控维护报警		二级报警		2024-01-24 14:20:36	2024-01-24 14:59:55	闭塞分区，925G，故障占用
3	闭塞分区：925G		区间综合监控维护报警		二级报警		2024-01-17 13:57:04	2024-01-17 14:07:17	闭塞分区，925G，故障占用
4	闭塞分区：925G		区间综合监控维护报警		二级报警		2024-01-17 13:47:53	2024-01-17 13:49:06	闭塞分区，925G，故障占用

	车站名称		设备名称		设备类型		报警信息		报警级别	
⊞ 5	K104中继站		闭塞分区：937G		区间综合监控		区间综合监控维护报警		二级报警	4
⊞ 6	K104中继站		闭塞分区：932G		区间综合监控		区间综合监控维护报警		二级报警	3
⊞ 7	K104中继站		闭塞分区：913G		区间综合监控		区间综合监控维护报警		二级报警	3
⊞ 8	K104中继站		闭塞分区：931G		区间综合监控		区间综合监控维护报警		二级报警	3
⊞ 9	K104中继站		闭塞分区：999G		区间综合监控		区间综合监控维护报警		二级报警	3
⊞ 10	K104中继站		闭塞分区：961G		区间综合监控		区间综合监控维护报警		二级报警	2
⊞ 11	K104中继站		闭塞分区：970G		区间综合监控		区间综合监控维护报警		二级报警	2
⊞ 12	K104中继站		闭塞分区：1006G		区间综合监控		区间综合监控维护报警		二级报警	1
⊞ 13	K104中继站		闭塞分区：875G		区间综合监控		区间综合监控维护报警		二级报警	1
⊞ 14	K104中继站		闭塞分区：899G		区间综合监控		区间综合监控维护报警		二级报警	1
⊞ 15	K104中继站		闭塞分区：906G		区间综合监控		区间综合监控维护报警		二级报警	1
⊞ 16	K104中继站		闭塞分区：944G		区间综合监控		区间综合监控维护报警		二级报警	1

报警类型为：区间综合监控维护报警
报警内容为：区段故障占用

图 13—15　故障占用状态监测报警

失去分路状态:轨道电路设备状态显示红光带,闭塞分区逻辑状态显示橘光带(图13—16、图13—17)。

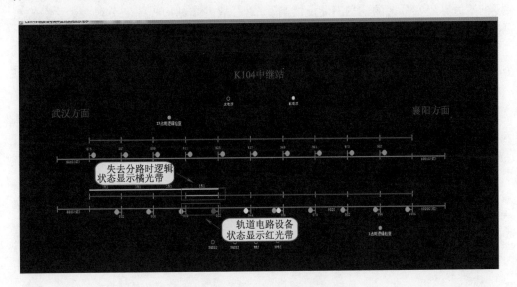

图13—16　失去分路状态监测显示

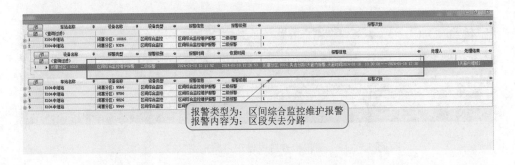

图13—17　失去分路状态监测报警

4.信号集中监测站场图状态灯显示。车站每一个接发车口、中继站每线别设置一个区间逻辑检查开关状态指示灯,对应的逻辑检查功能开启时显示绿灯,关闭时显示红灯。

三、通过监测分析判断异常信息性质

1.相邻两集中区在同一区间、同行别的两个接发车口区间逻辑检查开关状态不一致。

(1)发车站关闭、接车站开启时。列车正常占用、出清发车站边界闭塞分区的信息不能传递至接车站,故接车站边界闭塞分区占用时显示故障占用。

(2)发车站开启、接车站关闭时。列车正常占用、出清发车站边界闭塞分区,占用接车站边界闭塞分区的信息不能反馈至发车站,故发车站边界闭塞分区按失去分路处理,即轨道电路设备状态显示红光带,闭塞分区逻辑状态显示橘光带。

2.相邻 QJK 间通信中断。

(1)列车正常占用、出清发车站边界闭塞分区的信息不能传递至接车站,故接车站边界闭塞分区占用时显示故障占用。

(2)列车正常占用、出清发车站边界闭塞分区,占用接车站边界闭塞分区的信息不能反馈至发车站,故发车站边界闭塞分区按失去分路处理,即轨道电路设备状态显示红光带,闭塞分区逻辑状态显示橘光带。

3.列车正常出站后区间折返。

列车正常出站后占用区间闭塞分区的逻辑状态为正常占用,因作业车返回、应急救援等场景造成列车在该区间未改方的状态下折返时,最后占用的闭塞分区因未正常占用前方闭塞分区,在列车退回出清后该闭塞分区按失去分路处理,监测给出失去分路报警。退回途经的其他闭塞分区按故障占用处理,监测给出故障占用报警。

4.逻辑检查造成发车进路末端区段红光带(仅 2018 年之后设计版本,图 13—18)。

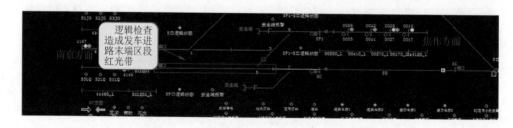

图 13—18　逻辑检查造成发车进路末端区段红光带

调看该区段轨道电压、相位角正常(图 13—19),伴随相应发车口"列车出站异常(1LQ 完全失去分路)"报警(图 13—20),判断为逻辑检查造成发车进路末端区段红光带,办理相关手续后人工解锁 1LQG 即可消除。

5.逻辑检查造成 1LQG 红光带。2018 年之前设计 QJK,发车进路锁闭后,发车进路末端区段(ⅠBG)正常占用,未占用 1LQG 时出清ⅠBG,会导致 1LQG 显示红光带并触发失去分路报警。

6.逻辑检查造成区间轨道电路红光带。调看轨道电路设备数据正常,站场界面轨道电路设备状态显示红光带,闭塞分区逻辑状态显示橘光带,判断为逻辑检查造成。

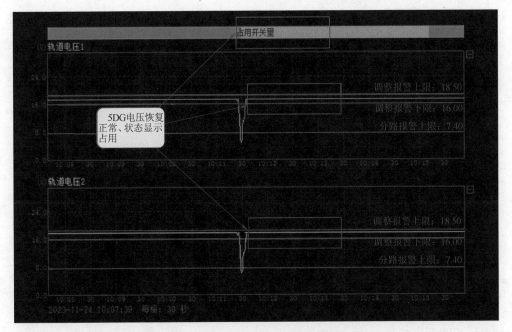

图 13—19 轨道电压、相位角正常,状态显示占用

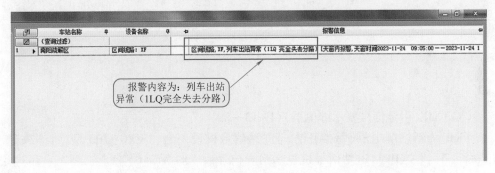

图 13—20 监测"列车出站异常(1LQ 完全失去分路)"报警

第四节 继电式区间占用逻辑检查信息分析

一、继电式区间占用逻辑检查特殊项点简介

1.继电式区间占用逻辑检查通过继电电路实现区间逻辑检查功能。电路中各继电器原理介绍如下。

(1)CZJ(出站继电器)(图 13—21)

CZJ 为新增继电器,每个正方向发车口设一台,JWXC-1700 型,常态励磁。出站信号开放后,列车正向发车并占用发车进路最末区段后失磁。列车占用 1LQ、1LQJLJ 失磁,出清发车进路最末区段后恢复励磁并自闭。1LQ 区段的 RJA 按下,或本区间线路对应的 GBA 按下,或区间开通反方向时,CZJ 励磁。

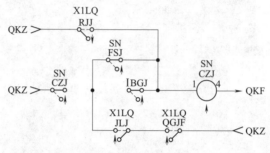

图 13—21　CZJ 电路

(2)JZJ(进站继电器)(图 13—22)

JZJ 为新增继电器,每个正方向接车口设一台,JWXC-1700 型,常态失磁。正向进站信号机开放(LXJ↑)、列车进站后,或进站第一区段空闲时进站信号机显示引导信号、列车进站后,JZJ 励磁并自闭。列车完全进站,3JG GJ 励磁后恢复失磁。

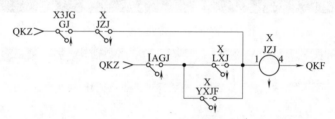

图 13—22　JZJ 电路

(3)YXJF(引导信号复示继电器)(图 13—23)

YXJF 为新增继电器,每架正方向进站信号机设一台,JWXC-1700 型,常态失磁。进站第一区段空闲时,进站信号机显示引导信号后 YXJ 励磁(YXJ↑),列车占用进站第一区段或 YXJ↓时,YXJF 经缓放约 2.5 s 后失磁。

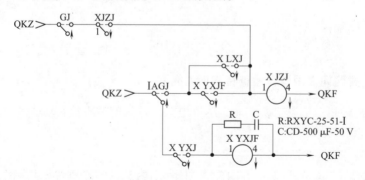

图 13—23　YXJF 电路

（4）QGJ/QGJF

QGJ 为既有继电器，由 ZPW-2000A 接收设备直接驱动，反映其工作状态；每个区间轨道区段设一台，JWXC-1700 型，常态励磁。QGJF 为新增继电器，是既有 QGJ 的复示继电器，每个逻辑检查区段设一台，JWXC-1700 型，常态励磁。

（5）GJ/GJF（图 13—24）

GJ/GJF 为既有继电器，由 QGJ 驱动并具有缓吸特性，用于信号控制电路，每个区间轨道区段设一台，JWXC-1700 型，常态励磁。逻辑检查区段 GJ/GJF 的励磁电路中串联了本区段 JLJ 的前接点。

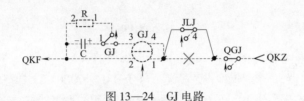

图 13—24　GJ 电路

（6）JLJ（记录继电器）（图 13—25）

JLJ 为新增继电器，每个逻辑检查区段设一台，常态励磁。1LQ 区段的 JLJ 为 JWXC-H340 型，各闭塞分区的 JLJ 为 JWXC-1700 型。

1LQ 区段的 JLJ：列车出站、占用 1LQ（或虽未占用 1LQ 但出清发车站末区段）时失磁；2LQ GJ 失磁、出清 1LQ 且 CZJ 励磁后恢复励磁并自闭。

除 3JG 之外各闭塞分区的 JLJ：上一区段 GJ 失磁并占用本闭塞分区时失磁；下一个闭塞分区 GJ 失磁并出清本闭塞分区后恢复励磁并自闭。

3JG 闭塞分区的 JLJ：上一闭塞分区 GJ 失磁并占用本闭塞分区时失磁；JZJ 励磁并出清本闭塞分区后恢复励磁并自闭。

本区段的 RJA 按下，或本区间线路对应的 GBA 按下，或区间开通反方向时，JLJ 励磁。

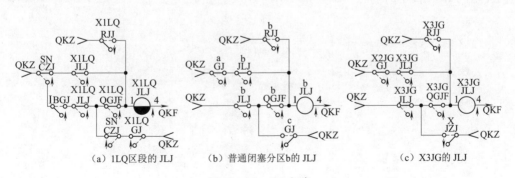

（a）1LQ区段的 JLJ　　（b）普通闭塞分区b的 JLJ　　（c）X3JG的 JLJ

图 13—25　JLJ 电路

（7）RJJ（人解继电器）（图13—26）

RJJ 为新增继电器，每个逻辑检查区段设一台，JWXC-H340 型，常态失磁。本区段的 RJA 按下，或本区间线路对应的 GBA 按下，或区间开通反方向时，RJJ 励磁。

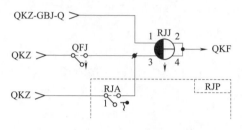

图 13—26　RJJ 电路

（8）BJ（报警继电器）（图13—27）

BJ 为新增继电器，每个逻辑检查区段设一台，JSBXC₁-870B04 型，常态失磁（励磁延时为60 s）。本区段的 QGJF↑、JLJ↓，经60 s 后励磁（输出报警），两者状态一致或 QGJ↓ 时失磁。本区段的 RJA 按下，或本区间线路对应的 GBA 按下，或区间开通反方向时，BJ 失磁。

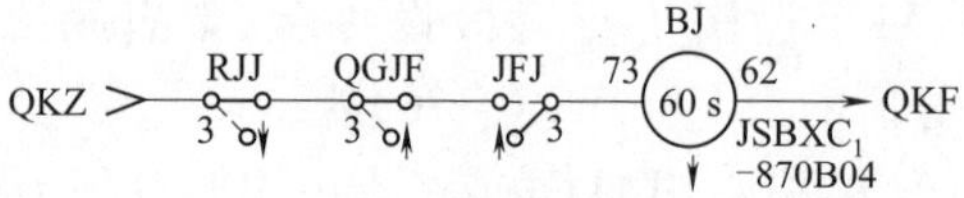

图 13—27　BJ 电路

（9）ZBJ（总报警继电器）（图13—28）

ZBJ 为新增继电器，全站设一台，JWXC-1700 型，常态失磁。本站管辖范围内任一逻辑检查区段的 BJ 励磁时励磁。本站管辖范围内全部逻辑检查区段的 BJ 失磁后恢复失磁。

（10）GBJ（关闭继电器）（图13—29）

GBJ 为新增继电器，车站所辖各区间线路设一台，JWXC-1700 型，常态失磁。本区间线路的 GBA 按下时励磁。本区间线路的 GBA 拉出时恢复失磁。

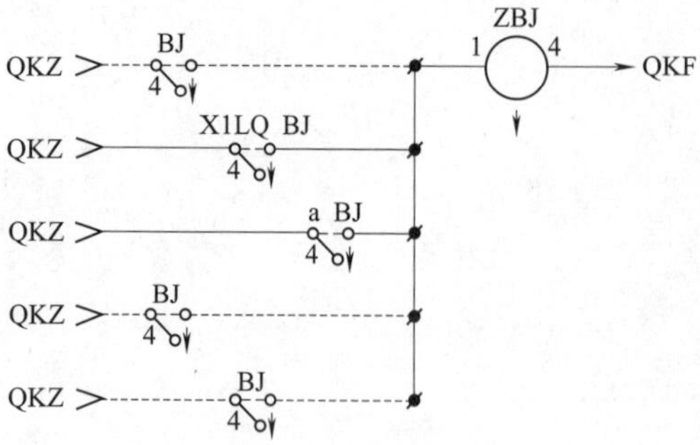

图 13—28　ZBJ 电路 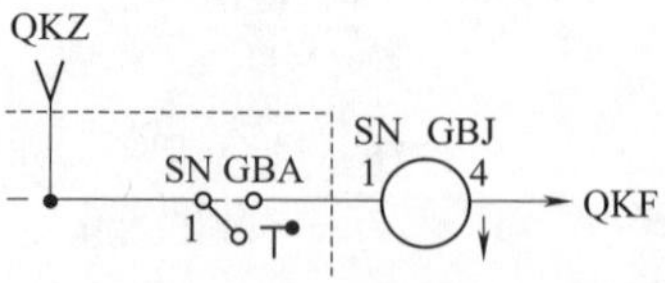　　　　　图 13—29　GBJ 电路

2.当一个闭塞分区由多个分割区段组成时,JLJ 接点串联在正向列车最先占用的轨道区段 GJ 励磁电路当中。

3.继电式区间占用逻辑检查只对正向运行的区间闭塞分区具备检查功能,改方至反向时自动关闭该功能。

4.CZJ 的吸起、落下接点串联在发车进路末端轨道区段的联锁采集电路当中(图 13—30)。

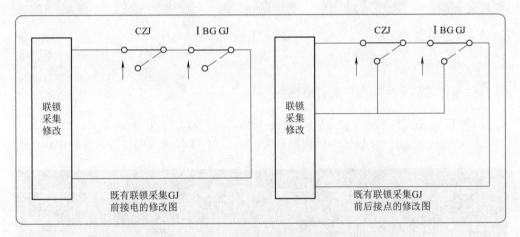

图 13—30　CZJ 联锁采集电路

5.相邻两站继电式区间占用逻辑检查,边界区段逻辑检查电路检查站联电路中 GJ (邻)继电器状态,判定运行前、后方闭塞分区占用或空闲。

6.相邻两站继电式区间占用逻辑检查功能开启、关闭状态不一致时不会造成边界区段过车遗留红光带的现象。

二、继电式区间占用逻辑检查信号集中监测采集和信息显示

信号集中监测通过实采相关继电器开关量,给出监测界面相应显示。闭塞分区逻辑状态在信号集中监测界面以框图内状态灯的方式显示,每个闭塞分区对应一个逻辑状态框图,包含 RJA、RJJ、BJ、JLJ、QGJD 状态灯。

空闲状态:JLJ、QGJD 状态灯显示绿色,其余状态灯熄灭(图 13—31)。

正常占用状态:所有状态灯均熄灭(图 13—32)。

故障占用状态:JLJ 状态灯显示绿色,QGJD 状态灯熄灭(图 13—33)。

失去分路状态:QGJD 状态灯显示绿色,BJ 状态灯显示红色,其余状态灯熄灭(图 13—34)。

人工解锁因逻辑检查报警产生的红光带时,需按压人工解锁按钮(RJA),RJA、RJJ 状态灯均显示黄色(图 13—35)。

图13—31　空闲　　图13—32　正常　　图13—33　故障　　图13—34　失去　　图13—35　人工
　　　　　　　　　　　　　　占用　　　　　　　　占用　　　　　　　　分路　　　　　解锁按钮按下

三、通过监测分析判断异常信息性质

1. 逻辑检查造成发车进路末端轨道区段（ⅠBG）与相邻区间 1LQG 红光带（图13—36）。调看ⅠBG 轨道电路模拟量实时值正常、1LQG 的逻辑状态框图 QGJD 为绿

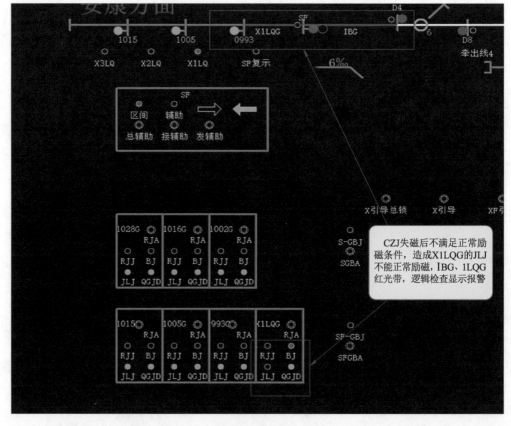

图13—36　逻辑检查造成发车进路末端轨道区段（ⅠBG）与相邻区间 1LQG 红光带

灯,判断为逻辑检查造成。回放监测,查看开关量及模拟量显示开放出站信号后占用ⅠBG,未占用1LQG时出清ⅠBG。由于CZJ失磁后不满足正常励磁条件,造成X1LQG的JLJ不能正常励磁,ⅠBG、1LQG红光带。

常见原因:出站信号开放状态下ⅠBG轨道电路故障后恢复、闪红光带。

处理方法:办理相关手续后在人工解锁按钮盘解锁1LQG即可消除两个区段红光带,然后解锁出发进路白光带。

2.区间轨道电路红光带,通过逻辑状态框图迅速判断是否为区间逻辑检查造成红光带。监测显示QGJD状态灯为绿色,BJ状态灯为红色,其余状态灯熄灭(图13—37),伴随"逻辑区段检查"报警(图13—38),调看区间轨道电路相关模拟量正常,可判定为区间逻辑检查造成红光带。

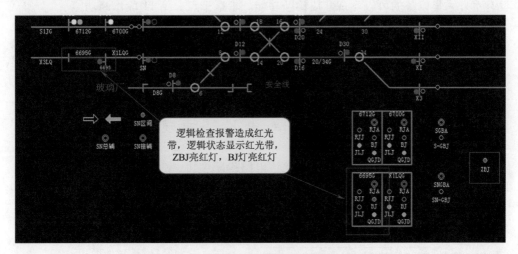

图13—37　触发区间逻辑检查造成红光带

	车站名称		设备名称		设备类型	报警信息	报警级别	
	(查询过滤)							
1	小花果站		区间逻辑检查		区间逻辑检查	逻辑区段检查报警	二级报警	5

	设备名称		报警类型		报警级别	报警时间	恢复时间	报警信息
	(查询过滤)							
1	1354G1-BJ		逻辑区段检查报警		二级报警	2024-04-03 15:29:50	2024-04-03 15:44:09	区间逻辑检查
2	1452G-BJ		逻辑区段检查报警		二级报警	2024-04-03 15:08:13	2024-04-03 15:44:21	区间逻辑检查
3	1424G1-BJ		逻辑区段检查报警		二级报警	2024-04-03 15:04:02	2024-04-03 15:44:15	区间逻辑检查
4	ZBJ		逻辑区段检查报警		二级报警	2024-04-03 15:00:54	2024-04-03 15:44:21	区间逻辑检查
5	1396G1-BJ		逻辑区段检查报警		二级报警	2024-04-03 15:00:54	2024-04-03 15:44:15	区间逻辑检查

图13—38　"逻辑区段检查"报警

常见原因:作业车区间作业折返,设备单位作业时小推车移动作业,轻车、轨面生锈、轨面污染等因素造成分路不良导致占用丢失,区间设备停电恢复供电。

处理方法:办理相关手续后在人工解锁按钮盘解锁相应闭塞分区。

第十四章 集中监测区间智能诊断分析

ZPW-2000 系列轨道电路智能诊断系统是基于区间轨道电路理论分析、系统仿真和应用经验开发,实现对 ZPW-2000 系列轨道电路设备和传输通道进行快速精准故障定位,给现场设备维修和故障处理人员提供系列技术支持的一种智能诊断系统,同时也是对集中监测区间轨道电路的分析补强。有室外采集设备的可以实现 11 段诊断功能,没有室外采集设备的可以实现 9 段诊断功能。本章重点介绍 11 段诊断功能。

ZPW-2000 系列轨道电路智能诊断系统其核心是故障诊断算法。智能诊断系统通过对室内和室外监测点上传的数据进行逻辑判断、综合分析和处理,当判断轨道区段出现电压、电流值异常变化或出现异常红光带时,启动故障诊断,对故障区域进行定位,并向集中监测系统输出故障诊断结果和处理建议。

第一节　区间智能诊断原理简介

区间智能诊断系统设备主要包括轨道电路诊断主机、室外监测通信处理机及室外采集设备,具备 ZPW-2000 系列轨道电路设备 11 段区域故障定位功能。11 段区域如图 14—1 所示。

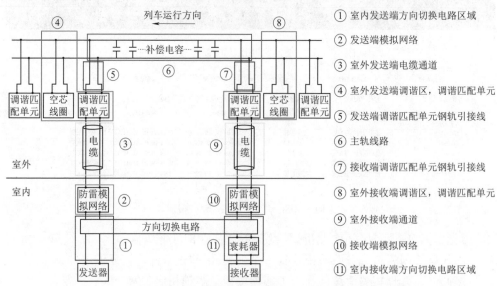

图 14—1　ZPW-2000 系列轨道电路 11 段区域示意

智能诊断系统主界面,包括标题栏、工具栏和信息提示区等,界面如图 14—2 所示。

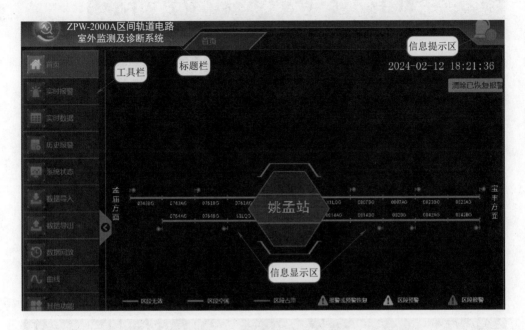

图 14—2　区间智能诊断系统主界面

1. 标题栏:位于窗口最顶部,显示当前轨道电路诊断系统程序名。

2. 工具栏:包括首页、实时报警、实时数据、历史报警、系统状态、数据回放功能等。

3. 信息提示区:位于右上角,提示用户报警数量,并且可以点击选择其中某个报警进行查看。

4. 信息显示区:首页显示站场图信息。

第二节　区间智能诊断正常曲线

一、FS 和 JS 正常电流曲线

1. 发送电缆侧电流正常曲线(图 14—3)

图 14—3　发送电缆侧电流正常曲线

2. 发送端电源线(长外、长内、短内、短外)电流正常曲线(图 14—4)

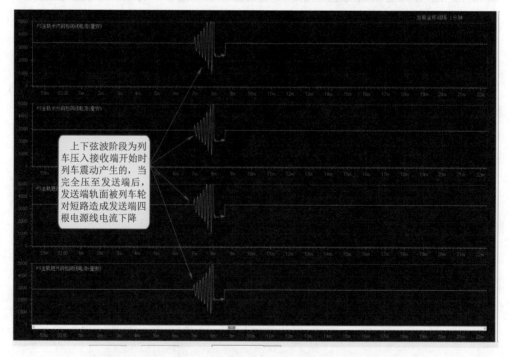

图 14—4　发送端电源线(长外、长内、短内、短外)电流正常曲线

3. 接收电缆侧电流正常曲线（图 14—5）

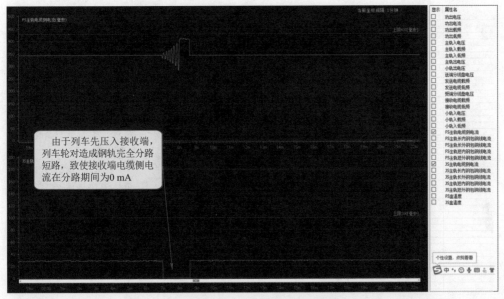

图 14—5　接收电缆侧电流正常曲线

4. 接收端电源线（长外、长内、短外、短内）电流正常曲线（图 14—6）

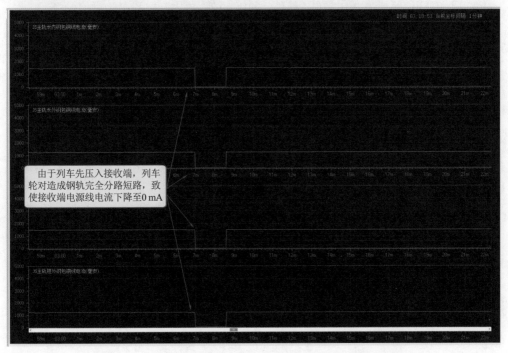

图 14—6　接收端电源线（长外、长内、短外、短内）电流正常曲线

5. 带有 AG、BG 区段列车先压入区段电缆侧电流正常曲线(图 14—7)

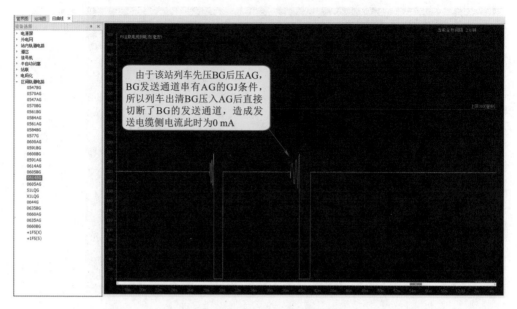

图 14—7　带有 AG、BG 区段列车先压入区段电缆侧电流正常曲线

6. 带 AG、BG 区段发送电源线(长外、长内、短外、短内)正常曲线(图 14—8)

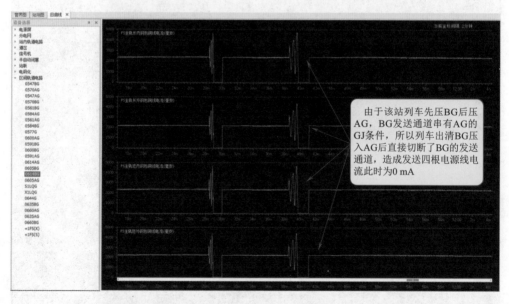

图 14—8　带有 AG、BG 区段发送电源线(长外、长内、短外、短内)正常曲线

第三节　典型案例分析

当区间轨道电路出现电气特性超限或者异常红光带时,智能诊断系统启动故障诊断算法,给出故障区域定位并在诊断维护机及集中监测界面显示出告警信息,在此基础上还需要结合集中监测进行分析。

案例1:智能诊断输出"室内发送器至模拟网络盘区域开路"报警信息(图14—9)

一级定位区域	故障类型	二级定位区域	三级定位区域	开始时间	结束时间
0732BG	预警	智能诊断系统报警:室内发送端方向切换电路区域	室外发送端间谐匹配单根断线　室内发送器至模拟网络盘区域开路		2023/11/2 9:20:55
0732BG	预警	发送端间谐匹配设备钢轨引接线	室外发送端间谐匹配设备短外引接线	2023/11/2 9:17:35	2023/11/2 9:18:00
0732BG	报警	室内发送端方向切换电路区域	室内发送器至模拟网络盘区域开路	2023/11/2 9:09:14	2023/11/2 9:09:24

图14—9　室内发送器至模拟网络盘区域开路

☞ 诊断分析

根据"室内发送端方向切换电路区域"报警信息,点击该项报警信息,弹出故障区域及建议检查项点,如图14—10所示。

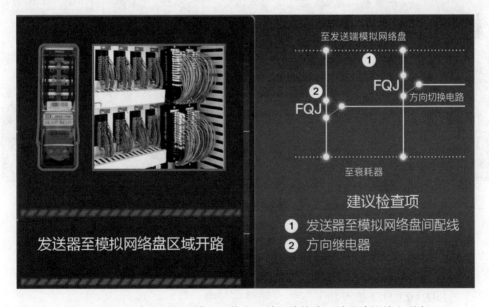

图14—10　室内发送器至模拟网络盘区域开路故障区域及建议检查项点

案例2:智能诊断输出"室内发送器异常或室内发送器至模拟网络盘短路"报警信息(图14—11)

图14—11 室内发送器异常或发送器至模拟网络盘区域短路

☞ 诊断分析

根据"室内发送器异常或室内发送器至模拟网络盘短路"报警信息,点击该项报警信息,弹出故障区域及建议检查项点,如图14—12所示。

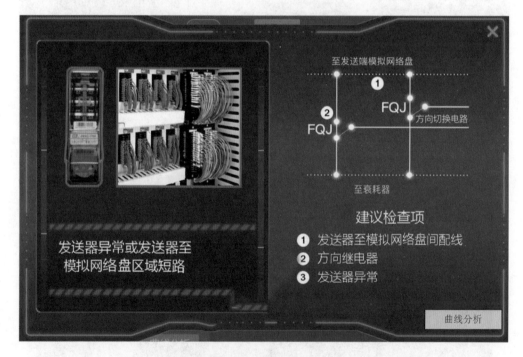

图14—12 室内发送器至模拟网络盘区域短路故障区域及建议检查项点

☞ 常见原因

(1)模拟网络盘调整线间存在短路。

(2)发送器至模拟网络盘通道配线存在短路。

(3)FBJ、QZJ、QFJ接点相关配线之间存在短路。

(4)模拟网络盘防雷元件短路。

案例3:智能诊断输出"室外发送端电缆通道异常"报警信息(图14—13)

序号	一级定位区域	故障类型	二级定位区域	三级定位区域	开始时间
1	0461BG	报警	室外发送端电缆通道	室外发送端电缆通道异常	三级定位显示室外发送端电缆通道异常

图14—13 室外发送端电缆通道异常

☞ 诊断分析

根据"室外发送端电缆通道异常"报警信息,点击该项报警信息,弹出故障区域及建议检查项点,如图14—14 所示。

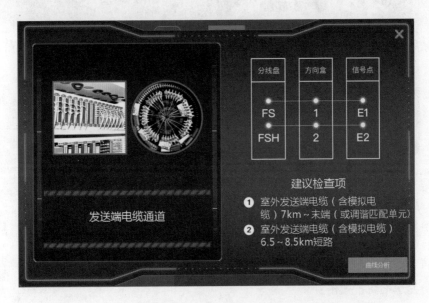

图14—14 室外发送端电缆通道异常故障区域及建议检查项点

☞ 常见原因

(1)分线盘至室外方向盒电缆开路或接触不良。

(2)室外方向盒至发送端E1、E2 电缆开路或接触不良。

(3)分线盘电缆端子接触不良。

案例4:智能诊断输出"室外发送端调谐匹配设备异常"报警信息(图14—15)

序号	一级定位区域	故障类型	二级定位区域	三级定位区域	
10	0461BG	报警	室外发送端调谐区	室外发送端调谐匹配设备异常	三级定位显示室外发送端调谐匹配设备异常

图14—15 室外发送端调谐匹配设备异常

☞ 诊断分析

根据"室外发送端调谐匹配设备异常"报警信息,点击该项报警信息,弹出故障区域及建议检查项点,如图 14—16 所示。

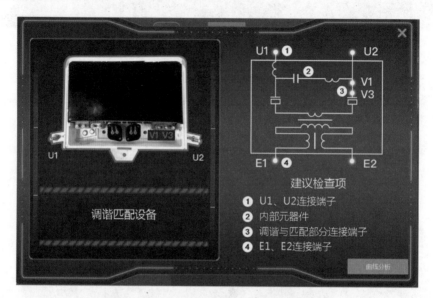

图 14—16　室外发送端调谐匹配设备异常

☞ 常见原因

(1)发送端 U1、U2 开路或端子接触不良。

(2)发送端匹配变压器不良。

(3)发送端 4 700 μF 电容不良。

(4)发送端防雷被击穿。

(5)发送端箱盒内部配线有开路或接触不良。

案例 5:智能诊断输出"发送端调谐匹配单元钢轨引接线"报警信息(图 14—17)

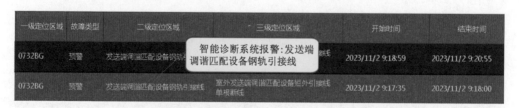

一级定位区域	故障类型	二级定位区域	三级定位区域	开始时间	结束时间
0732BG	预警	发送端调谐匹配设备钢轨引接线	智能诊断系统报警:发送端调谐匹配设备钢轨引接线	2023/11/2 9:18:59	2023/11/2 9:20:55
0732BG	预警	发送端调谐匹配设备钢轨引接线	室外发送端调谐匹配设备短外引接线单根断线	2023/11/2 9:17:35	2023/11/2 9:18:00

图 14—17　发送端调谐匹配单元钢轨引接线报警信息

☞ 诊断分析

根据"发送端调谐匹配单元钢轨引接线"报警信息,点击该项报警信息,弹出故障区域及建议检查项点,如图 14—18 所示。

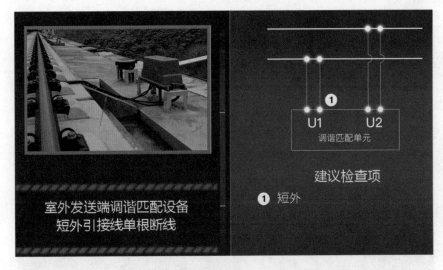

图14—18　发送端调谐匹配单元钢轨引接线故障区域及建议检查项点

案例6：智能诊断输出"主轨线路"报警信息（图14—19）

序号	一级定位区域	故障类型	二级定位区域	二级定位区域	开始时间	结束时间	备注
1	05/08BG	报警	接收器设备故障	接收器设备故障	2023/11/9 11:35:00	2023/11/9 11:35:00	
2	0614BG	报警	主轨线路	室外主轨线路异常	2023/11/9 9:40:41	2023/11/9 9:40:54	
3	0614BG	报警	主轨线路	室外主轨线路异常	2023/11/9 9:40:14	2023/11/9 9:40:36	
4	0614BG	报警	主轨线路	室外主轨线路异常			
5	0614BG	报警	主轨线路	室外主轨线路异常			
6	0614BG	报警	主轨线路	室外主轨线路异常	2023/11/9 9:35:00	2023/11/9 9:36:21	

智能诊断系统
报警：主轨线路

图14—19　主轨线路报警

☞ 诊断分析

根据"主轨线路"报警信息，点击该项报警信息，弹出故障区域及建议检查项点，如图14—20所示，初步判断故障范围在主轨线路，其中包括钢轨、电容及扼流变压器等。

如果要进一步判断，可以结合集中监测的曲线来判断，分析方法见"第六章　ZPW-2000无绝缘轨道电路曲线分析"相关内容。

轨道电路XB箱连接电源线部位进行短路试验得到数据曲线如图14—21所示。

☞ 综合分析

图14—21（a）中0614BG主轨出电压从正常值下降至100 mV以下，接收到后方区段的小轨出电压也有一定幅度下降；图14—21（c）中运行前方0614AG小轨出有同步上升现象，本区段小轨电压和前方区段小轨电压都有变化；结合图14—21（b）、（d）中0614BG送、受分线盘电压、电流判定问题出在0614BG接收端；如图14—21（e）、（f）所

示,调取0614BG发送端长外、长内、短外、短内四根电源线电流明显上升,而接收端长外、长内、短外、短内四根电源线电流大幅度下降,说明线路到接收端有短路现象。与接收端范围内开路的区别是:开路时接收端电缆侧电流同样下降,但是四根电源线电流会同步上升。

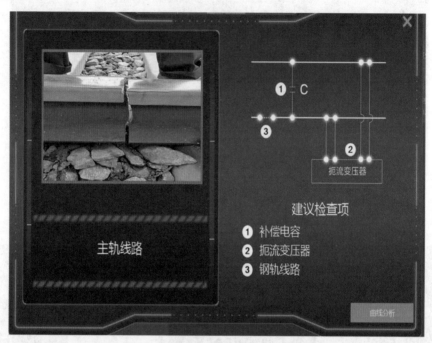

图14—20　主轨线路故障区域及建议检查项

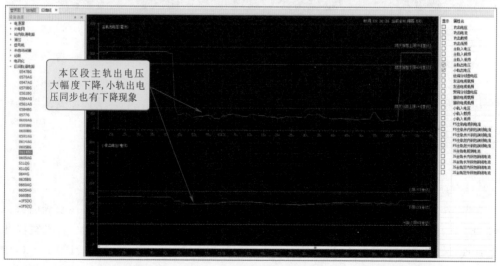

(a)

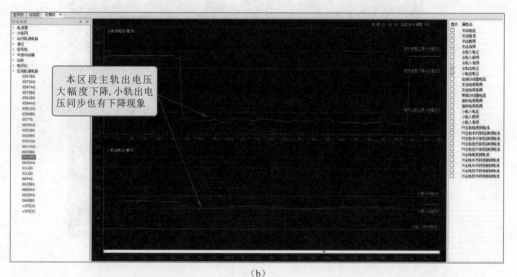

（b）

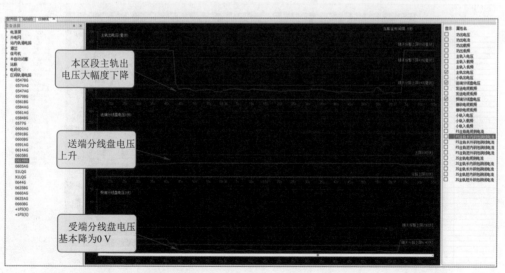

（c）

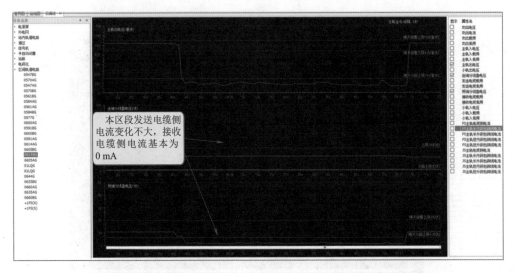

（d）

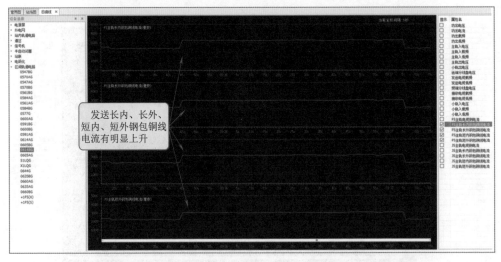

（e）

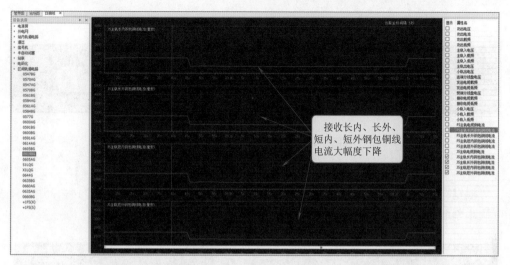

（f）

图 14—21　轨道电路相关电压曲线

案例 7:智能诊断输出"接收端调谐匹配单元钢轨引接线"报警信息（图 14—22）

一级定位区域	故障类型	二级定位区域	智能诊断系统报警：接收 端调谐匹配设备钢轨引接线	开始时间	结束时间
0732AG	预警	接收(端)调谐匹配设备钢轨引接线	室外接收端调谐匹配设备长外引接线 单根断丝	2023/11/2 9:27:17	2023/11/2 9:29:15

图 14—22　接收端调谐匹配单元钢轨引接线报警信息

☞ 诊断分析

　　根据"接收端调谐匹配单元钢轨引接线"报警信息,点击该项报警信息,弹出故障区域及建议检查项点,如图 14—23 所示。

图 14—23　接收端调谐匹配单元钢轨引接线报警三级定位区域

案例 8:智能诊断输出"室外接收端调谐区异常"报警信息(图 14—24)

序号	一级定位区域	故障类型	二级定位区域	三级定位区域	开始时间	结束时间
5	0461AG	报警	室外接收端调谐区	室外接收端调谐区异常	三级定位显示室外接收端调谐区异常	9 9:59:40
6	0461AG	报警	接收端调谐匹配设备钢轨引接线	室外接收端调谐匹配设备钢轨引接线断线	2024/4/9 9:57:17	2024/4/9 9:58:39

图 14—24 室外接收端调谐区异常报警信息

☞ 诊断分析

根据"室外接收端调谐区异常"报警信息,点击该项报警信息,如图 14—25 所示,可初步判断故障范围在室外接收端调谐匹配单元(区间 AG、BG 中的 AG)。

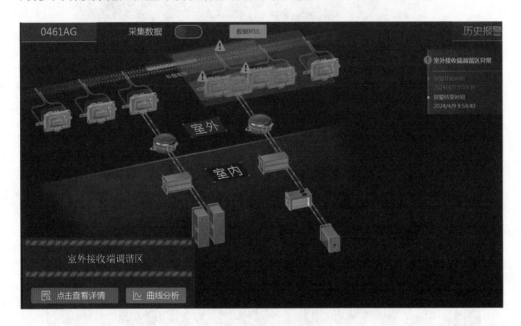

图 14—25 室外接收端调谐区异常报警三级定位区域

☞ 常见原因

(1)室外接收端 V1、V2 开路或接触不良。

(2)室外接收端匹配变压器不良。

(3)室外接收端 4 700 μF 电容不良。

(4)室外接收端防雷被击穿。

(5)室外接收端箱盒内部配线开路或接触不良。

案例9：智能诊断输出"室外接收端传输通道异常"报警信息（图14—26）

序号	一级定位区域	故障类型	二级定位区域	三级定位区域	开始时间	结束时间
1	0464BG	报警	室外接收端通道	室外接收端传输通道异常	2024/4/	

图14—26 室外接收端传输通道异常报警信息

☞ 诊断分析

根据"室外接收端传输异常"报警信息，点击该项报警信息，如图14—27所示，可初步判断故障范围在室外接收端箱盒至室内分线盘（区间AG、BG中的BG）。

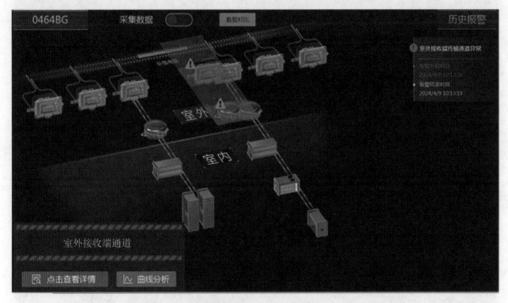

图14—27 室外接收端传输异常报警三级定位区域

☞ 常见原因

（1）室外接收端V1、V2开路或接触不良。

（2）室外接收端匹配变压器不良。

（3）室外接收端4 700 μF电容不良。

（4）室外接收端防雷被击穿。

（5）室外接收端箱盒内部配线开路或接触不良。

（6）室外接收端E1、E2至方向盒电缆或方向盒至分线盘电缆有开路。

案例10：智能诊断输出"室内接收端模拟网络盘至衰耗器区域异常"报警信息（图14—28）

☞ 诊断分析

根据"室内接收端模拟网络盘至衰耗器区域异常"报警信息，点击该项报警信息，弹出报警信息定位区域,如图14—29所示,可初步判断故障范围为接收端模拟网络盘或接收端模拟网络盘至衰耗器之间。

序号	一级定位区域	故障类型	二级定位区域	三级定位区域	开始时间	结束时间	备注
61	0823BG	报警	接收端模拟网络	室内接收端模拟网络盘至衰耗器区域异常	2024/3/11 9:31:06	2024/3/11 9:31:28	已确认
62	0842AG	报警	接收端模拟网络	室内接收端模拟网络盘至衰耗器区域异常	2024/3/11 9:30:52	2024/3/11 9:30:55	已确认
63	0842BG	预警	接收器设备故障	接收器设备故障	2024/3/11 9:20:29	2024/3/11 9:20:53	已确认
64	0823BG	报警	接收器设备故障	接收器设备故障	2024/3/11 9:20:29	2024/3/11 9:20:53	已确认
65	0823BG	预警	主发送器设备故障	主发送器设备故障	2024/3/11 9:20:25	2024/3/11 9:20:52	已确认
66	0807AG	报警	室内发送端方向切换电路区域	室内发送器至模拟网络盘区域开路	2024/3/11 9:20:13	2024/3/11 9:20:53	已确认
67	0823BG	报警	室内发送端方向切换电路区域	室内发送器至模拟网络盘区域开路	2024/3/11 9:18:14	2024/3/11 9:18:56	已确认
68	0823BG	报警	接收端模拟网络	室内接收端模拟网络盘至衰耗器区域异常			
69	0823BG	预警	接收器设备故障	接收器设备故障	2024/3/11 8:58:30	2024/3/11 8:59:05	已确认
70	0823BG	预警	接收器掉电	接收器掉电	2024/3/11 8:58:30	2024/3/11 8:59:03	已确认

三级定位显示室内接收模拟网络盘至衰耗器区域异常

图14—28 室内接收端模拟网络盘至衰耗器区域异常报警信息

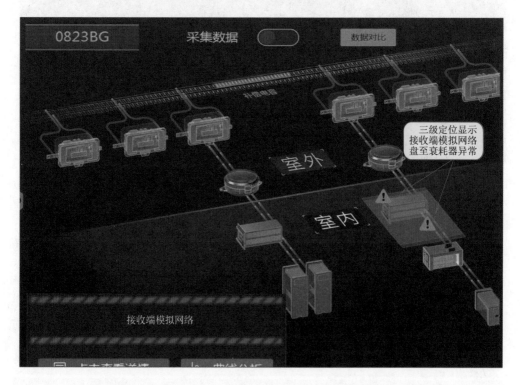

图14—29 室内接收端模拟网络盘至衰耗器区域异常报警定位区域

☞ 常见原因

（1）接收端模拟网络盘不良或调整线开路。

（2）接收端模拟网络盘至衰耗器之间通道配线开路或短路。

（3）FBJ、QZJ、QFJ 接点之间存在开路或短路。

（4）衰耗器 C1、C2 调整线接触不良或开路。

案例 11：智能诊断输出"主发送器掉电"报警信息（图 14—30）

序号	一级定位区域	故障类型	二级定位区域	三级定位区域	开始时间	结束时间	备注
1	0651BG	预警	主发送器设备故障	主发送器设备故障	2024/3/7 9:09:30	2024/3/7 9:50:06	
2	0651BG	报警	室内发送端方向切割电路区域	室内发送器端哨或发送器至模拟网络盘区域短路	2024/3/7 9:09:24	2024/3/7 9:50:06	智能诊断系统 报警：主发送器掉电
3	0651BG	预警	主发送器掉电	主发送器掉电	2024/3/7 9:09:19	2024/3/7 9:50:05	

图 14—30 主发送器掉电报警信息

☞ 诊断分析

根据"主发送器掉电"报警信息，点击该项报警信息，弹出报警信息定位区域，如图 14—31 所示，可初步判断为发送器缺少 24 V 电源，故障区域在发送器、24 V 电源空开及相关配线（因发送器不在 11 段定位区域，故诊断软件不能给出建议检查项点图）。

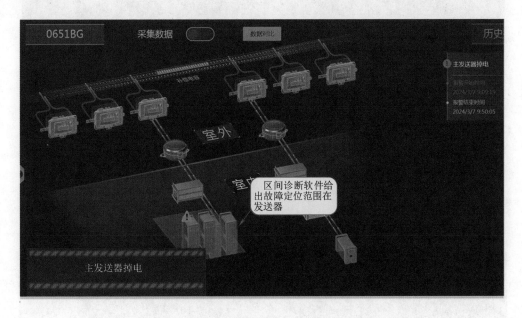

图 14—31 主发送器掉电报警信息定位区域

案例 12: 智能诊断输出"主发送器故障"报警信息(图 14—32)

序号	一级定位区域	故障类型	二级定位区域	三级定位区域	开始时间	结束时间	备注
1	0651BG	预警	主发送器设备故障	主发送器设备故障		0:41	
2	0651BG	预警	主发送器断电	主发送器断电		0:40	
3	0651BG	报警	室内发送器馈线方向的断电电路区域	室内发送器馈线至接收网络屏区域断路	2024/3/6 9:45:13	2024/3/6 9:50:41	

智能诊断系统
报警:主发送器故障

图 14—32 主发送器故障报警信息

☞ 诊断分析

根据"主发送器故障"报警信息,点击该项报警信息,弹出报警信息定位区域,如图 14—33 所示,可初步判断为发送器不工作或工作异常,故障区域在发送器工作的 5 个检查条件及相关配线(因发送器不在 11 段定位区域,故诊断软件不能给出建议检查项点图)。

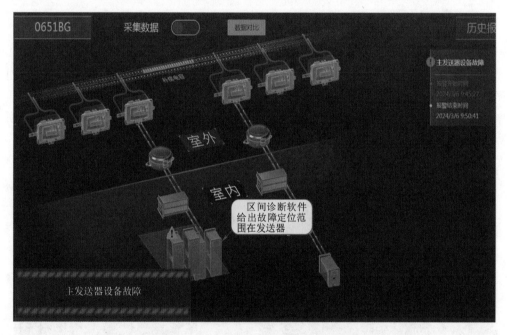

图 14—33 主发送器故障报警信息定位区域

案例 13: 智能诊断输出"接收器故障"报警信息(图 14—34)

序号	一级定位区域	故障类型	二级定位区域	三级定位区域
1	0107AG	预警	接收器设备故障	接收器设备故障

区间诊断软件给出故障定位范围在接收器

图 14—34 接收器故障报警信息

☞ 诊断分析

　　根据"接收器故障"报警信息,点击该项报警信息,弹出报警信息定位区域,如图14—35所示,可初步判断为接收不工作或工作异常,故障区域在接收器工作的4个检查条件及相关配线(因接收不在11段定位区域,故诊断软件不能给出建议检查项点图)。

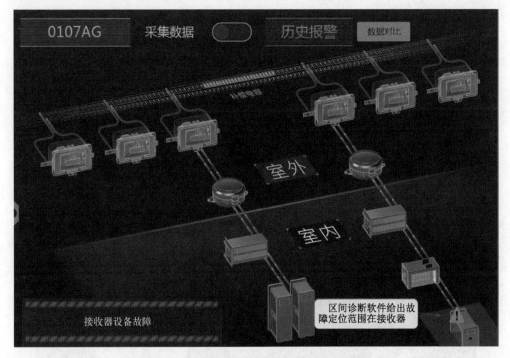

图14—35　接收器故障报警信息定位区域

案例14:智能诊断输出"接收器掉电"报警信息(图14—36)

序号	一级定位区域	故障类型	二级定位区域	三级定位区域	开始时间	结束时间	备注
61	0823BG	报警	接收调模拟网络	室内接收调模拟网络座至衰耗器区域异常	2024/3/11 9:31:06	2024/3/11 9:31:28	已确认
62	0842AG	报警	接收调模拟网络	室内接收调模拟网络座至衰耗器区域异常	2024/3/11 9:30:52	2024/3/11 9:30:55	已确认
63	0842BG	预警	接收器设备故障	接收器设备故障	2024/3/11 9:20:29	2024/3/11 9:20:53	已确认
64	0823BG	预警	接收器设备故障	接收器设备故障	2024/3/11 9:20:29	2024/3/11 9:20:53	已确认
65	0823BG	预警	主发送器设备故障	主发送器设备故障	2024/3/11 9:20:25	2024/3/11 9:20:52	已确认
66	0807AG	报警	室内发送端方向切换电路区域	室内发送器至模拟网络座区域开路	2024/3/11 9:20:13	2024/3/11 9:20:53	已确认
67	0823BG	报警	室内发送端方向切换电路区域	室内发送器至模拟网络座区域开路	2024		
68	0823BG	报警	接收调模拟网络	室内接收调模拟网络座至衰耗器区域异常	2024		
69	0823BG	预警	接收器设备故障	接收器设备故障	2024/3/11 8:58:30	2024/3/11 8:59:05	已确认
70	0823BG	预警	接收器掉电	接收器掉电	2024/3/11 8:58:30	2024/3/11 8:59:03	已确认

图14—36　接收器掉电报警信息

☞ 诊断分析

根据"接收器掉电"报警信息,点击该项报警信息,弹出报警信息定位区域,如图 14—37 所示,可初步判断为接收器未接入 24 V 工作电压,由此可判断故障范围在接收器 24 V 工作电源、空开及相关配线上面(因接收不在 11 段定位区域,故诊断软件不能给出建议检查项点图)。

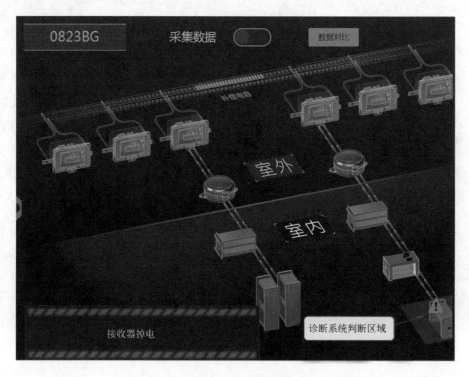

图 14—37 接收器掉电报警信息定位区域

第十五章 信号安全数据网网管信息分析

第一节 信号安全数据网组网情况

信号安全数据网主要用途是为地面列控系统相关硬件设备提供数据交互的通信平台。接入信号安全数据网的设备包括列控中心(TCC)、计算机联锁(CBI)、临时限速服务器(TSRS)、无线闭塞中心(RBC)、通信控制服务器(CCS)等。信号安全数据网应确保车站和中继站设备件及其与核心机房信号设备(如 TSRS、RBC)间的安全信息可靠传输。

信号安全数据网的基本组网结构如图 15—1 所示。

网络设备(交换机或中继器)单节信息传输延时不大于 50 μs;单网络(子网)内数据通信自愈时间不大于 50 ms;网络间数据通信自愈时间不大于 500 ms。信号安全数据网采用工业级以太网交换机设备构成冗余双环网,环网间采用物理隔离,交换机设备间采用单模光纤连接,其中双环网的互联光纤应采用不同的物理路径,同一环网中交换机设备间互联光纤与迂回通道使用的光纤应采用不同物理路径,且连接相邻交换机设备的光纤长度不宜超过 70 km,当通信距离超过 70 km 时,应增加通信中继设备。交换机的环网接口速率应为 1 000 Mbit/s 或 100 Mbit/s,数据业务接口速率为 100 Mbit/s 或 10 Mbit/s。交换机光口应具备光功率检测功能,并能够将检测数据上报至网管系统。

为提高信号安全数据网的可靠性和稳定性,不同的线路应划分不同的子网;铁路局集团公司分界处应划分不同子网;当网络中接入的网络设备(交换机和中继器)超过 60 台,或接入的通信设备所需配置的 IP 地址数量超过一个网段的容量(254 个 IP 地址)时,应划分不同子网。子网间的通信采用三层交换机实现,三层交换机间采用双冗余光缆进行链路聚合连接,双通道冗余光缆应采用不同路径。

集团公司间或线路间互联方式如图 15—2 所示。

子环网左右两侧分界点不应设在同一车站或中继站,应用设备的通信路径不宜超过三次路由,信息传输总延时不大于 50 ms,设置三层交换机的站点与迂回中继器不应同站设置。

子环网的互联方式如图 15—3 所示。

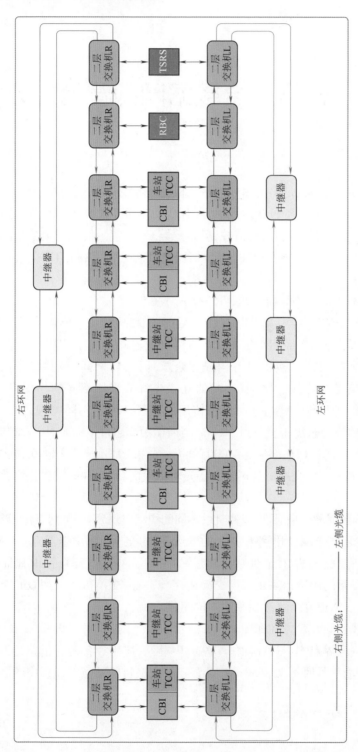

图 15—1 信号安全数据网的基本组网结构

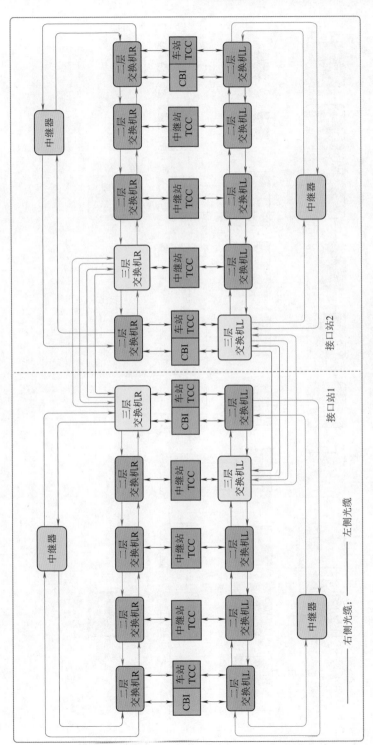

图15—2 集团公司间或线路间互联方式

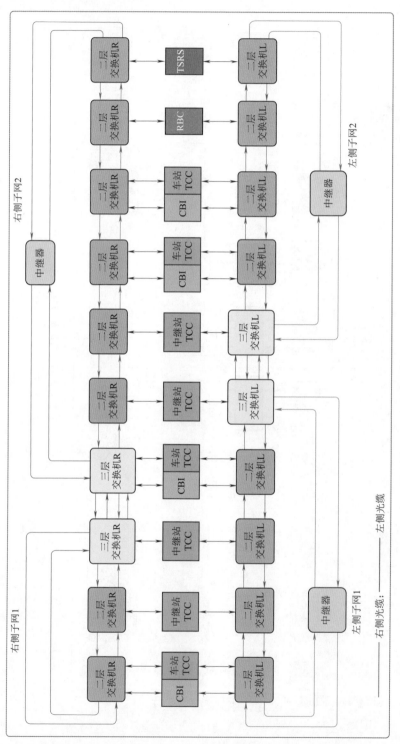

图15—3 子环网的互联方式

网络中单个子网使用的光纤必须由两条不同的物理路径(左侧、右侧)干线光缆构成。从通信机房引入信号机房的光缆应采用两条不同路径,且在通信机房光纤熔接后直接引入信号机房专用 ODF 架。

单个子网物理路径如图 15—4 所示。

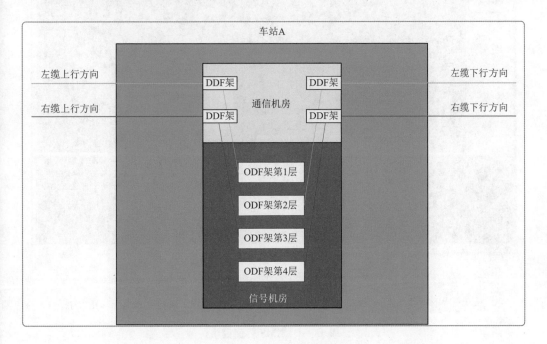

图 15—4　单个子网物理路径

第二节　信号安全数据网网络管理系统简介

信号安全数据网网络管理系统(EMS),负责监管所属线路信号安全数据网网络设备的在线运行状态,以及 EMS 与信号安全数据网之间设备的运行状态。EMS 主要实现拓扑管理、配置管理、故障管理、性能管理、安全管理。其软件基本特性为:可以管理多个网段;支持 10 个用户同时在线,可监视 1 000 台设备;自动发现并显示所有支持 SNMP 协议的设备,自动识别所有 KYLAND 设备;通过链路层发现协议(link layer discovery protocol,LLDP)可以自动映像实体联机状态;拓扑自动发现,支持拓扑结构动态刷新与手工绘制;支持操作日志和运行日志的记录、查询与导出功能;实时侦测 KYLAND网络设备状态并于告警发生时实时通知用户。

信号安全数据网网管 EMS 界面如图 15—5 所示。

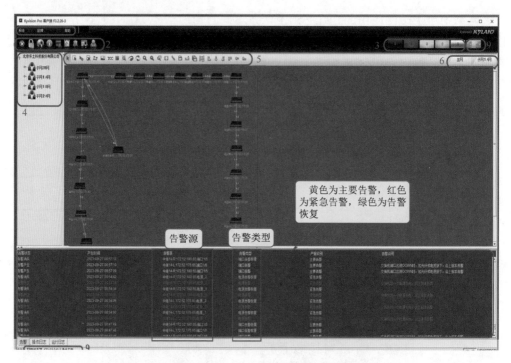

图 15—5　信号安全数据网网管 EMS 主界面

EMS 界面说明见表 15—1,并对工具栏、告警计数栏、拓扑工具栏进一步说明。

表 15—1　EMS 界面说明

序号	名　　称	说　　　　明
1	菜单栏	提供实现系统功能的菜单项
2	工具栏	提供常用菜单项的便捷操作
3	告警计数栏	按告警级别统计所有设备当前的告警数目
4	设备导航树	显示拓扑中的设备列表
5	拓扑工具栏	提供拓扑操作的便捷方式
6	拓扑切换区	在主网拓扑与子网拓扑之间进行切换
7	网络拓扑区	显示被监控设备之间的连接关系以及设备状态,用户也可以自定义拓扑图
8	信息显示区	实时记录告警信息、日志信息
9	通信网络状态	监测 client 与 sever 之间的连接状态

1. 工具栏说明(表 15—2)

表 15—2 工具栏说明

图标	操 作	说 明
	退出	退出当前客户端系统,功能与[系统]→[退出]相同
	锁定客户端	手工锁定客户端界面,功能与[系统]→[锁定客户端]相同
	子网管理	创建/删除子网,修改子网属性,功能与[配置]→[子网管理]相同
	设备属性配置	创建/删除设备、修改设备本地配置,功能与[配置]→[设备属性配置]相同
	故障管理	告警管理与查询,功能与[故障]→[故障管理]相同
	活动告警列表	当前位于活动状态的告警信息,功能与[故障]→[活动告警列表]相同
	告警铃音设置	在告警铃声开启的情况下,设置告警铃声音乐。不同的告警类型可以设置不同的告警铃声,告警铃声可以选择 *.wav 和 *.mp3 文件
	子网权限管理	创建/删除组监控人员,该监控人员必须是 monitor 用户,功能与[配置]→[子网权限管理]相同
	EMS 用户	对网管系统中的用户进行管理,包括创建/删除用户、修改用户属性、锁定/解锁用户,功能与[安全]→[用户]相同

2. 告警计数栏说明(表 15—3)

表 15—3 告警计数栏说明

告警级别	告警分类	告警描述
紧急告警	设备通信异常	网管系统不能和设备进行通信时产生的告警
	电源告警	使能设备侧电源告警后,一路电源失电,另一路电源正常供电时产生的告警
	失电告警	设备完全失电,不能工作时产生的告警
	温度告警	使能设备侧温度告警后,交换机温度突破设定阈值时产生的告警
	IP 冲突告警	使能设备侧 IP 冲突告警后,交换机与网络中其他设备 IP 地址相同时产生的告警
	MAC 冲突告警	使能设备侧 MAC 冲突告警后,交换机与网络中其他设备 MAC 地址相同时产生的告警

告警级别	告警分类	告警描述
主要告警	端口告警	使能设备侧端口告警后,端口 Link Down 时产生的告警
	环告警	使能设备侧环告警后,环开时产生的告警
	交直流告警	使能设备侧交直流告警后,直流供电时产生告警
	端口流量告警	使能设备侧端口流量告警后,端口流量超过设定阈值时产生的告警
	CRC 错误告警	使能设备侧端口 CRC 错误告警后,端口 CRC 错误超过设定阈值时产生的告警
	丢包率告警	使能设备侧丢包率告警后,端口丢包率超过设定阈值时产生的告警
次要告警	CPU 使用率告警	使能设备侧的 CPU 使用率告警后,CPU 使用率超过设定阈值时产生的告警
	内存使用率告警	使能设备侧的内存使用率告警后,内存使用率超过设定阈值时产生的告警
	接收光功率告警	使能设备侧的接收光功率告警后,光口接收光功率监测值低于设定阈值时产生的告警
	光功率过高/过低告警	使能设备侧的光功率告警后,光口光功率监测值超过设定阈值时产生的告警

3. 拓扑工具栏说明(表 15—4)

表 15—4 拓扑工具栏说明

图标	操作	说明
	选择	单击该图标,可以选中指定节点或连线
	全选	单击该图标,选中拓扑中所有节点和连线
	不选	单击该图标,取消节点和选中连线
	删除所选设备	单击该图标,删除所选中的设备
	鸟瞰图	单击该图标,弹出拓扑图的"鸟瞰图"窗口,通过移动红色区域框调整拓扑区的显示范围
	背景属性	单击该图标,弹出设置背景属性对话框,可以设置网格、背景色、背景图片,双击可以选中相应选项,选择设置背图片时,在背景图片文件中选择图片所在路径
TCC	创建设备	单击该图标,创建设备
	修改设备名称	拓扑图以及设备导航树中设备标签默认为设备名称。 在线交换机的设备名称由设备侧的系统名称和 IP 地址组成;其他设备的设备名称由设备名称前缀和设备 ID 号组成,设备名称前缀默认为设备。 单击该图标,弹出修改设备名称对话框,输入原设备名称前缀和新设备名称前缀,点击 <确定> 按钮即可成功修改指定设备节点的设备名称前缀。 注:单击该图标前请选择需要修改设备名称前缀的设备节点
	自动拓扑	按照网段或指定 IP 自动拓扑网络结构

续上表

图标	操作	说　明
	再次自动拓扑	按照上次拓扑方式进行重新拓扑
	刷新设备连线	刷新网络拓扑中的设备连线
	放大	单击该图标,放大拓扑图
	缩小	单击该图标,缩小拓扑图
	1∶1	单击该图标,可按原始大小显示拓扑图
	适合窗口	单击该图标,调整拓扑图大小至适合窗口范围,完整的显示当前拓扑图
	建立连接	对于无法自动拓扑出来的连线,通过单击该图标可以手工连线
	自动布局	单击该图标,自动布局拓扑中所有节点
	自动步圆	单击该图标,将选中节点自动布局成环形拓扑
	自动步方	单击该图标,将选中节点自动布局成方形拓扑
	保存当前拓扑	单击该图标,保存当前拓扑图,下次登录时将自动显示保存后的拓扑图
	导出拓扑图像	单击该图标,弹出保存对话框,选择存放位置并输入文件名,即可将当前拓扑图保存为图片,图片格式为 jpg 格式
	保存所有拓扑	单击该图标,保存所有拓扑图,下次登录时将自动显示保存后的所有拓扑图
	编辑连线	点击该图标,可以移动连线的起始位置和终止位置
	左对齐	将所有选中的节点左对齐
	横向居中	将所有选中的节点横向居中
	右对齐	将所有选中的节点右对齐
	上对齐	将所有选中的节点上对齐
	纵向居中	将所有选中的节点纵向居中
	下对齐	将所有选中的节点下对齐

第三节　信号安全数据网调看分析

一、网管程序的打开

在信号安全数据网网管 EMS 终端上打开网管程序,如图 15—6 所示。

1. 服务器端启动

于 EMS 终端上双击 服务器软件开启服务器,进入服务器启动界面,待启动进程条全部变绿时表示启动完成;如启动失败则需单击【启动】按键重新启动,直至启动成功。

图 15—6　EMS 网管程序

2. 客户端登录

于 EMS 终端上双击 运行客户端程序,进入客户端登录界面输入用户名和密码,点击登录进入信号安全数据网网管 EMS 操作界面。

二、网管 EMS 终端调看分析

1. 光功率查询

在 EMS 网管程序中鼠标右键点击所要查询的设备,选择红框中"设备性能监控"选项(图 15—7)。

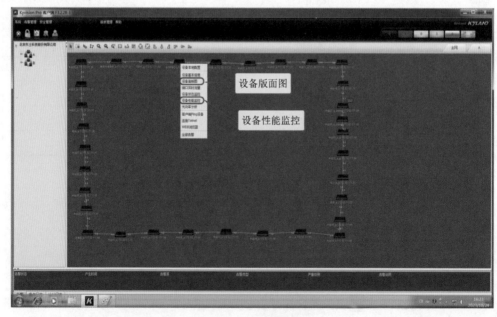

图 15—7　查询设备

打开查询页面(图15—8),鼠标左键点击查询,进行光功率查询,人工记录并与上一周期数据对比分析,光衰值超过 −20 dBm 时应进行连接状态排查。

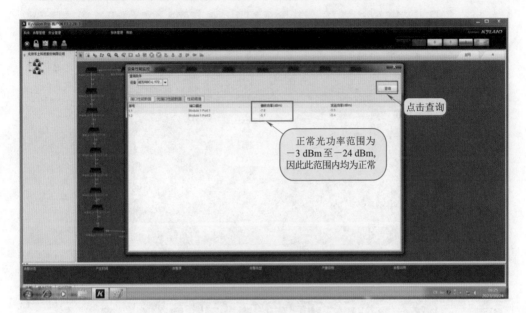

图15—8 查询光功率

2. 调看设备运行状态

鼠标右键选择红框中"设备版面图"(图15—7),即可打开所要查询设备的实时前面板,通过运行指示灯显示查询设备实时运行状态(图15—9)。

在显示的交换机前面板图中,可以动态地显示各端口的运行状态,接入线缆并有数据传输的端口指示灯会亮起(图15—10)。其中端口 1~4 为信号安全数据网光纤接入端口指示灯;网线端口 5、6 为与列控 TCC 通信端口(图15—5 中 EMS 主界面的信息显示区,告警源中提示的"1/5、1/6"端口即为此端口);网线端口 7、8 为与联锁 CBI 通信端口(图15—5 中 EMS 主界面的信息显示区,告警源中提示的"1/7、1/8"端口即为此端口)。

3. 查询报警信息

浏览 EMS 网管程序主页面"信息显示区"(图15—11)红框中所示。

信息显示区实时记录告警信息状态和日志信息,可以结合告警发生类型与提示信息分析设备状态、故障原因。

以信息显示区(图15—12)如下两条信息为例进行分析说明。

| 2023-9-27 | 01:00:31 | 中继 14-R | 172.52.180.65 端口 1/6,端口告警 |
| 2023-9-27 | 01:00:31 | 中继 14-L | 172.52.175.65 端口 1/5,端口告警 |

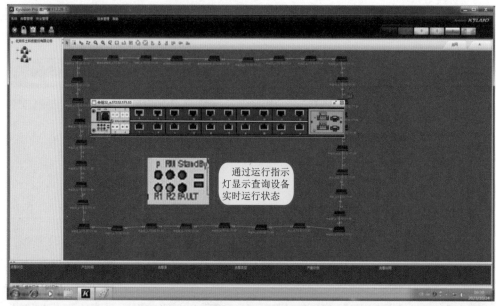

图 15—9　查询设备运行状态

图 15—10　交换机前面板

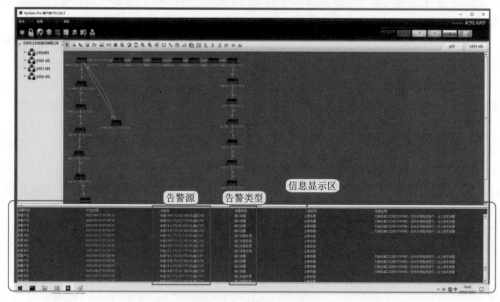

图 15—11　信息显示界面

以上信息记录了发生时间、发生站点、网络类型、IP 地址、端口号、报警类型。告警发生的时间为天窗时间段,地点为中继 14,网络类型分别为信号安全数据网的左网和右网(L 表示左网,R 表示右网),端口"1/5,1/6"表示列控端口(图 15—10 设备面板查看中已说明),判断告警发生为中继 14 站列控设备与信号安全数据网通信中断造成此报警。经过与现场联系沟通得知天窗时间段进行中继 14 站列控设备切系试验,造成瞬间列控与信号安全数据网左右网通信中断,切系完成后自动恢复。

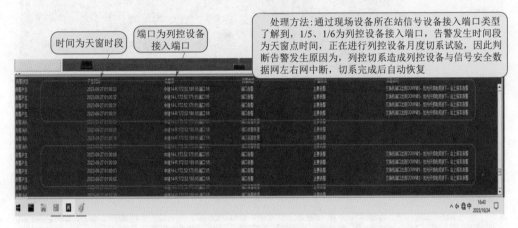

图 15—12　信息显示区

第四节　典型案例分析

一、常见故障

1. 信号安全数据网交换机故障

此类故障会直接影响交换机所在的网络,故障交换机的车站会显示本站与邻站 TCC、本站联锁及 TSRS 单网通信中断。需检查交换机供电是否正常,交换机指示灯是否正常闪烁。

2. 与邻站光通道故障

由室外施工破坏通信光缆造成。在网管服务器上确认故障区间后需联系通信部门对光通道进行检测修复。

3. ODF 架尾纤故障

ODF 架到信号安全数据网交换机的尾纤在受压或弯曲超过 90°时会造成损伤或折断(要求光纤弯曲半径不得小于 5 cm),可通过替换来确认故障尾纤。

4. 网管服务器与交换机通信故障

由于 SNMP 数据包被阻塞,网管服务器无法轮询到交换机。

二、案例分析

案例 1：交换机某业务端口报警（图 15—13）

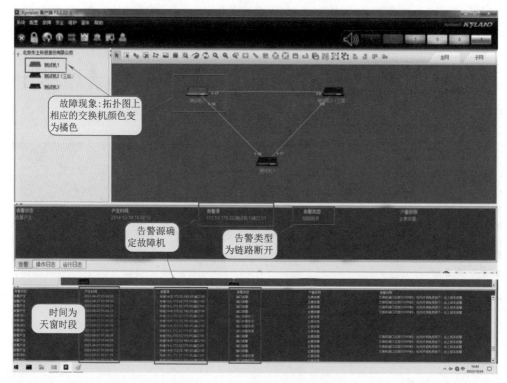

图 15—13　交换机业务端口告警

☞ 故障现象

网管服务器上出现端口报警，提示某交换机端口出现 DOWN，同时该端口所连接的应用设备报通信中断。当该故障发生时，拓扑图上相应的交换机颜色变为橘色，同时告警栏会上一条告警信息。

☞ 常见原因

（1）交换机该端口与应用设备间的网线松动或中断。

☞ 处理方法

至现场检查交换机该端口光纤或网线是否插接紧固或出现折断现象，可以利用光功率测试仪或 RJ-45 网线测试仪进行测试。

（2）端口对应的设备断电（如联锁、列控设备切系）。

☞ 处理方法

检查信号安全数据网上挂载的外部设备运行状态，是否运行良好，是否存在断电重启、切系倒机。

案例 2:交换机环网端口报警(图 15—14)

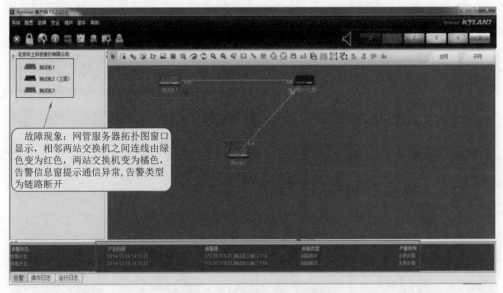

图 15—14 交换机环网端口报警

☞ 故障现象

网管服务器拓扑图窗口显示,相邻两站交换机之间连线由绿色变为红色,同时两站交换机变为橘色,告警信息窗提示通信异常。

☞ 常见原因

(1)两站 ODF 架光纤端口与光纤尾纤损坏。

☞ 处理方法

至两站分别检查两站 ODF 架光纤端口与尾纤连接状态,是否存在尾纤损坏现象。

(2)两站间光通道质量不良,测试光功率低于信号安全数据网要求标准 – 24 dBm,判定为光通道质量问题造成故障。

☞ 处理方法

两站间光通道质量存在问题,通过测试光功率来判断通道质量好坏。

案例 3:全网交换机报通信异常(图 15—15)

☞ 故障现象

网管服务器拓扑图中所有交换机全部变成红色,同时告警栏中报所有交换机通信异常。

☞ 常见原因

(1)网管服务器与信号安全数据网交换机之间的链路通道不良。

(2)网管服务器与信号安全数据网之间的网线或防火墙状态异常。

☞ 处理方法

先确认信号安全数据网中所连接的信号设备运行通信状态,可询问现场设备运行状态,也可远程登录各站列控维修机,通过列控网络拓扑图确认信号安全数据网状态。若信号系统设备运行通信状态均良好,则可判断该故障为上述原因造成,需检查网管服务器与信号安全数据网之间的网线或防火墙状态是否良好。

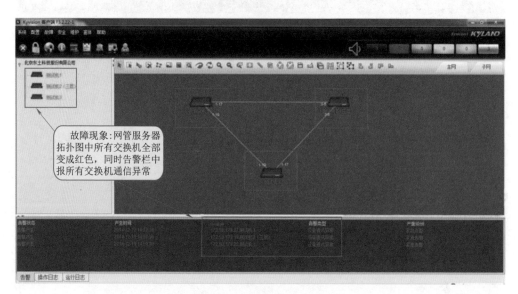

图 15—15　全网交换机报通信异常

案例4:全网交换机状态反复,全网交换机报通信异常(图 15—16)

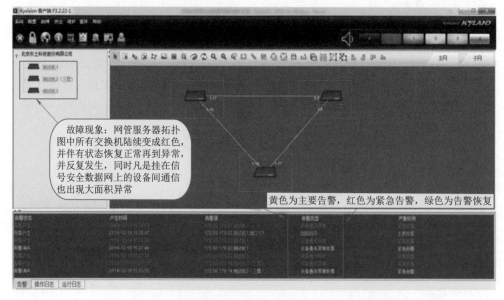

图 15—16　全网交换机状态反复/全网交换机报通信异常

☞ 故障现象

网管服务器拓扑图中所有交换机陆续变成红色,并伴有状态恢复正常再到异常,并反复发生,同时凡是挂在信号安全数据网上的设备间通信也出现大面积异常。

☞ 常见原因

发生网络风暴。

☞ 处理方法

出现该现象时,应立即与最近站人员取得联系,在信号安全数据网 ODF 架拔除任意一根相邻站间的通信光纤,破坏掉环形网络结构改为链形结构,站间通信即可恢复。处理过程中需实时确认网络状态。

案例 5:交换机电源告警(图 15—17)

☞ 故障现象

网管服务器拓扑图中某交换机变红,信息栏中显示红字"电源告警"。

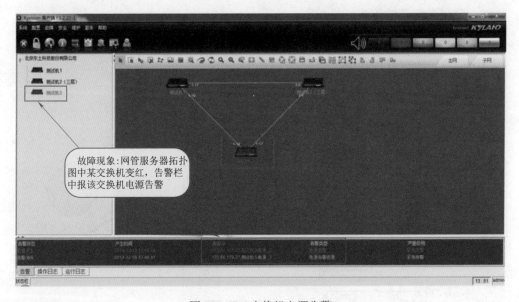

图 15—17　交换机电源告警

☞ 常见原因

(1)交换机使用的电源模块故障。

(2)交换机硬件故障。

☞ 处理方法

更换电源模块或交换机。

第十六章　环境监测及机房智能巡检系统分析

第一节　环境监测系统结构

随着铁路信号设备的更新换代,信号设备对机械室内工作环境的要求也越来越高,一旦机械室内环境参数超出了规定标准,可能影响信号设备正常运用。为了保证机械室的环境要求以及对突发事件的及时处理,机械室内环境温度、湿度、烟雾、明火、水浸、门禁、玻璃破碎和关键设备点温度等,也都是需要关注的内容。

一、环境监测系统组成

环境监测系统由环境监控主机和相应的传感器、控制器组成,可与集中监测无缝结合(图 16—1),也可自成系统。

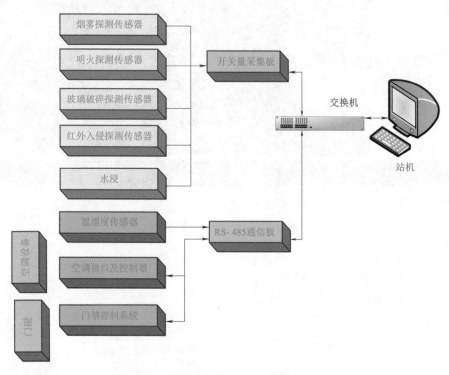

图 16—1　环境监测系统与集中监测接口示意

采用有源传感器,可以实现对现场环境的温度、湿度、烟雾、明火、水浸、空调电压、电流、功率、红外探测、门磁开关报警的测试或监测,同时对空调进行远程控制和人工设定。

二、空调远程控制

遇临时停电再恢复供电后,机械室内空调仍然处于关闭状态,如果在夏季高温天气时不及时恢复空调运行,机械室内温度极易过高超标。考虑到沿线存在大量的无人站,现场人工——开启存在一定难度,并耗时较长,环境监测增设了空调远程控制功能(图16—2),控制空调的启用/关闭和温度设定。

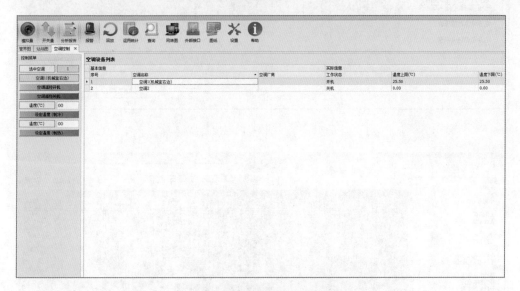

图16—2　空调远程控制操作界面

第二节　典型案例分析

案例:机械室内温度过高超标(图16—3、图16—4)

☞ 原因分析

图16—3中,微机室2温度值为41.1 ℃,根据《维规》规定:信号机械室温度不得超过30 ℃,因此,对温度超过30 ℃的情况需要及时进行判断处理。从图16—3中可以发现空调6电流几乎为0 A,说明该处空调处于未工作的状态。

图16—4中显示自空调关闭后,由于外界高温持续,加之机械室内电子设备较多,室内温度逐渐上升。此时应及时开启空调,确保机械室内温度正常,保障设备正常运行。

图16—3　机械室内温度过高

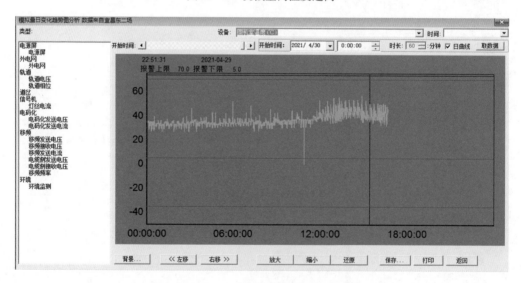

图16—4　微机室内温度逐渐上升

第三节　机房智能巡检系统简介

信号机房智能巡检系统加装巡检机器人,对机房内环境信息、设备外观、运行状态指示灯、计表读数、断路器状态等进行图像采集,通过图像智能识别技术,获取机房设备及环境信息,实现设备巡检、环境检测、应急辅助、作业远程管控等功能。

一、系统登录界面

如图 16—5 所示,用户登录系统后,能够通过系统门户查看关心的系统信息,也可操控机器人进行查看控制。有重大的异常信息,会在系统右上角弹出报警提示,用户点击后才会关闭。

图 16—5　智能巡检系统登录界面

二、功能架构

智能巡检系统功能架构如图 16—6 所示。

接入层:用于对机器人的数据进行接收和发送,包括机器人本体和控制端,控制端和服务器端。

数据层:主要是对已初步处理的数据进行操作,为应用层或功能服务层提供数据服务,包括存储系统相关的数据信息,对接入层采集的媒体数据进行处理等。

功能服务层:主要是针对巡检路径规划、状态分析识别、报警分析等具体问题操作的功能,对数据层的处理的数据进一步进行逻辑判断处理。

应用层:主要为用户操作界面,接供与用户接口的各项功能。

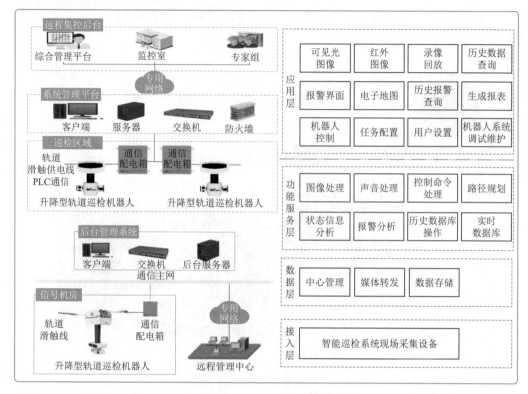

图 16—6   智能巡检系统功能架构

三、数据统计及审核分析 (图 16—7)

数据统计及审核分析界面如图 16—7 所示。

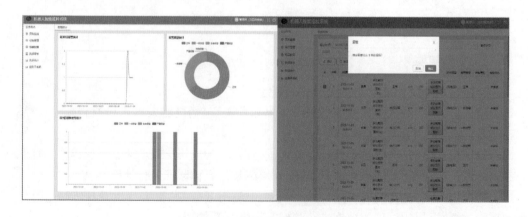

图 16—7   数据统计及审核分析界面

系统提供了基本的统计分析功能,包括报警数量分布统计、报警类型分布统计、报警级别分段统计等,可以按照用户需求进行进一步的增加,提高巡检数据的使用效率。当发现异常时,人工对发现的异常信息进行数据审核。对于无法确认的异常信息,审核人员可以集中发起一键复检,系统自动生成复检任务,对选中的节点进行二次采样分析。

第十七章　信号集中监测系统分析与报警

　　CSM 是监测信号设备运用状态的重要设备,监测数据的表现形式主要有实时值、日报表、记录曲线、日曲线、月曲线及年曲线等。实时值可及时查阅道岔、轨道电路、信号机、电源屏等设备的监测数值和状态;日报表记录每天实时值中不同状态的最大值、最小值、平均值;记录曲线包括转辙机动作的电流、功率、油压曲线,外电网故障曲线,高压不对称轨道电路波形曲线;日曲线、月曲线、年曲线能够反映监测数值相应时段内的发展趋势,有助于宏观上评估设备状态。电务维护人员利用 CSM 对设备运用质量进行调阅、分析,掌握质量信息指导设备维修,追踪报警信息,及时处置隐患。

第一节　日常分析调阅流程和方法

　　日常分析调阅的内容包括设备状态信息、报警信息、模拟量实时值、开关量实时值、日曲线、记录曲线、日报表、年月曲线和人工测试值等几项内容。

　　站机或终端的系统主页界面如图 17—1 所示,包括主菜单区、快捷菜单区、告警提示和登录区、功能显示区、网络状态显示区。

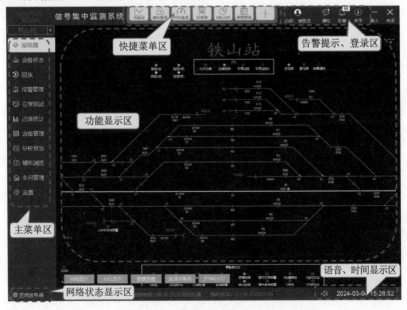

图 17—1　站机子系统主页界面

1. 设备状态信息

点击站机或终端的主菜单中"设备状态",再点击"状态总览图"进入设备状态总览图界面,如图 17—2 所示。

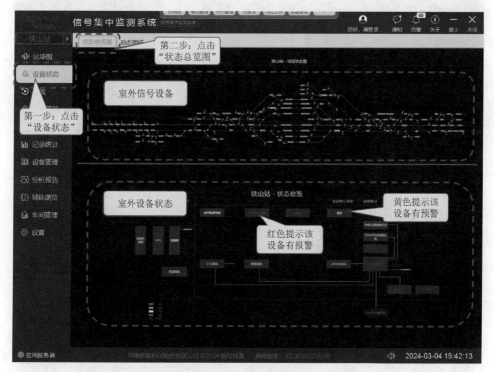

图 17—2　设备状态总览图界面

设备状态总览图包括站场室外设备和室内各系统设备的状态,以不同颜色区分设备运行状态。颜色定义见表 17—1。

表 17—1　设备运行状态颜色含义

颜色	设备运行状态	颜色	设备运行状态
灰色	未知	黄闪	未恢复且未处理的预警
绿色	正常	红色	报警
绿闪	预警、报警已恢复但未处理的提示	红闪	未恢复且未处理的报警
黄色	预警		

在设备状态总览图界面(图 17—2),可以通过双击室内各系统设备中某个设备进入该系统详细状态图,如图 17—3、图 17—4 所示。

设备连接线的颜色表示设备之间的连接状态,设备状态颜色表示工作状态。颜色定义见表 17—2。

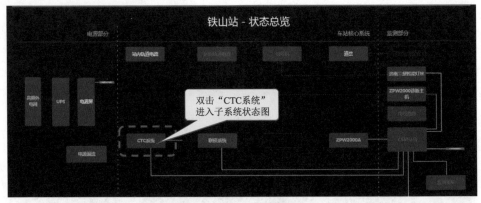

图 17—3　运行状态界面一

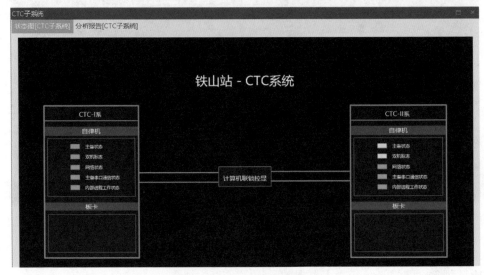

图 17—4　运行状态界面二

表 17—2　设备连接线颜色含义

颜色	设备状态	设备间连线	颜色	设备状态	设备间连线
灰色	未知	连接状态未知	红色	故障	连接状态出现故障
绿色	主用/正常	连接状态正常	蓝色	未初始化	
黄色	备用				

2.报警信息

（1）站机报警信息调阅

点击站机的主菜单中"报警管理",进入报警管理界面,可以选择"重点关注报警""报警查询""后台报警""报警案例管理""天窗内报警批处理"和"未恢复报警处理"选项。点击"报警查询"进入报警查询界面,如图 17—5 所示。

图 17—5　站机报警查询界面

报警查询界面默认查询当天内发生的所有报警信息,可以通过报警类型和报警级别分类查询,也可以关联报警时间、报警处理状态、恢复状态、天窗状态、设备状态、设备类型、处理人和设备名称等进行筛选,如图 17—6 所示。

图 17—6　报警查询筛选界面

选择报警信息后,点击右键,选择弹出窗口中的"诊断"选项,进入报警诊断界面,如图 17—7 所示。

图 17—7　进入报警诊断界面

进入报警诊断界面后,可分析报警详情,如图 17—8 所示。

(2)终端报警信息调阅

点击终端的主菜单中"报警管理",进入报警管理界面,可以选择"重点关注报警""报警查询""后台报警""报警案例管理""天窗内报警批处理"和"未恢复报警处理"选项。点击"报警查询"进入报警查询界面,如图 17—9 所示。

报警查询界面,设有"组织机构"区域,可以按照电务段、车间、车站选择报警查询范围。

组织机构选择完成后,终端报警查询分析方法与车站相同。

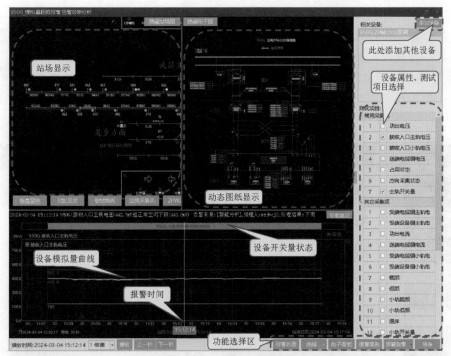

图 17—8　报警诊断界面

图 17—9　终端报警查询界面

3．日常测试

点击主菜单中"日常测试"，进入日常测试界面，可以选择"模拟量实时值""开关量实时值""日曲线""道岔曲线""日报表""年月曲线"和"人工测试"选项。

（1）模拟量信息调阅

点击主菜单中"日常测试"，进入日常测试界面，点击"模拟量实时值"进入模拟量实时值界面，如图17—10所示。

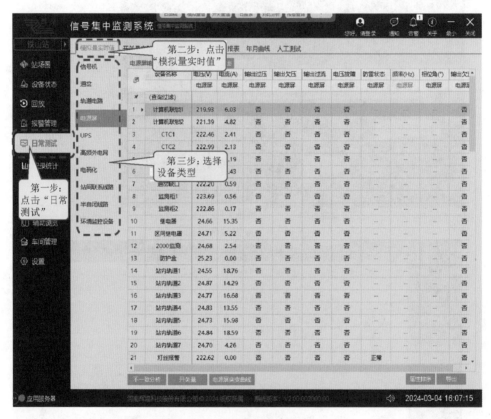

图17—10　模拟量实时值界面

模拟量实时值界面，可以通过功能菜单栏选择查看信号机、道岔、轨道电路、电源屏、UPS、外电网、电码化、站间联系线路、半自动线路和环境监测等设备实时模拟量信息。如图17—11所示，当实时值在标准范围内，字体为黑色；当实时值在标准范围外，字体为红色，表示电气特性超标。

（2）开关量信息

点击主菜单中"日常测试"，进入日常测试界面，点击"开关量实时值"进入开关量实时值界面，如图17—12所示。

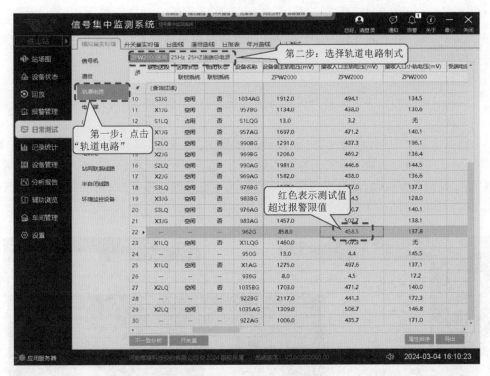

图 17—11　模拟量实时值异常界面

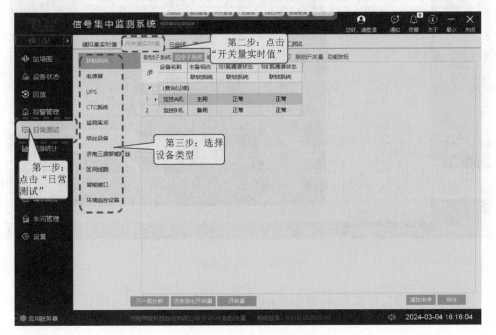

图 17—12　开关量实时值界面

开关量实时值界面,可以通过功能菜单栏选择并查看联锁系统、列控系统、ZPW-2000系统、电源屏、UPS、CTC系统等接口传送以及监测系统自采集的开关量实时状态信息。

4. 日曲线信息

调阅日曲线可以查看设备开关量及模拟量一日变化趋势,也可以查看一天内任何时刻的数据。

点击主菜单中"日常测试"进入日常测试界面,再点击"日曲线"进入日曲线界面(图17—13),通过功能菜单栏选择查看信号机、道岔、轨道电路、电源屏、UPS、外电网、电码化、站间联系线路、半自动线路和环境监测等设备的日曲线,设备相关的开关量状态与模拟量信息同步在一个界面显示。

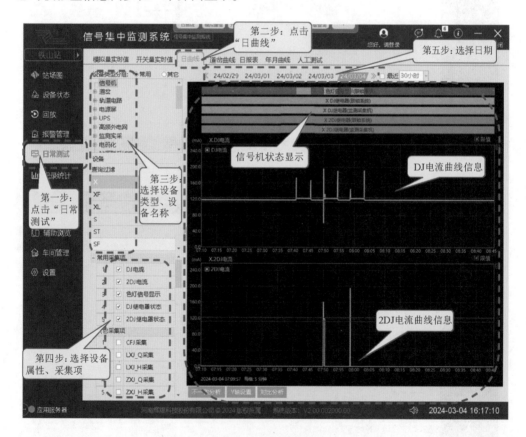

图17—13　日曲线界面

在日曲线界面,对比模拟量上下限可快速判断设备模拟量信息是否正常,如图17—14所示。

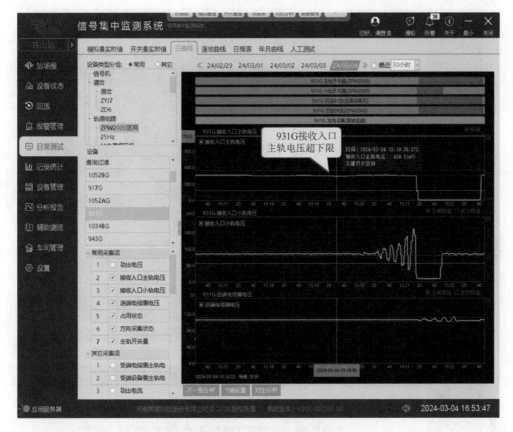

图 17—14　日曲线超限界面

5. 道岔动作曲线信息

点击主菜单中"日常测试"进入日常测试界面,再点击"道岔曲线"进入道岔曲线界面(图 17—15),通过功能菜单栏中道岔设备和扳动时间选择查看道岔动作曲线,对比标准曲线判断道岔工作状态是否良好。

道岔曲线界面默认多设备单次曲线方式,便于同时调阅分析多机牵引道岔各转辙机的动作曲线。通过"曲线显示方式切换"切换到单设备多曲线模式,可以查看同一转辙机多次的动作曲线,便于对比分析,如图 17—16 所示。

在道岔曲线界面,可以将当前道岔曲线保存为当前所选道岔的标准曲线或摩擦曲线,如图 17—17 所示。

在道岔曲线界面,可以通过点击"标准曲线管理",对已保存的道岔动作标准曲线进行管理操作,如图 17—18 所示。

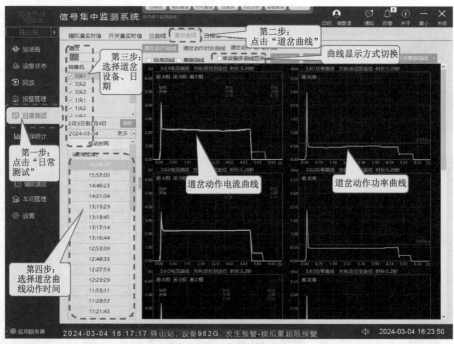

图 17—15 道岔曲线界面

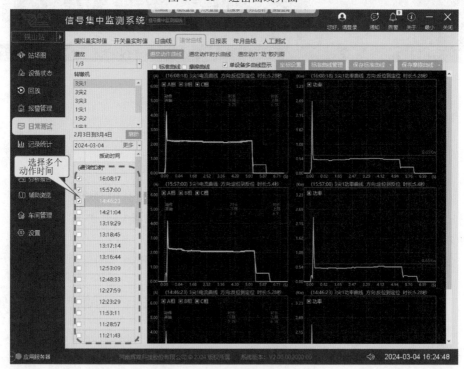

图 17—16 道岔曲线选择界面

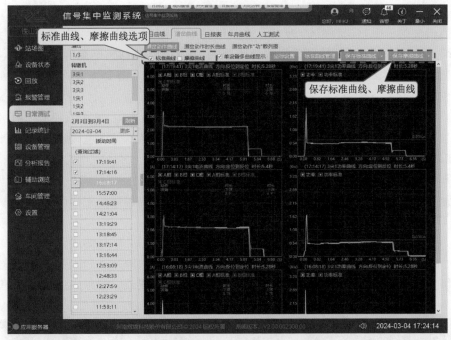

图 17—17　道岔标准曲线保存界面

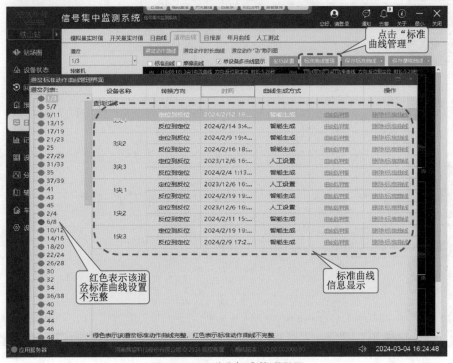

图 17—18　道岔标准管理界面

6.日报表信息

点击主菜单中"日常测试"进入日常测试界面,再点击"日报表"进入日报表界面(图 17—19),可以通过功能菜单栏选择信号机、道岔、轨道电路、电源屏、UPS、外电网、电码化、站间联系线路、半自动线路和环境监测等设备,并点击要查询的日期进入需要查询的日报表。

日报表界面可以显示设备一天内模拟量不同状态的最大值、最小值和平均值信息,当数值在标准范围内字体为黑色;当数值在标准范围外字体为红色,表示电气特性超标,如图 17—20 所示。

7.年月曲线信息

通过调阅年月曲线可以查询设备模拟量一年或一月内趋势变化情况,如图 17—21和图 17—22 所示。

点击主菜单中"日常测试",进入日常测试界面,再点击"年月曲线"进入年月曲线界面,可以通过功能菜单栏选择信号机、道岔、轨道电路、电源屏、UPS、外电网、电码化、站间联系线路、半自动线路和环境监测等设备,选择年曲线或月曲线,还可以单独选择调阅最大值、最小值或平均值曲线。

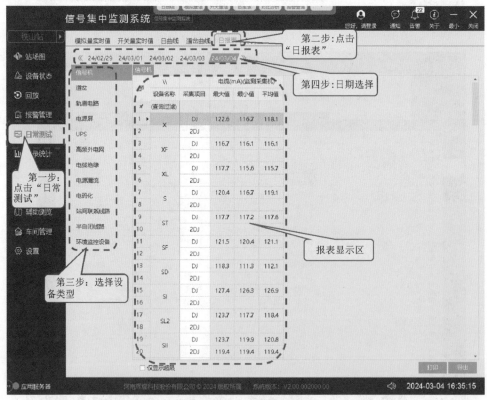

图 17—19　日报表界面

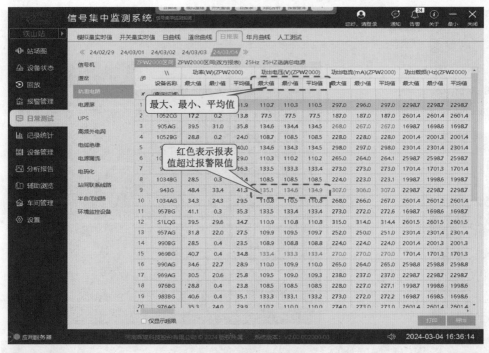

图 17—20　日报表超限界面

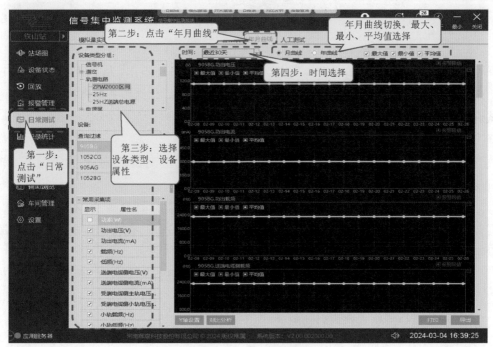

图 17—21　月曲线界面

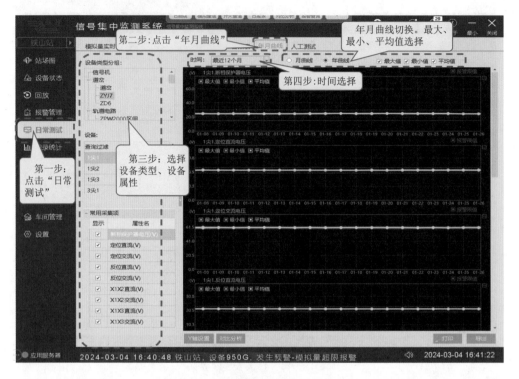

图17—22 年曲线设备选择界面

8.人工测试值信息

点击站机主菜单中"日常测试",进入日常测试界面,再点击"人工测试"进入人工测试界面,包括电缆绝缘、电源漏流及残压测试三项功能。监测服务器终端只能调阅测试值,不能进行测试操作。

(1)电缆绝缘

选择"电缆绝缘"选项,查看上一次电缆绝缘人工测试值列表,如图17—23所示。

电缆分区选择(图17—23)分为全部、站联(需拔防雷)、日常测试(不需拔防雷)、需要拔防雷及未分区等五个选项,除"全部"以外的四个选项,包含的设备可根据需要设定。

通过双击设备名称或选择需要测试的电缆分区,可进行人工测试,会弹出"请在天窗点内启动测试"的提醒框,应确认在天窗点内方可点击"确定"(图17—24),弹出"用户信息"验证窗口后输入密码启动测试(图17—25)。

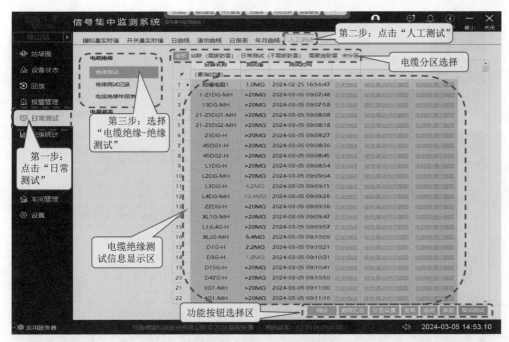

图 17—23 绝缘测试测试界面

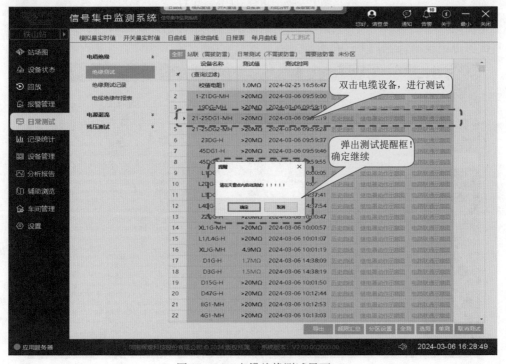

图 17—24 电缆绝缘测试界面

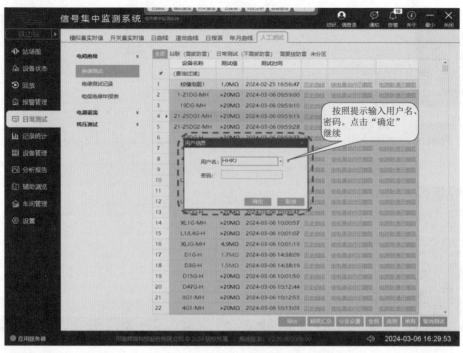

图 17—25　用户信息验证窗口

在电缆绝缘测试界面,点击"绝缘测试记录"选项,并选择测试日期,可以查看绝缘测试历史记录值,如图 17—26 所示。

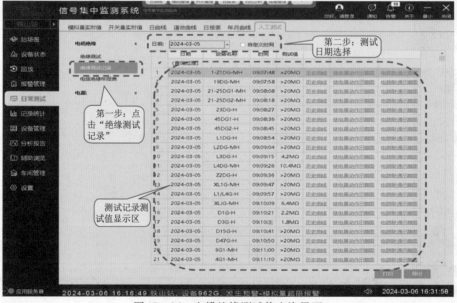

图 17—26　电缆绝缘测试值查询界面

（2）电源漏流

在人工测试界面,在功能菜单栏中选择"漏流测试"选项,查看上一次人工测试值列表,如图17—27所示。测试操作过程同"电缆绝缘"。

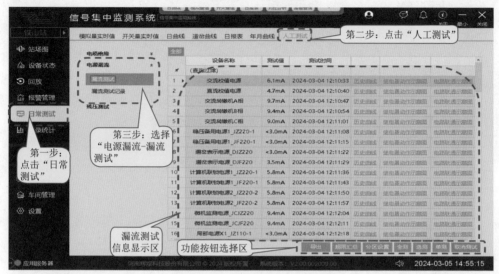

图17—27　电源漏流测试界面

（3）残压测试

在人工测试界面,在功能菜单栏中选择"残压测试"选项,进入残压测试界面,可选择"25 Hz"和"ZPW2000"等制式轨道电路,实现录入、调阅人工现场测试的分路残压数据功能,如图17—28所示。

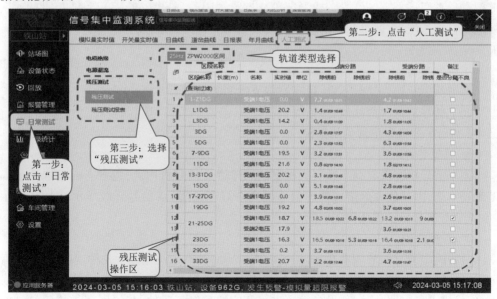

图17—28　残压测试界面

第二节　信号集中监测系统报警

一、四级报警简述

信号集中监测系统能及时记录监测对象的异常状态,并具有一定的故障诊断能力,还能监测信号设备的主要电气特性。当偏离预定界限或不能正常工作时产生预警或报警。监测系统根据设备故障性质产生三级报警和预警。

一级报警:涉及行车安全及行车组织,须立即处理的报警。

二级报警:影响行车或设备正常工作,须尽快处理的报警。

三级报警:设备电气及机械特性发生变化即将无法正常工作,须重点关注的报警。

预警:设备正常工作,但出现趋势性的性能劣化时预警。

二、各级报警信息详述

1. 一级报警

(1)挤岔报警

☞ 报警条件

道岔在所处的轨道电路区段红光带或白光带的情形下,出现道岔断表示的现象,此时将在实时报警窗内产生"××道岔挤岔"报警信息。

☞ 分析方法

使用"回放"功能,查看当时报警前后的状态,确认两点情况:一是轨道区段的红光带是有车占用还是突发红光带或者区段有进路锁闭;二是道岔断表示后是立即自动恢复还是一直未恢复,通过掌握的情况能大致判断问题的严重性,再进行进一步的处理。

☞ 常见原因

①道岔被挤。

②道岔表示接点接触不良,过车时造成瞬间断表示。

③工务在道岔区段换轨、整治。

(2)列车信号非正常关闭报警

☞ 报警条件

列车信号机在没有列车按三点检查的顺序进入信号机内方,也没有办理取消或人工解锁手续,因其他原因造成列车信号机允许灯光关闭(或信号降级显示)时,会产生"××信号机非正常关闭"的报警信息。

☞ 分析方法

分析时应通过回放调看数据,重点检查报警时刻有无发生以下几种情况:进路上有区段异常红光带(即未按三点检查占用);超限绝缘相关区段红光带;进路上道岔断表示;信号机点灯电路故障;如果是发车进路还应注意发车条件(如区间条件或邻站给的影响开放信号的站联、场联条件)是否发生了变化。此外,还有可能是正常取消或解锁时,由于监测未采集到总取消或总人解开关量导致误认为非正常关闭而报警,如果是此情况,进路上的光带能全部同时解锁,不会出现漏解锁现象。

☞ 常见原因

①作业妨害。

②允许灯光点灯电路故障。

③进路上道岔断表示故障造成。

④轨道电路设备不良造成红光带。

⑤邻站(邻场)取消信号导致本站信号降级或关闭。

(3)故障通知按钮报警

☞ 报警条件

车站值班员发现信号设备故障,破封按压故障通知按钮,会产生"故障通知按钮"的报警信息。

☞ 处置分析方法

①应立即通知该站所属工区、车间应急处置。

②通过回放调看历史数据,查看站场图上是否有信号状态异常,结合故障处理信息,分析故障前后该信号设备的各项数据性能。

(4)火灾报警

☞ 报警条件

监测自采集的环境监测信息中,烟雾开关量和明火开关量状态同时吸起,并持续一定时间后,会产生"火灾报警"的报警信息。

☞ 处置分析方法

①应立即通知该站所属工区、车间应急处置,并报段指挥中心。

②通过监测、监控设备调看环境监测数据、监控视频,查看信号设备有无故障或报警。

③通过回调环境监测的温湿度信息、烟雾和明火开关量的变化情况,分析造成火灾报警的原因。

(5)防灾异物侵限报警

☞ 报警条件

监测自采集的防灾继电器(列控系统)状态落下,并持续一定时间后,会产生"防灾异物侵限报警"的报警信息。

☞ 处置分析方法

①应立即通知该站所属工区、车间应急处置,并报段指挥中心。

②通过调看是否有"防灾异物侵限"导致的轨道电路红光带。

③回放并调看历史数据,分析防灾继电器开关量变化导致报警的原因。

☞ 常见原因

①发生异物侵限事件。

②防灾工务设备故障。

③防灾信息通道故障。

(6)SJ锁闭封连报警(仅限于继电联锁站)

☞ 报警条件

监测自采集的SJ继电器状态吸起,并持续一定时间后,会产生"××道岔SJ锁闭封连报警"的报警信息。

☞ 分析方法

通过回放调看历史数据,检查道岔扳动过程的继电器变化信息,分析道岔SJ锁闭封连开关量变化的原因。

(7)外电网双路断电

☞ 报警条件

外电网监测的Ⅰ路和Ⅱ路对应的A、B、C三相同时断电(或两相同时断相),并持续一定时间后,会产生"××外电网Ⅰ、Ⅱ路电源均断电"的报警信息。

☞ 分析方法

通过回放调看历史数据,检查外电网采集的电压电流等模拟量是否正常,检查外电网的Ⅰ路、Ⅱ路三相断相开关量是否吸起。

☞ 常见原因

①供电部门检修或故障造成外电网断电、断相。

②开关箱闸刀不良,配线断。

③监测外电网采集保险管不良、配线断。

(8)道岔无表示报警

☞ 报警条件

信号集中监测中将"道岔无表示"报警分为"非正常动作"和"正常动作"两种。"非正常动作"表示道岔在没有扳动的情况下断表示,此时只要瞬间断表示便会产生报警;而"正常动作"表示道岔是在扳动过程中断表示,此时断表示时间达到13 s方会产生报警。

☞ 分析方法

对"非正常动作"断表示,由于当时道岔未动作,因此主要通过回放进行分析,查看当时的各项相关开关量的变化。而对于"正常动作"断表示,则需要查看当时的动作电流曲线,方可判断故障原因(具体判断见道岔动作曲线分析)。

☞ 常见原因

①天窗点检修作业。

②外单位作业妨害。

③设备不良。

（9）安全监督报警

☞报警条件

①车站道岔：实现多机牵引道岔总、分表示一致性检查，及时发现道岔位置错误。

②区间信号：实现信号灯序、轨道电路码序合理性检查及灯码一致性检查，及时发现信号显示升级错误。

③站内联锁：实现联锁进路从建立到解锁全过程的信号、道岔、轨道等状态检查，及时发现联锁关系错误。

上述车站信号设备联锁安全关键信息检查比对共产生七种报警，分别是道岔总表示与分表示不一致、区段占用与后方信号机显示不一致、区段占用与后方区段发码不一致、区段占用与前方信号机显示不一致、区段与相邻区段码序逻辑不一致、信号机与相邻信号机灯序逻辑不一致、信号机显示与进路状态不一致。

☞处置分析方法

①应立即通知该站所属工区、车间分析并处置，报段指挥中心。

②通过回放调看历史数据，以故障设备为核心，分析关联设备的状态是否符合联锁逻辑关系。

2.二级报警

（1）外电网报警

①外电网输入电源断相/断电报警

☞报警条件

输入电压低于额定值的 65%，时间超过 1 000 ms 时产生外电网输入断相/断电报警。

②外电网三相电源错序报警

☞报警条件

对于三相 380 V 输入电源，相序错误时将产生错序报警。

③外电网输入电源瞬间断电报警

☞报警条件

输入电压低于额定值的 65%，时间超过 140 ms，但不超过 1 000 ms 时产生外电网瞬间断电报警。

☞分析方法

当出现以上三项报警时，应查看外电网电压实时值或曲线，观察电源是三相完全断电还是仅某相断电，电源电压值在断电时是完全降为零还是大幅度下降等。初步判断后在开关箱上进行实测确认，询问或通知相关部门。

☞常见原因

①供电部门检修或故障造成外电网断电、断相、错序。

②开关箱闸刀不良,配线断。

③监测外电网采集保险管不良,配线断。

(2)列车信号主灯丝断丝报警

☞ 报警条件

通过智能灯丝报警仪接口获取主灯丝断丝报警等信息,能够定位到某架信号机某个灯位。

☞ 分析方法

根据信号集中监测报警提示信息与智能灯丝报警器核对再进行处理。

☞ 常见原因

①灯泡主丝断丝。

②灯丝转换装置不良。

③智能灯丝报警器与信号集中监测接口信息出现错误。

(3)熔丝断丝报警

☞ 报警条件

监测自采集的熔丝报警器的报警灯信息,能够定位到某架组合架。

☞ 分析方法

根据信号集中监测提示熔丝报警的信息,查看组合架熔丝报警灯状态,同时还要查明令熔断器断开的真正原因。

☞ 常见原因

①熔断器因过流断开。

②熔断器材质不良。

③人为因素。

(4)智能电源屏故障报警

☞ 报警条件

通过智能电源屏监测模块接口获取智能电源屏模块工作、故障状态信息,能定位到"××电源模块故障"。

☞ 分析方法

对本站智能电源屏开关量信息平时的正常状态要有所掌握。当发生模块故障报警时,通过回放进行分析,并调看当时智能电源屏状态图、开关量状态及电源屏模拟量数据,留意观察故障报警模块开关量变化时,站场平面上有无异常,电源屏各项电压、电流数据有无异常变化。信号集中监测上报警的信息通常是电源模块的编号,就需要查看电源屏图纸找到编号所对应的模块名称;还可以通过电源屏监测模块上的监测显示屏,调看实时报警和历史报警信息,查明是哪个电源模块出现了问题。

☞ 常见原因

①电源模块故障。

②电源模块过流保护。

③智能电源屏监测模块与信号集中监测接口出现错误信息。

(5)电源屏输出断电报警

☞ 报警条件

智能电源屏监测子系统的输出电压低于设置的断电阈值,并持续一段时间后,会产生"电源屏××路输出断电报警"的信息。

☞ 分析方法

通过回放调看历史数据,检查单个电源屏输出电源的电气特性是否低于断电阈值,同步调阅电源屏上的历史数据,分析数据的变化特性。电源屏输出电源均掉零时,检查电源屏监测子系统与监测系统通信状态是否正常。

☞ 常见原因

①电源模块故障。

②智能电源屏监测模块与信号集中监测接口出现错误信息。

(6)转辙机表示缺口报警

☞ 报警条件

道岔缺口子系统发送的接口报警信息,报警条件由缺口子系统设定和判断,并发送给信号集中监测。

☞ 分析方法

通过回放调看历史数据,检查对应道岔的缺口值变化趋势,调阅对应时间的道岔缺口历史视频进行回放查看。

☞ 常见原因

参见"第四章　道岔缺口监测设备信息分析"相关内容。

(7)环境监测(明火、烟雾、玻璃破碎、门禁、水浸等)报警

☞ 报警条件

开关量信息:明火、烟雾、玻璃破碎、门禁、水浸等,当对应的开关量状态吸起且持续一定时间,会产生"明火/烟雾/玻璃破碎/门禁/水浸"的报警信息。

☞ 处置分析方法

①应立即通知该站所属工区、车间分析并处置,报段指挥中心。

②回放调看历史数据,通过曲线方式查看温度和湿度变化趋势与超限阈值的关系;通过开关量曲线查看明火、烟雾、玻璃破碎、门禁、水浸等环境开关量的变化状态。

(8)计算机联锁系统报警

☞ 报警条件

根据联锁发送的开关量状态进行报警分析,主要针对故障类开关量进行报警分析,当故障开关量持续一定时间后,会产生"计算机联锁系统报警"的报警信息。

☞ 分析方法

通过回放调看历史数据,检查信号集中监测与联锁系统的通信状态是否正常,检查故障类开关量吸起状态是否稳定,同步核对联锁系统上状态是否一致。

☞ 常见原因

①某系工作异常。

②接口码位变更,未及时同步。

（9）列控系统报警

☞ 报警条件

列控子系统发送的报警信息、报警条件由列控子系统设定和判断,并发送给信号集中监测系统。

☞ 分析方法

通过回放调看历史数据,检查报警时间前后故障设备的状态变化,并核对列控子系统是否有相同的报警信息。

☞ 常见原因

①设备不良。

②接口码位变更,未及时同步。

（10）ZPW-2000 系统报警

☞ 报警条件

报警条件由 ZPW-2000 监测子系统设定和判断,并发送给信号集中监测系统。

☞ 分析方法

通过回放调看历史数据,检查报警时间前后故障设备的状态变化,并核对 ZPW-2000 子系统是否有相同的报警信息。

☞ 常见原因

①轨道电路设备故障。

②器材不良。

（11）TDCS/CTC 系统报警

☞ 报警条件

根据 TDCS/CTC 子系统发送的状态开关量进行分析,当设备状态开关量发生吸起或落下变化,且状态持续一定时间后,会产生"TDCS/CTC 系统报警"的报警信息。

☞ 分析方法

通过回放调看历史数据,检查 TDCS/CTC 系统与信号集中监测之间通信状态是否正常,检查报警时间前后设备状态变化,并核对 TDCS/CTC 子系统是否有相同的状态变化。

☞ 常见原因

TDCS/CTC 某系工作异常。

(12) ZPW-2000 区间轨道电路室外监测报警

☞ 报警条件

由 ZPW-2000 轨道电路智能诊断主机设定和判断,并发送给信号集中监测系统。

☞ 分析方法

通过回放调看历史数据,检查故障区段室外采集信息的电气特性变化,核对报警信息与诊断主机是否一致。

☞ 常见原因

①轨道电路设备故障。

②器材不良。

③天窗点作业影响。

(13) 区间综合监控系统报警

☞ 报警条件

由区间综合监控子系统设定和判断,并发送给信号集中监测系统。

☞ 分析方法

通过回放调看历史数据,检查报警时间前后故障设备的状态变化,并核对区间综合监控子系统是否有相同的报警信息。

☞ 常见原因

①轨道电路设备故障。

②器材不良。

③接口码位变更,未及时同步。

(14) 信号集中监测内部采集通信故障报警

☞ 报警条件

信号集中监测系统自采集设备对应模块因通信故障吸起,并持续一定时间后,会产生"××采集设备通信中断"的报警信息。

☞ 分析方法

通过回放调看历史数据,检查自采集模块的故障开关量变化情况。

☞ 常见原因

①通信板卡故障。

②设备不良。

(15) 信号集中监测系统与其他系统通信接口故障报警

☞ 报警条件

信号集中监测系统与其他子系统的通信状态开关量发生吸起或落下变化,并稳定持续一定时间后,会产生"××系统通信中断"的报警信息。

☞ 分析方法

通过回放调看历史数据,检查子系统通信故障开关量的变化情况。

☞ 常见原因

①通信板卡故障。

②子系统故障。

(16)轨道长期占用报警

☞ 报警条件

站场图上显示某个区段处于占用状态,且持续 72 h 后,会产生"××区段长期占用＜××小时＞(××小时)"的报警信息,报警后每隔 24 h 产生进行一次报警内容更新。

☞ 分析方法

通过回放调看历史数据,检查轨道区段是否一直处于红光带,通知所属工区检查轨面是否有车停靠,检查轨道区段是否分路不良。

☞ 常见原因

①尽头线停车。

②股道长期停车。

3. 三级报警

三级报警信息类型较多,且不同厂家的信号集中监测系统内容也不尽相同,在此重点对"电气特性超限报警"信息进行分析。

☞ 报警条件

各种模拟量电气特性数值超过信号集中监测系统设置的上、下限而产生的报警。因为电气特性报警的上、下限是人工在信号集中监测系统上设置的,因此报警上、下限的设置非常重要,它关系到报警信息的正确与否。一般情况下,电气特性上、下限是根据《维规》中的技术标准或标准调整表来设置的。没有明确标准的电气特性数据,可根据现场运用情况来设定。

☞ 分析方法

在分析时,主要通过查看各项模拟量当时的数据曲线来判断。因为在曲线背景中,上、下限标准已用红色线段进行了显示,可直观地看出模拟量报警时的状态及上、下限的设置情况。信号设备各项模拟量曲线分析前面已分类逐一介绍过,此处不再重复。

☞ 常见原因

①各项模拟量的调整不符合《维规》等各项技术标准。如轨道电路电压、信号机点灯电流等调整不当导致超标。

②模拟量出现突变导致电气特性超标。如轨道电路因三线接触不良导致电压过低超出下限、外电网停电导致电压超出下限标准等。

③信号集中监测中模拟量的上、下限未按规定进行设置,导致误报警。

④信号集中监测软件判断错误。如轨道电路在占用时误报警"调整值超标"等。

4.预警

设备正常工作,性能出现波动、突变等异常变化或趋势性劣化,但未触发系统报警,由此产生的提示信息定义为预警信息。

(1)各类设备模拟量变化趋势、突变、异常波动预警

☞ 报警条件

趋势:单位小时内,信号设备电气特性持续递增或递减趋势。

突变:脱离工作值 x% 后不回归正常工作值或单次回归正常工作值。

异常波动:设备特性参数在一段时间内周期性地偏离经验值 x% 。

☞ 分析方法

通过回放调看历史数据,查看设备电气特性的变化,分析设备状态以及关联设备对此设备的影响。

☞ 常见原因

①设备劣化。

②天气变化影响。

(2)道岔运用次数超限预警

☞ 报警条件

统计一个周期内转辙机的动作次数,当动作次数超过设定的阈值时,会产生"××道岔动作运用次数超限预警"的报警信息。

☞ 分析方法

通过调看"统计"功能,查看"道岔动作次数"类型统计,核对目标道岔的运用频次。